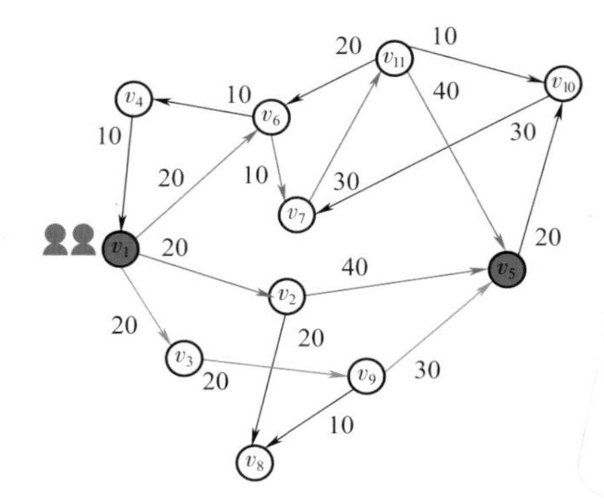

图 2.1　交通网络示意图

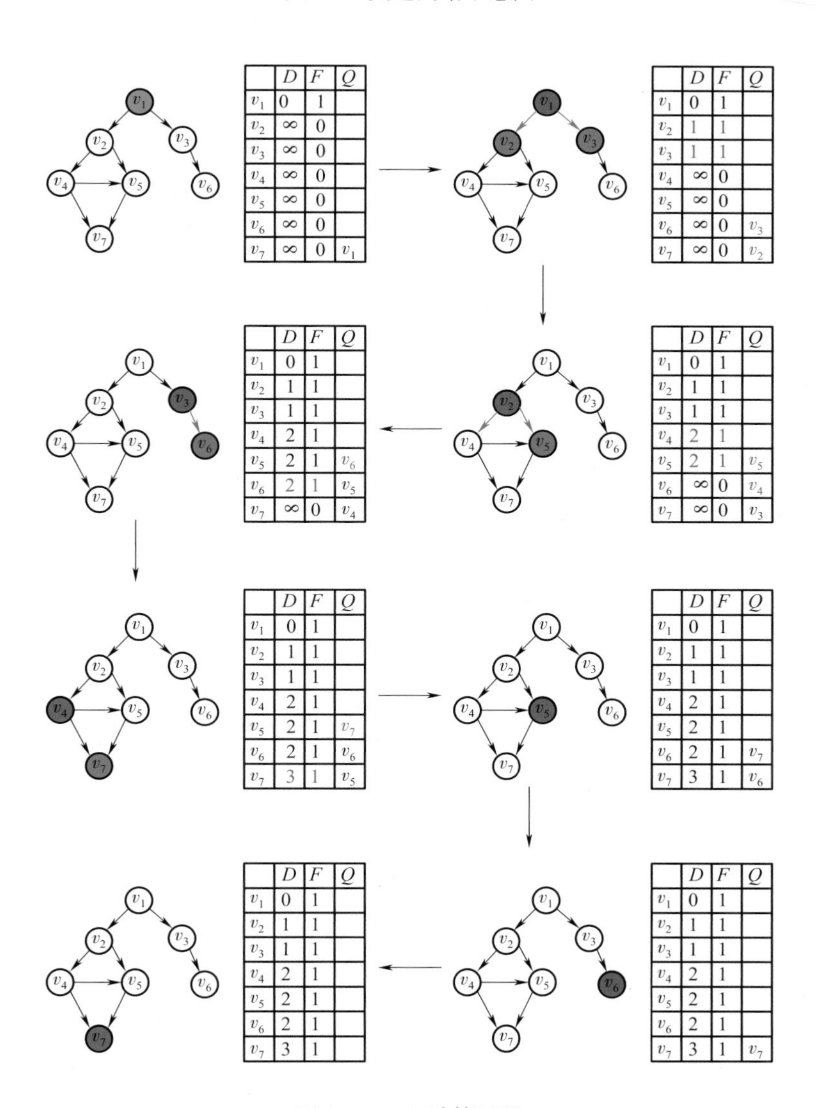

	D	F	Q
v_1	0	1	
v_2	∞	0	
v_3	∞	0	
v_4	∞	0	
v_5	∞	0	
v_6	∞	0	
v_7	∞	0	v_1

	D	F	Q
v_1	0	1	
v_2	1	1	
v_3	1	1	
v_4	∞	0	
v_5	∞	0	
v_6	∞	0	v_3
v_7	∞	0	v_2

	D	F	Q
v_1	0	1	
v_2	1	1	
v_3	1	1	
v_4	2	1	
v_5	2	1	v_5
v_6	∞	0	v_4
v_7	∞	0	v_3

	D	F	Q
v_1	0	1	
v_2	1	1	
v_3	1	1	
v_4	2	1	
v_5	2	1	v_6
v_6	2	1	v_5
v_7	∞	0	v_4

	D	F	Q
v_1	0	1	
v_2	1	1	
v_3	1	1	
v_4	2	1	
v_5	2	1	v_7
v_6	2	1	v_6
v_7	3	1	v_5

	D	F	Q
v_1	0	1	
v_2	1	1	
v_3	1	1	
v_4	2	1	
v_5	2	1	
v_6	2	1	v_7
v_7	3	1	v_6

	D	F	Q
v_1	0	1	
v_2	1	1	
v_3	1	1	
v_4	2	1	
v_5	2	1	
v_6	2	1	
v_7	3	1	v_7

	D	F	Q
v_1	0	1	
v_2	1	1	
v_3	1	1	
v_4	2	1	
v_5	2	1	
v_6	2	1	
v_7	3	1	

图 2.3　BFS 计算过程

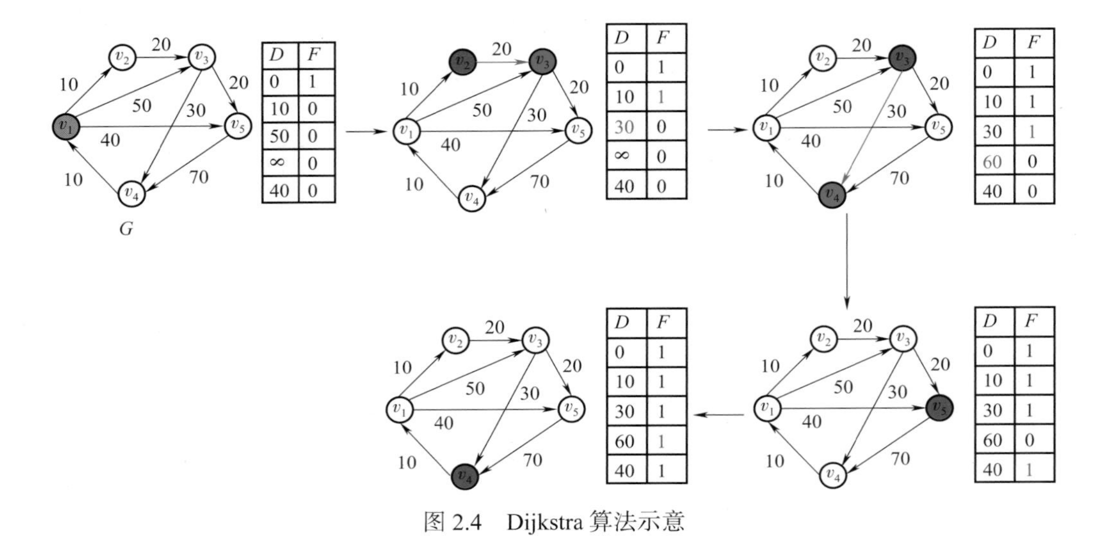

图 2.4 Dijkstra 算法示意

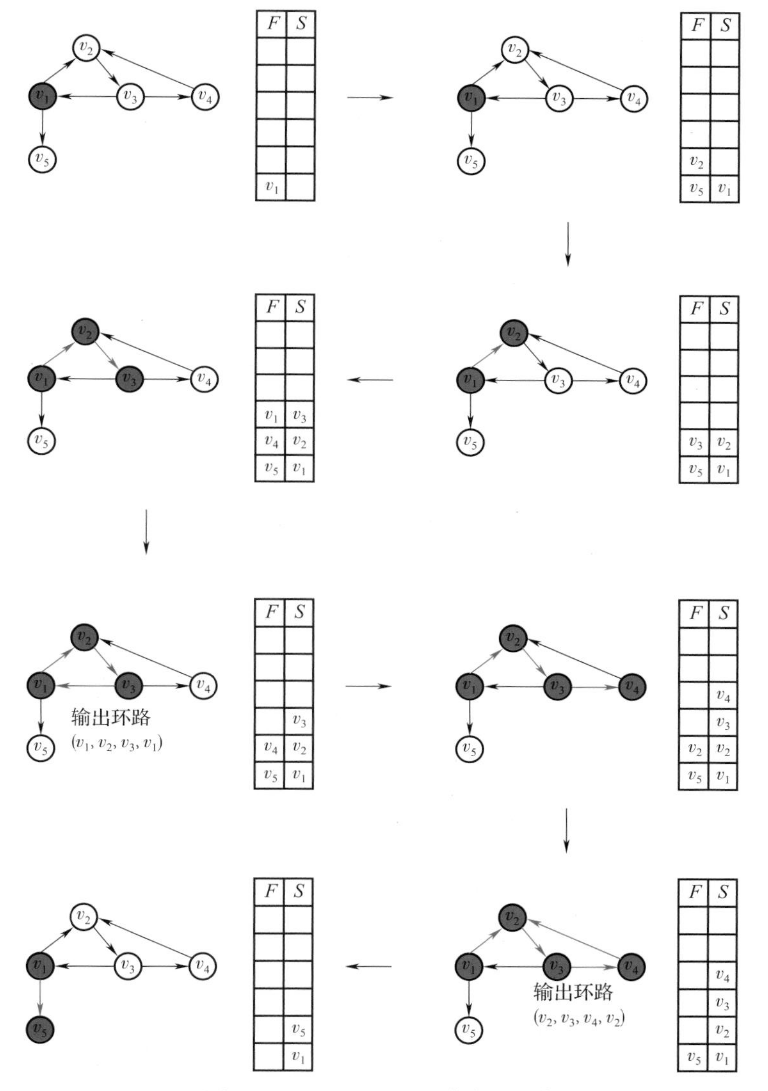

图 2.9　基于 DFS 的环路检测示意

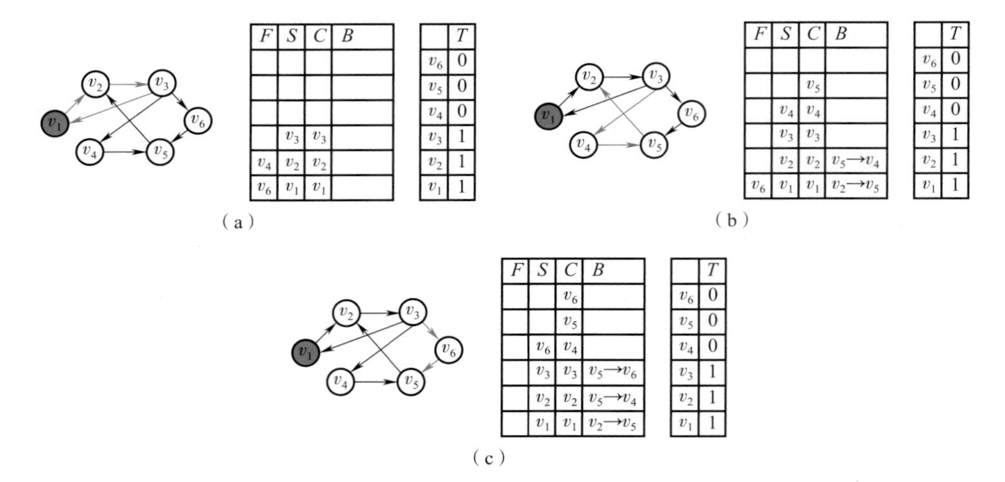

图 2.11　Johnson 算法示意

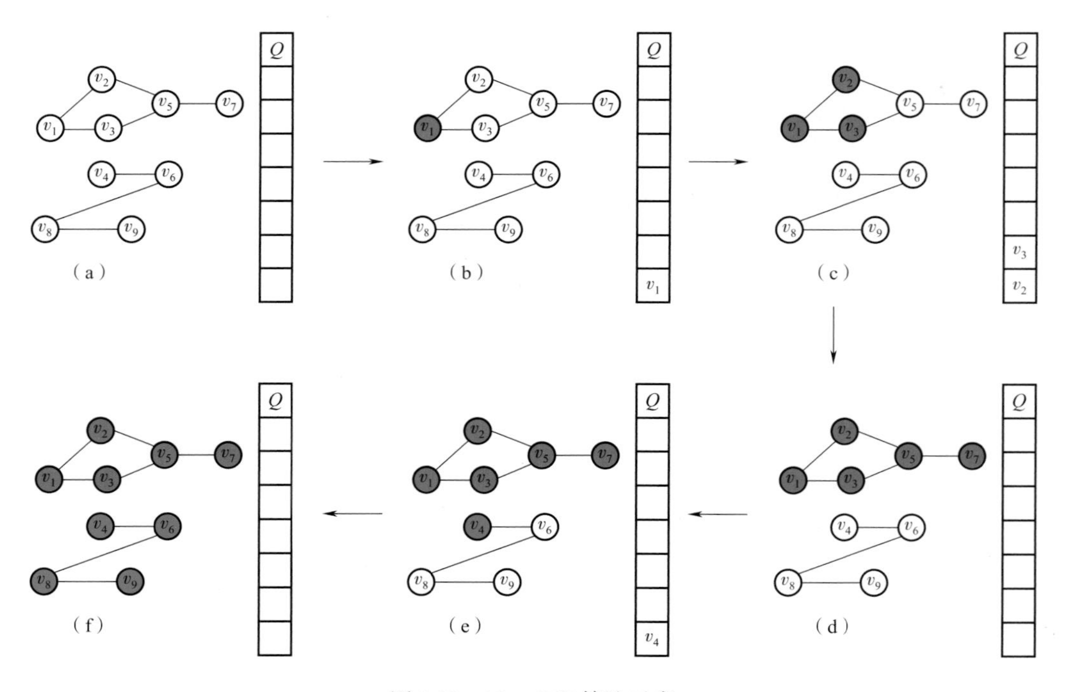

图 2.13　FloodFill 算法示意

计算机企业核心技术丛书 · **鲲鹏计算应用技术系列**

Hands-on Graph Analysis

Algorithms based on Kunpeng

基于鲲鹏的分布式图分析算法实战

张志威　袁野　曹莉　著

本书全面、系统地介绍了单机和分布式图分析算法的理论基础、框架、实战应用等，侧重理论与实践相结合。在内容组织上，首先，本书整体介绍图分析技术的发展历程和现状，并分析图分析技术面临的挑战。其次，本书系统介绍了以下内容：单机图分析算法的基本原理、常用场景和基础解法；分布式图分析技术的关键步骤解析及调优策略指导；业界经典的大数据平台和主流的分布式开发框架，以及分布式图计算框架的运行机制和任务调度策略；结合工业界软硬件（鲲鹏芯片和鲲鹏 BoostKit 加速库）对分布式图分析算法进行调优的方法。最后，本书将分布式图分析技术应用于实际场景，帮助读者基于业务场景进行分布式图计算框架选型。

本书既可以帮助对大数据图分析算法感兴趣的读者了解典型图分析算法的原理与优化技术，也可以作为华为鲲鹏图分析算法框架下的实践参考书。

图书在版编目（CIP）数据

基于鲲鹏的分布式图分析算法实战 / 张志威，袁野，曹莉著. -- 北京：机械工业出版社，2024. 5. --（计算机企业核心技术丛书）. -- ISBN 978-7-111-76027-6

Ⅰ. TP181

中国国家版本馆 CIP 数据核字第 20241Y755W 号

机械工业出版社（北京市百万庄大街 22 号　邮政编码 100037）

策划编辑：梁　伟　　责任编辑：梁　伟　韩　飞

责任校对：甘慧彤　张雨霏　景　飞　　责任印制：李　昂

北京捷迅佳彩印刷有限公司印刷

2024 年 10 月第 1 版第 1 次印刷

186mm×240mm · 16.75 印张 · 2 插页 · 239 千字

标准书号：ISBN 978-7-111-76027-6

定价：99.00 元

电话服务　　网络服务

客服电话：010-88361066　　机　工　官　网：www.cmpbook.com

010-88379833　　机　工　官　博：weibo.com/cmp1952

010-68326294　　金　书　网：www.golden-book.com

封底无防伪标均为盗版　　机工教育服务网：www.cmpedu.com

丛书序 Preface

科技始终是人类发展过程中绕不开的话题，它诞生于人类认知物质世界的过程中，是人类智慧的结晶，为人类创造了巨大的物质财富和精神财富。“科技”包含“科学”与“技术”，二者密不可分，但又区别明显。科学是人类解决理论问题的手段，技术则是人类解决实际问题的工具。科学和技术是辩证统一的：科学注重发现，为技术提供理论指导；技术注重实践，助科学实现实际应用。科学技术是第一生产力，这是一个老生常谈的话题，已经到了入学孩童都知晓的程度。科学技术何以称为第一生产力？纵观人类发展史，我们可以发现，人类社会的每一次进步都离不开科技的进步，可以说科学技术是推动人类社会进步的重要因素。

人类文明的发展同样离不开科学技术的发展。现代科技显著加快了人类文明的发展速度，提高了社会生产力，为人类开拓了更加广阔的发展空间，社会和经济在现代科技的助力下突飞猛进地发展。科学技术的进步和普及为人类发展精神文明提供了新的温床，为人类传播思想文化提供了更加快捷、简便的手段。在科学技术的影响下，人们的精神生活逐渐丰富，思想观念发生了巨大变化。发展科学技术对人类文明发展和社会生产力进步都至关重要。

人类对科学和技术关系的认知在不同历史时期有不同的表现形式。科技的发展先后经历了优先发展技术、优先发展科学、科学技术独立发展等多个阶段，直到现代科技的科学技术精密结合发展。现代科技缩短了科学研究和技术开发之间的间隔时间，越来越多的技术开始应用于产业，并实现了技术的产业化发展。当代科技革命的核心是信息技术，人类开始由工业社会向信息社会迈进，计算机技术、通信技术、光电子技术等信息技术成为当代科技革命的标志。20 世纪 90 年代后，信息技术迅速发展，高新技术变革的浪潮已经开始，科技创新成为我国科学技术发展的主旋律。

企业核心技术是企业的立身之本，更是企业把握市场主动权、扩大自身竞争优势的关键。同时，企业发展核心技术有利于我国产业发展，推动科技创新，建设自立自主的科技发展环境。因此，为了推动我国科技创新的发展进程，计算机企业可以寻求一条共同发展、彼此促进、相互融合的道路。发展科技之路在于共享，在于交流，在于研究。各计算机企业可以将自己独具竞争力的核心技术用于交流和探讨，并向学术界和企业界分享具有价值的专业性研究成果，为企业核心技术发展探索新的思路，为行业领域发展贡献自己的力量，为其他同行企业指引方向，推动整个行业的创新与进步。更重要的是，企业向相关领域分享自己的核心技术成果，有利于传播前沿科学知识，增强人才培养的针对性和专业性，为企业未来发展奠定人才基础。

企业和企业之间的交流固然重要，但也不可忽视企业界和学术界之间的交流。学术界和企业界共同组成科学发展与技术应用的主力军。学术界的学者们醉心于科学研究，不断提出新的理论并付诸行动；企业界的专家们根据现有的技术成果不断推陈出新，将其应用于实际生产中。学术界和企业界的关系正如科学与技术的关系，密不可分，辩证统一。

出版“计算机企业核心技术丛书”正是出于这种目的。企业界与学术界的专家共聚一堂，从企业和学术的视角共同探讨未来技术的发展方向和技术应用的新途径，将理论知识和应用技术归纳整理，以出版物的形式呈现出来，向相关领域从业人员传播前沿知识，向全社会分享科技创新成果，以图书、数字出版物等为载体，在企业、高校内培养系统级人才、底层硬件人才、交叉型人才等企业急需的专业人才。

中国工程院院士

清华大学教授

2022 年 4 月

前言 Foreword

随着大数据时代的到来，图数据规模呈爆炸式增长。图数据作为一种刻画实体间关联关系的数据模型，具有极强的多元关系表达能力，其蕴含的价值在科学研究、制造业、金融、互联网等诸多领域产生了巨大影响。近年来，对图数据的分析、挖掘得到了工业界与学术界的广泛关注。

华为公司自主研发设计的鲲鹏高性能处理器不断演进，其高性能、低功耗、高集成、高吞吐的特性给图数据分析注入了新的活力。然而，机遇与挑战并存，图数据存在规模巨大、关联数据复杂以及类型多样等诸多特点，这些特点对大规模图数据的分析与挖掘提出了新的挑战。例如，如何面向高性能硬件特性设计高效的分布式图分析算法以解决分布式图分析并行难、通信代价高、计算复杂度高等问题，如何通过图分析算法选型构建高可用的图分析应用以应对复杂多样的业务需求。

正是由于长期共同的研究兴趣，我们与华为公司的领域专家开展了图算法优化的相关研究。也正是由于这样的契机，我们有幸合作撰写了本书。这也给我们提供了一个全面且系统地将研究成果与实践相结合的机会，由衷感谢华为公司的信任和支持。本书针对大规模图数据分析算法，介绍图分析算法的算法原理与优化技术，以及在华为鲲鹏等分布式图分析框架下的应用实践。针对大规模图数据的特点与挑战，本书将以分布式图算法为切入点，介绍大规模图数据算法在数据结构选择、硬件环境适配、计算开销等方面的特定优化。部分优化方法在实践中，特别是在大图数据分析任务中可将性能提升超过两个数量级。因此，本书既可以帮助对大数据图分析算法感兴趣的读者了解典型图分析算法的原理与优化技术，也可以作为华为鲲鹏图分析算法框架下的实践参考。

在此，衷心感谢为本书内容做出重要贡献的乔鹏鹏、赵帅、李逸文、王欣洲、苗壮、崔博远、邹媛婷、赵影、王朝阳、程果、曹梦婕同学；衷心感谢华为公司计算产品线算法专家王工艺对本书的大力支持；衷心感谢华为公司俞丽君、李子健两位老师对本书内容提出的意见与建议，并在撰写过程中与我们并肩作战；同时也感谢华为公司参与本书审读工作的各位老师，包括弋飞、周亭亭、张言哲、陈伟、钟韬、韩庆森、杨勇、耿雪萍。

因作者水平有限，本书难免存在不足及疏漏，欢迎各位读者批评指正。

本书阅读导引 Guideline

本书主要面向图分析算法的研究人员以及开发者。没有图分析算法相关基础的研究人员及开发者可以通过本书掌握图分析算法入门知识，并掌握单机和分布式图分析算法相关的理论基础和算法流程；有一定图分析基础和实战经验的研究人员及开发者可以通过本书深入了解分布式图分析算法的实现原理和优化手段，进而在鲲鹏分布式集群上进行算法调优、二次开发或者新的高性能图分析算法开发。

读者可以根据自身所掌握的知识，有选择性地阅读以提高学习效率，也可以按顺序从第1章开始系统学习。例如，已有图分析算法基础的读者可以跳过第1、2章。已掌握业界主流的分布式开发框架的读者，可以跳过第1~3章。想要快速调用分布式图分析算法以解决实际问题并进行调优的读者，可以直接查阅第4章中的API介绍以及第5章开源分布式图分析算法的优化建议。为了帮助读者选择合适的学习路径，下表给出了各章的主要内容：

章	主要内容
第1章　图分析技术概述	介绍图分析技术的概念、发展、体系和挑战，读者可以了解什么是图分析技术，为什么需要图分析技术，以及图分析技术涵盖的技术体系
第2章　经典图算法	介绍几种经典的图分析算法，读者可掌握常用的图分析算法的基本原理、应用场景和基础解法，从而在实践中灵活应用
第3章　分布式图计算框架	介绍业界主流的分布式图计算框架，读者可以快速了解分布式图计算框架的运行机制和任务调度策略，并基于业务进行分布式图计算框架选型，构建企业级分布式图分析应用解决方案
第4章　鲲鹏 BoostKit 图分析算法加速库	介绍鲲鹏芯片的特性、鲲鹏应用使能套件 BoostKit 及图分析算法加速库，读者可以快速了解图分析算法加速库依赖的高性能软件生态，并借此设计企业级图分析应用解决方案

（续）

章	主要内容
第 5 章　基于鲲鹏的分布式图分析算法优化实战	介绍分布式图分析算法的关键求解步骤、难点和优化建议，读者可以了解并学习更加亲和鲲鹏硬件的分布式图分析算法设计思想与优化技巧，并可快速从开源算法出发进行优化实战
第 6 章　图分析算法应用实战	介绍几种典型应用案例，并阐述相关业务系统的架构和流程，读者可以了解不同业务中运用的图分析算法，为应用实战提供的图分析算法选型建议，以解决实际应用中的问题

目录 Contents

丛书序

前言

本书阅读导引

第 1 章 图分析技术概述 …… 001

1.1 图分析技术的重要性 …… 002

1.1.1 发展脉络 …… 002

1.1.2 基本概念 …… 010

1.1.3 应用发展 …… 013

1.2 图分析技术体系 …… 015

1.2.1 图数据库技术 …… 015

1.2.2 图计算技术 …… 018

1.2.3 图学习技术 …… 021

1.2.4 图生成技术 …… 024

1.2.5 图可视化技术 …… 028

1.3 大数据背景下图分析技术面临的挑战 …… 030

第 2 章 经典图算法 …… 033

2.1 路径分析 …… 034

2.1.1 最短路径算法 …… 034

2.1.2 环路检测算法 …… 041

2.2 社区挖掘 …… 046
2.2.1 连通分量算法 …… 046
2.2.2 Louvain 算法 …… 049
2.3 中心性分析 …… 052
2.3.1 Betweenness 算法 …… 052
2.3.2 K-Core 分解算法 …… 060
2.4 度量统计 …… 063
2.4.1 三角形计数算法 …… 064
2.4.2 集聚系数算法 …… 066
2.5 相似性分析 …… 067
2.5.1 SimRank 算法 …… 068
2.5.2 子图匹配算法 …… 069

第 3 章 分布式图计算框架 …… 073

3.1 分布式大数据平台概述 …… 074
3.1.1 Hadoop …… 074
3.1.2 Spark …… 079
3.1.3 Flink …… 082
3.1.4 小结 …… 085
3.2 分布式图计算框架核心技术 …… 086
3.2.1 编程模型 …… 086
3.2.2 通信模型 …… 088
3.2.3 执行模型 …… 090
3.2.4 计算模型 …… 091
3.2.5 图划分 …… 093

3.3 经典分布式图计算框架 …… 094
3.3.1 Pregel …… 095
3.3.2 GraphLab …… 096
3.3.3 GraphX …… 098
3.3.4 Gemini …… 099
3.4 分布式图计算的技术挑战 …… 100

第4章 鲲鹏 BoostKit 图分析算法加速库 …… 103

4.1 鲲鹏芯片 …… 104
4.1.1 鲲鹏芯片的发展历程 …… 104
4.1.2 鲲鹏芯片的架构 …… 105
4.1.3 鲲鹏 920 的特性 …… 107
4.2 鲲鹏 BoostKit 概述 …… 108
4.2.1 鲲鹏应用使能套件 BoostKit …… 108
4.2.2 大数据使能套件 …… 111
4.3 鲲鹏 BoostKit 图分析算法加速库简介 …… 115
4.3.1 算法库概述 …… 115
4.3.2 算法加速库安装部署 …… 119
4.3.3 算法库集成开发 …… 125
4.3.4 算法库调测样例 …… 129
4.4 鲲鹏 BoostKit 图分析算法加速库调优指南 …… 131
4.4.1 平台侧调优 …… 131
4.4.2 资源侧调优 …… 133
4.4.3 算法侧调优 …… 136

第5章 基于鲲鹏的分布式图分析算法优化实战 ………………… 139

5.1 环路检测算法 ……………………………………………… 140
5.1.1 分布式实现……………………………………… 141
5.1.2 难点分析……………………………………… 143
5.1.3 关键步骤与优化点解析……………………… 145
5.1.4 鲲鹏 BoostKit 算法 API 介绍 ……………… 152
5.2 Louvain 算法 ……………………………………………… 153
5.2.1 分布式实现……………………………………… 154
5.2.2 难点分析……………………………………… 157
5.2.3 关键步骤与优化点解析……………………… 159
5.2.4 鲲鹏 BoostKit 算法 API 介绍 ……………… 165
5.3 Betweenness 算法 ……………………………………… 166
5.3.1 分布式实现……………………………………… 167
5.3.2 难点分析……………………………………… 171
5.3.3 关键步骤与优化点解析……………………… 173
5.3.4 鲲鹏 BoostKit 算法 API 介绍 ……………… 177
5.4 PageRank 算法 ………………………………………… 179
5.4.1 分布式实现……………………………………… 180
5.4.2 难点分析……………………………………… 182
5.4.3 关键步骤与优化点解析……………………… 183
5.4.4 鲲鹏 BoostKit 算法 API 介绍 ……………… 188
5.5 K-Core 分解算法 ……………………………………… 189
5.5.1 分布式实现……………………………………… 191
5.5.2 难点分析……………………………………… 193
5.5.3 关键步骤与优化点解析……………………… 194

5.5.4 鲲鹏 BoostKit 算法 API 介绍 …… 199
5.6 子图匹配算法 …… 200
5.6.1 分布式实现 …… 200
5.6.2 难点分析 …… 204
5.6.3 关键步骤与优化点解析 …… 204
5.6.4 鲲鹏 BoostKit 算法 API 介绍 …… 207

第 6 章 图分析算法应用实战 …… 211

6.1 网页搜索排名案例 …… 212
6.1.1 场景介绍 …… 212
6.1.2 整体方案 …… 213
6.1.3 关键步骤 …… 215
6.1.4 小结 …… 221
6.2 视频推荐案例 …… 222
6.2.1 场景介绍 …… 222
6.2.2 整体方案 …… 222
6.2.3 关键步骤 …… 224
6.2.4 小结 …… 229
6.3 金融风险识别案例 …… 230
6.3.1 场景介绍 …… 230
6.3.2 整体方案 …… 230
6.3.3 关键步骤 …… 232
6.3.4 小结 …… 240

参考文献 …… 241

第1章 图分析技术概述

1.1 图分析技术的重要性

1.1.1 发展脉络

近年来，由于图数据被广泛用于各类应用中，图分析技术受到了学术界与工业界的极大关注。从数据模型的角度来说，图数据利用以顶点（vertex）表示实体、以边（edge）表示实体间关联关系的方式，建立了对现实生活中实体及其关联关系的一种通用表达。与此同时，地理位置、数据特征等实体信息可作为顶点以及边的属性信息，从而进一步完善对实体及关系的建模。现实生活中有大量应用可利用图结构进行数据建模，包括蛋白质网络分析[1]、社交网络分析[2]、交通网络分析[3]、交易网络分析[4] 等（如图 1.1 所示）。与其他数据模型相比，图分析算法解决了传统数据挖掘算法关联查询效率低、复杂网络表征困难、业务变化时模型适应性差等问题。

从计算的角度来说，传统的图论算法关注图的遍历、特定结构的查询等任务。而随着应用的多样化，相应的图数据规模迅速增加，导致大规模图分析算法的执行开销迅速提高。例如，社交网络顶点与边的数量级达到千亿，相应的数据规模远超单一服务器的承载极限。同时，传统基于单机设计的图算法由于计算开销大，难以应用于亿级规模的图数据。

综上所述，随着计算复杂度、数据规模、应用场景的不断增加，传统的图分析算法存在诸多瓶颈，面向海量大规模图数据分析的分布式算法与技术应运而生，并正在飞速发展。

图分析技术是对一系列对图数据进行存储管理、分析处理、推断统计、表征学习的技术的总称，包括图数据库技术、图计算技术、图学习技术、图生成技术、图可视化技术。

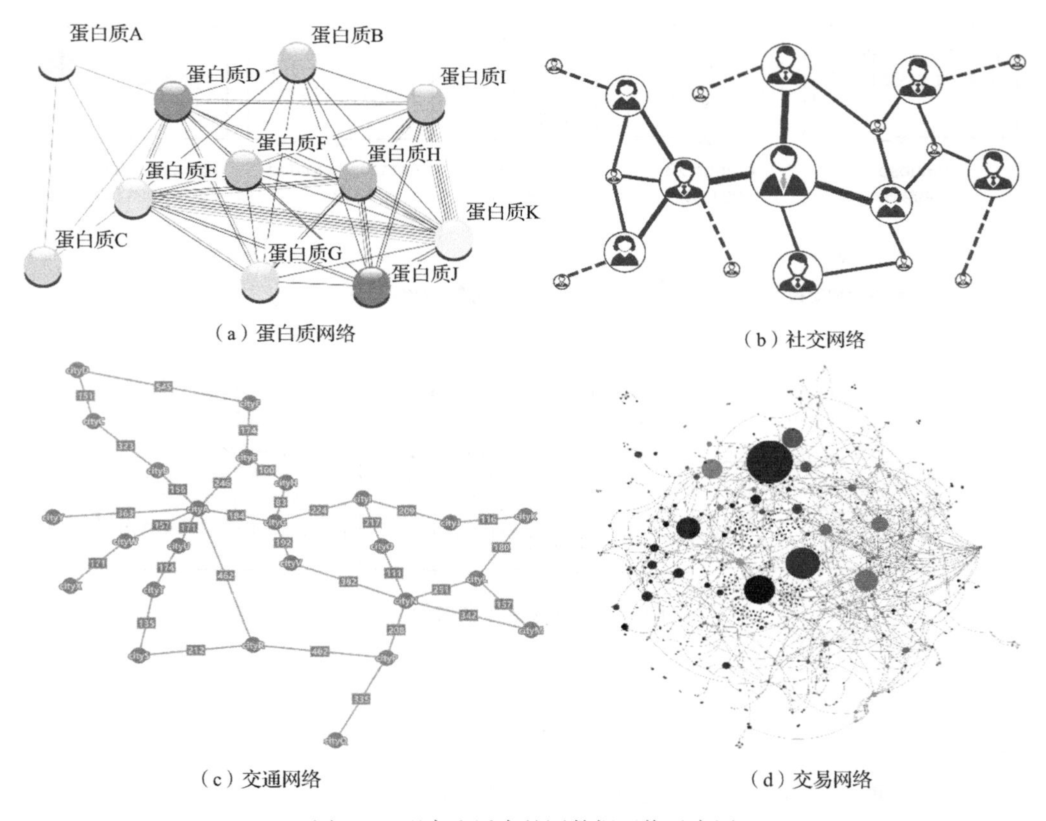

（a）蛋白质网络　（b）社交网络

（c）交通网络　（d）交易网络

图 1.1　现实生活中的图数据网络示意图

（1）图数据库技术

图数据库的历史最早可以追溯到 20 世纪 60 年代中期，当时 IBM 等公司在导航数据库（navigational database）的层次模型中首次使用了树状结构[5]。21 世纪初期，以 Neo4j[6] 为代表的可以保证图数据事务原子性（atomicity）、一致性（consistency）、隔离性（isolation）、持久性（durability）的图数据库开始出现。随后，图数据规模的快速增长以及行业对可伸缩性等特性的要求催生了分布式图数据库。费马科技、Ultipa Graph、TigerGraph 等图数据库公司纷纷成立，并对分布式图数据库的技术难点展开了攻关。部分典型的图数据库发展历程如图 1.2 所示。

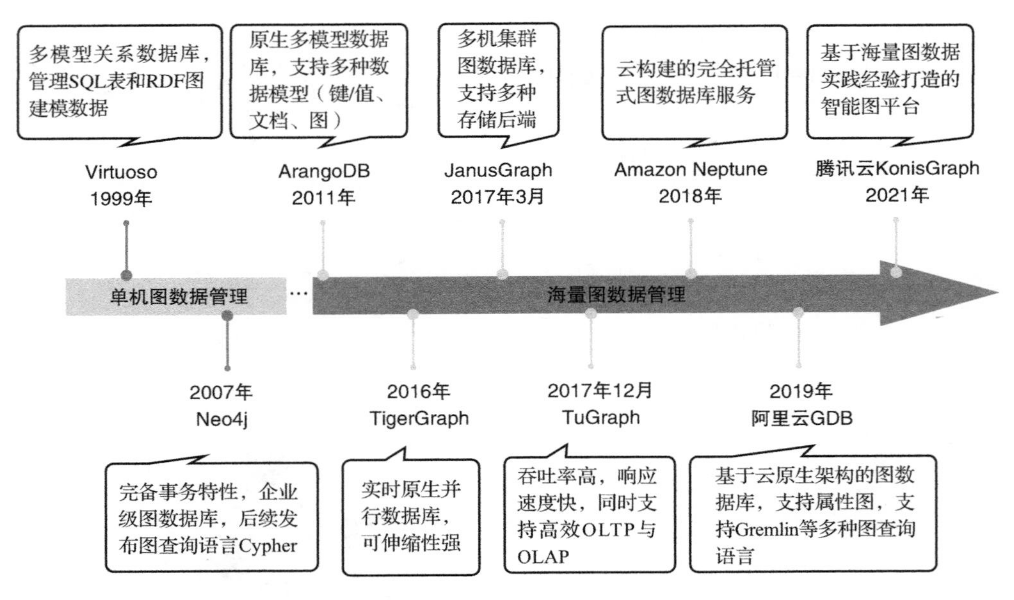

图 1.2　图数据库发展历程

随着图数据库概念的普及和广泛应用，图数据库技术飞速发展，从小规模单机图数据库到分布式大规模图数据库，图数据库技术正在向查询语言统一、图数据库与图处理引擎深度融合以及软硬件一体化等方向发展。

（2）图计算技术

2000 年，面向图计算的 BGL（Boost Graph Library）[7] 首次发布，提供了图的基础数据结构和常用图分析算法。2005 年，CGMgraph[8] 基于 MPI（消息传递接口）提供了一系列粗粒度并行（coarse grained parallel）[9] 图分析算法的单机并行与分布式实现。

早期面向图计算的算法库缺乏对用户友好的编程模型，上手难度大、可修改性差、管理细节烦琐。为了解决以上问题，2009 年，Pegasus[10] 基于 MapReduce 框架实现了通用迭代矩阵——向量乘法原语，从线性代数角度实现了图算法，进一步提升了图存储与计算框架的用户亲和度。图计算框架的发展历程如图 1.3 所示。

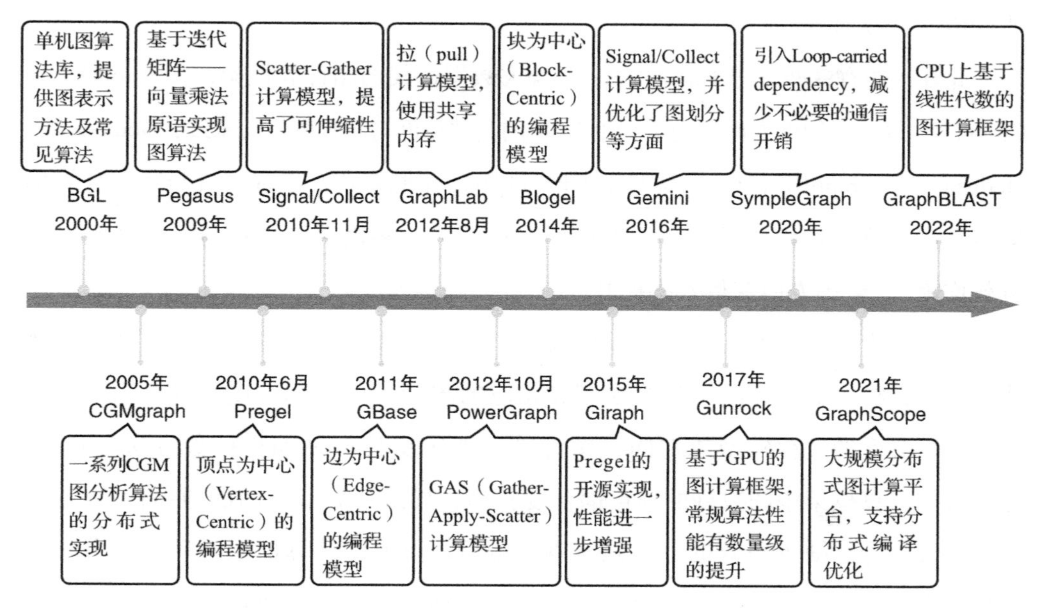

图 1.3　图计算框架发展历程

图计算框架的特征体现在编程模型、计算模型、通信方式和同步方式。其中，编程模型决定了图计算框架的计算粒度，随着编程思想的不断演进，计算粒度包括顶点为中心（Pregel[11]）、边为中心（GBase[12]）、子图为中心（Gigraph++[13]）、块为中心（Blogel[14]）等。不同的计算粒度适配于不同的应用，在通信开销、编程灵活度、可伸缩性等方面均存在较大的差异。但由于顶点为中心模型使用简单、开发便捷，目前多数图计算框架编程模型以顶点为中心编程模型为基础。

计算模型主要决定计算过程中任务的表达方式以及对中间结果的处理，常见的计算模型包括超步模型（Pregel）、Scatter-Gather 模型（Signal/Collect[15]）、Pull 模型（GraphLab[16]）、GAS（Gather-Apply-Scatter）模型（PowerGraph[17]）、Signal/Collect 模型（Gemini[18]）等。随着相关研究的发展，计算模型不断更新，进一步降低了通信开销，提高了计算效率。

执行方式上，Pregel 等分布式图计算框架主要采用同步执行方式，X-Stream[19]、Graphchi[20] 等单机图计算框架主要采用异步执行方式。通信方式主要为共享内存、消息传递、数据流等。

此外，还有一些基于 Hadoop/Spark 等大数据框架的图计算框架，如 GraphX[21]、Giraph[22] 等。在硬件方面，为了利用 GPU 的高并行度与超长图形流水线，Gunrock[23]、Medusa[24]、GraphBLAST[25] 等基于 GPU 的图计算框架开始出现。最新的图计算框架通常在划分方式优化[26-28]、编程模型改进[29-30]、多机系统计算与通信的平衡和负载均衡[31-32] 等方面获得效率提升。

经过数十年的发展，图计算领域成果丰硕，发展势头迅猛，但仍存在许多挑战。首先，特定的图算法与计算模型和相应的图计算框架耦合度较高，需要设计更加高效灵活的编程模型或在同一图计算框架中支持多种编程抽象方法。其次，分布式图计算框架中图数据的顶点耦合度较高，导致计算节点间的通信代价较高，部分图分析算法缺少高效的分布式实现。最后，目前图计算框架对动态图分析的支持有限，而当前图的大多数应用场景是高度动态化的，如何让图计算框架高效处理动态图是当前研究领域的热点问题。

（3）图学习技术

当前，图学习算法大致可以分为三类：图信号处理、图嵌入学习和图深度学习。

- 图信号处理（graph signal processing）：将传统信号处理方法扩展到图领域，主要包括基于邻接矩阵的图信号处理和基于拉普拉斯矩阵的图信号处理。图信号处理主要用于图顶点特征的恢复和图拓扑结构的重建。建立图信号处理模型一般需要全图数据，且计算复杂度较高。常见的方法有 DSP_G[33]、GFIR&GIIR[34]、GL-SigRep[35]、NAIE[36] 等。
- 图嵌入学习（graph embedding）：将高维稀疏的图数据表示成向量隐空间中的低维表示。图嵌入学习方法主要包括矩阵分解和随机游走采样两类。图嵌入学习是无监督的方法，在分类、回归问题中，可以通过其他机器学习算法处理图嵌入学习得到的图表示向量以实现下游的预测任务。常见的方法有 Deep Walk[37]、Node2Vec[38]、GEM SEC[39]、Graphormer[40] 等。

- 图深度学习（graph deep learning）：通过深度学习发掘和提取图数据结构中的特征和模式。区别于图信号处理和图嵌入学习，对于顶点分类、图分类等监督学习任务，图深度学习可以实现对图数据端到端的建模和预测。对于链路预测、顶点聚类等无监督学习任务，图深度学习也可以实现。常见的方法有 GCN[41]、GAT[42]、GraphSAGE[43]、GRAND++[44] 等。

图学习算法简要发展历程如图 1.4 所示。

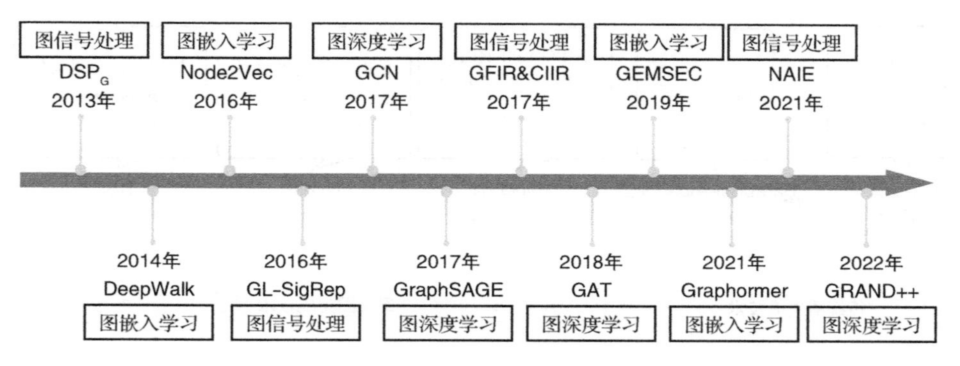

图 1.4　图学习算法简要发展历程

图学习的未来发展方向包括动态图学习方法、生成式图学习、图学习可解释性等。

（4）图生成技术

图生成技术用于生成包含特定性质的图结构，主要用于模拟仿真、分子设计、蛋白质设计、程序生成。图生成技术可以细分为传统图生成技术与深度图生成技术。

传统图生成技术针对特定的图数据特征，利用概率模型设计相应的生成过程。该生成技术所支持的特性包括图结构密度、顶点度分布（degree distribution）、社区结构、顶点聚类系数（node clustering coefficient）、结构模体（structure motif）等。生成过程中所依赖的模型包括 ER[45] 模型、随机块模型[46]、Barabási-Albert 模型[47] 等。

虽然传统图生成技术可以快速生成满足特定性质的图，但是其生成过程所依赖的概率分布主要依靠先验知识获得，因此限制了生成数据与真实数据的相似性。深度图生成技术可以通过相应模型对真实图进行特征提取，同时结合结构信息与属性信息，进而达到更好的拟合效果。典型的深度图生成模型（deep graph generative model）包括 GraphVAE[48]、MoGAN[49]、GraphRNN[50]、MoFlow[51]、DST[52]等。随着图生成模型的发展，生成图对应的性能指标进一步提高。图生成技术发展历程如图 1.5 所示。

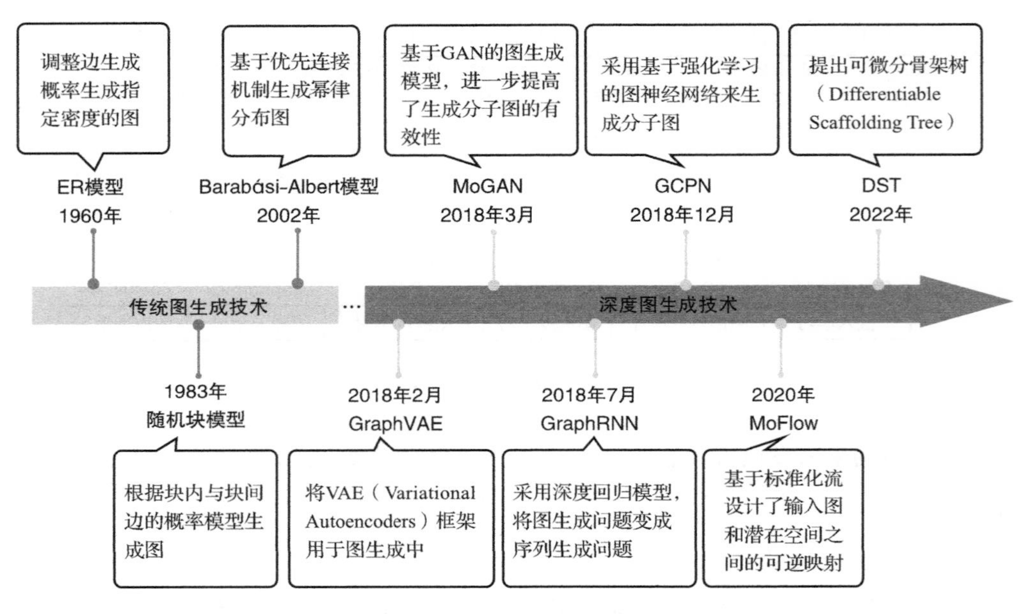

图 1.5　图生成技术发展历程

未来，图生成技术方面的重点工作将聚焦于特定类型图生成任务模型、方法的研究，以进一步提高深度图生成模型的可伸缩性和可解释性[53]。

（5）图可视化技术

图可视化技术中的“图”不是指图像和统计图表，而是指由顶点与边及其属性信息构成的图数据。如图 1.6 所示，早期图可视化技术可以追溯到地理位置数据二维显示问题（如 CGIS[54]），随着计算机与显示技术的发展，人们可以在计算机中画出交互式统计图表，但仍缺乏对图数据可视化的支持。20 世纪 90 年代到 21

世纪初期，图可视化库兴起，Graphviz[55] 与 NetworkX[56] 等优秀的可视化库相继出现。图可视化库功能强大，但对用户编程能力要求高，为了弥补这一缺陷，一系列零编程的图可视化软件开始出现。2008 年，NodeXL[57]、Gephi[58] 发布，用户可以通过桌面软件交互对图进行可视化与分析。2010 年后，智能手机日渐普及，网络信息成为信息传播的主要载体，开发者在网页端对图数据可视化的需求日益增加。2012 年，Network Repository[59] 网站出现，提供了图数据在线可视化分析方法。此后，ECharts[60]、G6[61] 等基于 JavaScript 的图可视化库提供了各类图在网页中的可视化方法，并支持平移、缩放、拖曳、折叠/展开、提示信息和顶点关系高亮等用户交互功能。

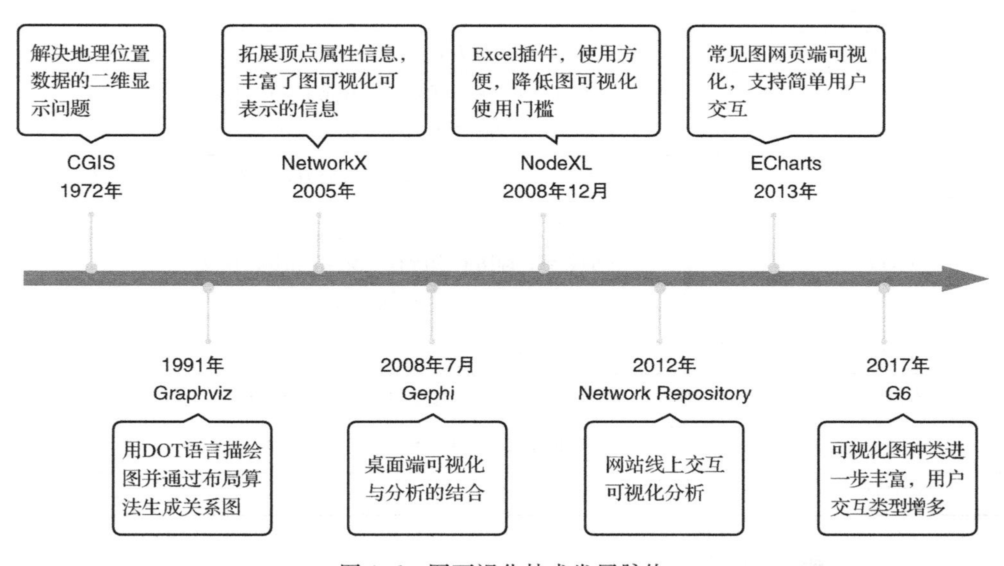

图 1.6　图可视化技术发展脉络

图可视化工具主要分两类：一类是各类编程语言的图可视化库，灵活度高，但对用户的编程能力要求高；另一类是零编程可视化软件，灵活度低但操作简单。未来图可视化技术的发展在于：提供操作性、自由度、美观性三者得兼的可视化工具，在数据量大时减轻用户阅读与分析障碍，并提高用户与生成图的交互程度。

1.1.2 基本概念

图是一种抽象数据类型，图 $G=(V,E)$ 由两个有限集合 V 与 E 构成，其中顶点集 V 为非空元素集，其中的每个元素称为图的顶点，而边集 E 为可空元素集，并且是顶点集 V 的双元素子集，即 $E\subseteq V\times V$，其中的边 $e=(u,v)$ 表示顶点 u 和 v 间的边，并且称顶点 u 和 v 与边 e 相关联。对于图 $G=(V,E)$，其阶数为图中包含的顶点数量，即 $|V|$；图的大小为图中的边数，即 $|E|$。表 1.1 展示了本书中涉及的相关符号。

表 1.1 图的相关符号

符号	描述
$G=(V,E)$	点集为 V，边集为 E 的图
V	非空有穷集，称作顶点集，其元素称作顶点
E	E 是 $V\times V$ 的有穷子集，称作边集，其元素称作边
$\|V\|$	图的阶，即图中的顶点数，阶数为 n 的图也被称作 n 阶图
$\|E\|$	图的大小，即图中的边数
$N_G(v)$	v 的邻域，即图 G 中所有与顶点 v 相邻的顶点
$\deg(v)$	顶点 v 的度，其大小为 $\|N_G(v)\|$
$\mathrm{G}\cong\mathrm{G}'$	图 G 与图 G' 同构
K_n	n 阶完全图，图中每个顶点均与其余的 $n-1$ 个顶点相邻
$\overline{G}=(V,E_1-E)$	图 G 的补图，其中 $G=(V,E)$，$K_n=(V,E_1)$
$G'\subseteq G$	G' 是 G 的子图

（1）无向图与有向图

图可以分为无向图与有向图。如图 1.7 所示，若图中两顶点之间的关系不存在方向性或该关系是双向的，则该类关系可以用无向图来建模，反之则用有向图来建模。例如，顶点表示班级中的学生，而边表示两个学生是同桌关系，则由于同桌关系是双向的，甲和乙是同桌表明乙和甲也是同桌。相反，甲在社交平台上关注了乙，由于该关系是单向的，甲关注了乙并不意味着乙也关注了甲，此类关系可以使用有向图来建模。

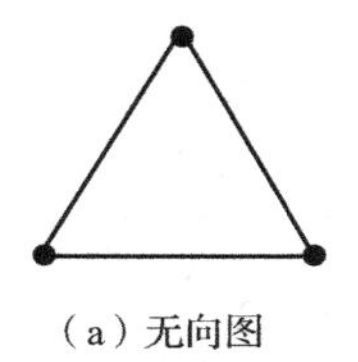

（a）无向图

（b）有向图

图 1.7　无向图与有向图

（2）自环与平行边

对于图 G 中的一条边 $e=(u,v)$，若 $u=v$，即边 e 的两个端点为同一个顶点，则称此边为自环（loop）。若图 G 中两个顶点 u，v 之间存在多条边，则这些边被称作平行边[62]。如图 1.8 所示，图中的 e_1 为自环，e_2 与 e_3 为平行边。含有平行边的图被称作多重图。既不包含自环也不包含平行边的图称为简单图。

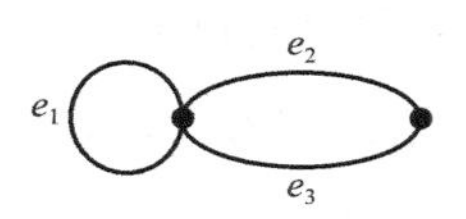

图 1.8　自环与平行边

（3）度

对于图 $G=(V,E)$ 中的一个顶点 v，其邻域 $N_G(v)=\{u \mid u \in V \wedge (v,u) \in E\}$。它的度 $\deg(v)$ 为与顶点 v 相关联的边的数量。若顶点 v 存在自环，则该自环需被计算两次。在有向图中，顶点的度分为入度与出度两种，其中入度指的是指向该顶点的边的数量，而出度则是起始于该顶点的边的数量。若一个顶点的度为 0，则称该顶点为孤立顶点；若一个顶点的度为 1，则称该顶点为悬挂顶点。

（4）图同构（graph isomorphism）

对于两个同阶的图 $G_1=(V_1,E_1)$ 与 $G_2=(V_2,E_2)$，若存在一个将 V_1 中的所有顶点映射到 V_2 的所有顶点的一一映射 σ，使得当且仅当 G_1 中的任意两个顶点 u 和 v 相连接时，G_2 中的两个顶点 $\sigma(u)$ 和 $\sigma(v)$ 也相连，则称图 G_1 与 G_2 是同构的[63]。如图 1.9 所示，左右两张图同构，其顶点有着如下的一一对应关系：

$$u_1 \leftrightarrow v_1, u_2 \leftrightarrow v_3, u_3 \leftrightarrow v_5, u_4 \leftrightarrow v_2, u_5 \leftrightarrow v_4$$

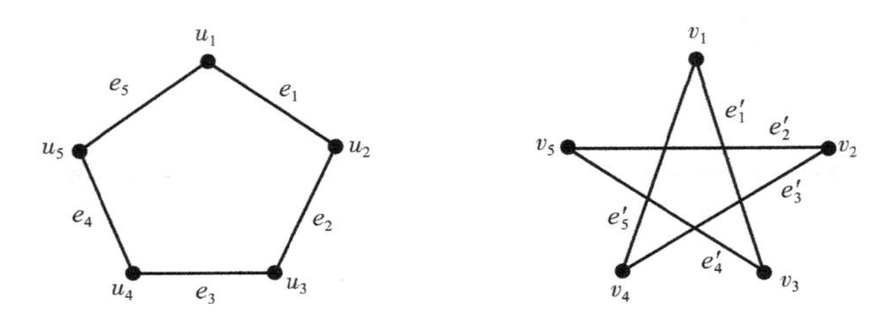

图 1.9　图同构

（5）属性图

给定图 G，若 G 中的顶点或边存在额外的属性信息，则 G 被称为属性图。如图 1.10 所示，图中的点与边包含类型属性，且具有视频、用户、关注、发布等不同属性值。

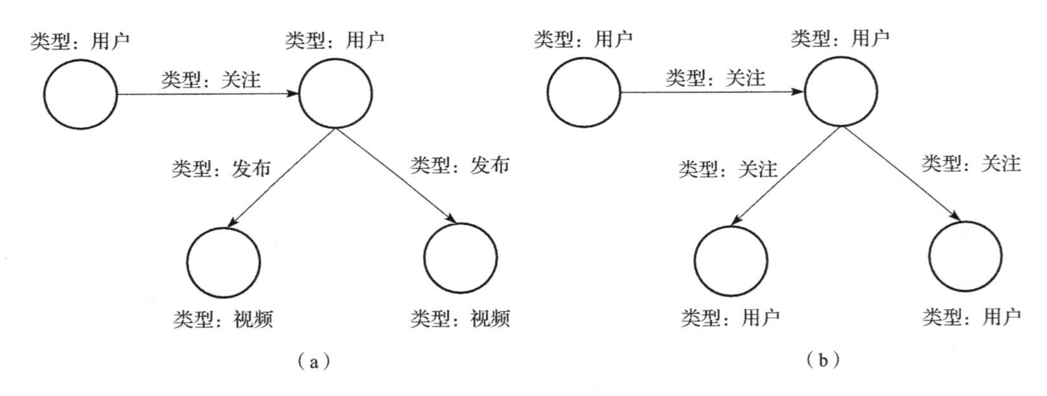

图 1.10　属性图示例

属性图是最常见的工业级图数据表示方式之一，能够适用于多种实际生产场景中的数据表达，谷歌、百度等公司通过属性图创建了自己的知识图谱以改进搜索引擎的性能。

此外，属性图还存在同构图与异构图的概念，其中同构图指的是顶点的属性与边的属性均只有一种的图，而异构图则是顶点属性类别与边属性类别数之和大于 2 的图。图 1.10(a) 中的属性图就是一种异构图，而图 1.10(b) 中的属性图的顶点属性只有“用户”一种，边属性也只有“关注”一种，因此该属性图是一个同构图。

（6）知识图谱

知识图谱是一种以属性图为基础的结构化数据结构，其利用带属性的顶点来表示知识的实体，使用边来表示各实体之间的关系。知识图谱通过“实体—关系—实体”的三元组在各个实体之间建立起网状的知识结构[64]。基于该特性，知识图谱常被用于提取、分析各实体之间的关系，实现知识的推理，并被广泛应用于搜索引擎、社交网络的信息推荐等场景。

1.1.3 应用发展

根据信息技术分析公司 Gartner 在 2020 年的报告[65]，其调研的企业中已有 23%的企业在其项目中采用了图分析技术，而其余的有接近 50%企业预计于未来 1 至 2 年内部署图分析技术。目前图分析技术已经被广泛应用于社交网络、智慧医疗、生产管理等前沿领域。如表 1.2 展示了图分析技术在不同行业领域的应用情况。

表 1.2 图分析技术在不同行业领域的应用

行业	典型使用案例与应用
制造业	生产流程优化、产品缺陷分析
金融业	金融风险控制、信用卡欺诈检测、循环担保等
通信业	路由通路规划、基站选址规划等
交通业	物流运输规划、出行路线规划等
传媒业	精准投放、版面设计优化
政企	检索、推荐公共服务
零售	产品反馈评价、供应商渠道优化
互联网	网页评分、精准投放、网络安全、广告推荐
医疗	医疗方案推荐、远程数字医疗
生物化学	分子筛选、制备流程优化

自 2010 年起，谷歌已经开始将图分析技术应用于社交网络分析中。在 2010 年到 2012 年间，谷歌利用 Metaweb[66] 发布的 Freebase[67] 数据库，其中包括维基百

科、NNDB、Fashion Model Directory、Music Brainz 以及用户提供的数据集，构建了谷歌知识图谱[68]，并将其应用于网页搜索之上。谷歌知识图谱涵盖的信息在发布后便开始大幅增长。在 7 个月内其数据量增长了两倍（涵盖 5.7 亿个实体与 180 亿个事实数据），并成功回答了 1000 亿次搜索中约三分之一的问题。到 2016 年 10 月为止，谷歌知识图谱已经包含 700 多亿条事实数据[68]。随后，Facebook、Twitter 等社交平台也陆续推出了各自的知识图谱并设计了基于图分析技术的推荐方法。例如 Facebook 利用知识图谱在社交网络中构建了用户的兴趣标签，并据此为各个用户进行推荐，让其可以更快地找到志趣相投的朋友。

在智慧医疗方面，图分析技术主要应用于药物研发与推荐医疗方案等领域。在药物研发领域，欧盟开展了 Open PHACTS 项目[69]，通过利用各个实验室的理化数据、相关期刊文献中的研究结果以及其他开放数据来构建知识图谱，从而加速药物研制流程中的分子筛选工作，使得原本需要数天才能完成的工作只需要数秒便能够完成。在推荐医疗方面，图分析技术通过关联医院、医疗设备、治疗结果、患者信息等，发现其中隐藏的依赖关系，从而为医生给出治疗方案的建议。在国内已经有研究者使用知识图谱与图可视化等技术，针对高血压、糖尿病、乙型肝炎等常见疾病患者推出个性化疗法，并取得了明显的成效[70]。

图分析技术目前也被广泛应用于生产管理领域。凭借着寻找复杂关联数据中隐藏信息的能力，以及对快速变化的数据样本的适应能力，图分析技术非常适合建模和分析制造、生产、销售等领域中快速变化的原料库存以及复杂的动态供应链。沃尔沃、捷豹路虎等汽车制造商都依靠图数据库实现了物流流程优化和供应链管理[51]。以捷豹路虎为例，通过图可视化技术，可以直观地了解不同型号的汽车所具有的特点，以及该特点与所采用零件的关系，使得管理层可以明确使用何种零件以达到何种性能，并由此决定零件的供应商，从而为设计新型汽车、节约生产成本等方面提供了指导，提高了企业利润率。自从捷豹路虎采用图分析技术对供应链管理进行优化，捷豹路虎在 2019 年的商业价值相比 2017 年提高了三倍，同时供应链风险降低了 35%[65]。

随着大数据时代的到来，硬件设备对大规模图数据的处理能力逐步提升，图分析技术也得到了充分的应用与发展。根据技术成熟度曲线报告[52]，2020年第一季度通过图数据库完成的查询量相比2019年增加了40%，保守估计图分析技术及图数据应用在2020年的产值将达到80亿美元，并且将以每年100%的速度持续增长。图分析技术将在金融、能源、社交、科研等领域源源不断地诞生尖端应用。

1.2 图分析技术体系

图分析技术是一系列对图数据进行存储管理、分析处理、推断统计、表征学习的技术总称，主要包括图数据库技术、图计算技术、图学习技术、图生成技术和图可视化技术。

1.2.1 图数据库技术

图数据库技术可分为图存储技术和图查询技术。图存储技术旨在确保大数据分析应用中图数据的数据质量与可用性[71]，而图查询技术致力于从图数据中查询给定的子图[72]。图数据库技术是以图数据库为载体，以图中的点、边为基础存储单元，以高效存储、查询图数据为设计理念的数据管理技术。近几年以来，图数据库技术已经逐步成熟。图数据库作为底层存储，用以管理包括知识图谱、用户关系等数据，已经在互联网、金融、电信、公共安全、医疗等行业得到了广泛应用。

（1）图存储技术

在实际应用中，图数据库的主要模型包括带标签的属性图（property graph）和知识图谱中的资源描述框架（resource description framework，RDF）。

资源描述框架数据以三元组形式存储，可以表示为<主体（subject），属性（property），客体（object）>的形式。图1.11展示了经典RDF数据集DBPedia[73]中截取的部分数据，该数据集描述了部分地区的经纬度。

Subject	Property	Object
Alabama	type	Feature
Alabama	lat	33.0
Alabama	long	−86.66666666666667
Alabama	point	33.0 −86.66666666666667
Abraham_Lincoln	type	Feature
Abraham_Lincoln	lat	39.82333333333333
Abraham_Lincoln	long	−89.65583333333333
Abraham_Lincoln	point	39.82333333333333 −89.65583333333333
Apollo_8	type	Feature
Apollo_8	lat	8.1
Apollo_8	long	−165.01666666666668
Apollo_8	point	8.1 −165.01666666666668

图 1.11　DBPedia 中部分数据

（2）图查询技术

图查询技术包含两个重要的组成部分：图查询语言和子图匹配。图查询语言是用户使用的声明式语言，即用户声明查什么；而子图匹配则是系统根据查询语言执行查询的过程。

图查询主要分为传统的属性图查询和知识图谱查询。两种查询方式均有相应的查询语言，包括面向属性图的查询语言 Cypher[74] 以及面向知识图谱的查询语言 SPARQL[75]。

Cypher 是为 Neo4j 图数据库设计的针对属性图的声明式查询语言。属性图是由顶点（vertex）、边（edge）、标签（lable）、关系类型和属性（property）组成的有向图。Cypher 语言在查询时通过 MATCH 命令进行查询，例如：MATCH(*r*: Person) 表示找到所有标签为 Person 的顶点。MATCH(*r*)-[: influencedBy *]→(*p*: Person) 表示找到所有标签为 Person，边为 influencedBy 的顶点。

SPARQL 是知识图谱中常用的查询语言，其基本语法如示例 1.1 所示。其中，PREFIX 关键字确定查询的命名空间，表示查询在某个数据集上的声明。SELECT 从句与 WHERE 从句则表示查询方式和所要查询的图模式，两者共同表示查询的具体内容。SPARQL 同时支持对结果的修饰，包括利用 ORDER BY 以特定属性对结果进行排序等。

示例 1.1　SPARQL 语法示例

```
1: PREFIX dc:     <http://purl.org/dc/elements/1.1/>
2: PREFIX ns:     <http://example.org/ns#>
3: SELECT ?book ?title ?price
4: WHERE {
5:     ?book dc:title ?title
6:     ?book ns:price ?price
7: }
8: ORDER BY ?book
```

在 SPARQL 执行过程中，将从数据库中查找与 WHERE 从句中所表示的图模式结构匹配的子图结构。具体而言，子图匹配是指，给定一个目标图 $G_1=(V_1,E_1)$ 和一个查询图 $G_2=(V_2,E_2)$，若存在一个从 G_2 到 G_1 的单射函数 $f:V_2\rightarrow V_1$ 满足当 $(u,v)\in E_2$ 时，$(f(u),f(v))\in E_1$，则称 G_2 是 G_1 的匹配子图。示例 1.1 中的 WHERE 从句部分可以表示为图 1.12 中的查询图。执行上面的 SPARQL 查询语句，就可以在图数据库中查询图 1.12 所示图结构，并返回图结构中 book 类型顶点、title 类型顶点和 price 类型顶点的名称。

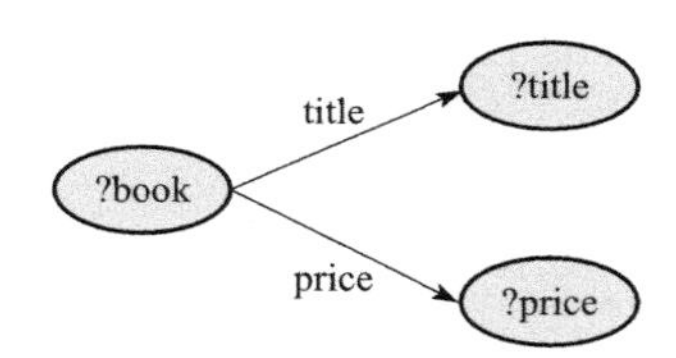

图 1.12　查询语句转换的图结构

针对子图匹配问题，较为常见的一种方法是带有回溯的搜索算法（backtracking search）。对于给定的查询图 Q，首先确定 Q 中顶点的匹配顺序（matching order）。然后根据生成的匹配顺序逐个点进行匹配，如果当前状态出现无法匹配的点，则进行回溯，返回上一个顶点。得到一个匹配结果后也需要回溯以找出全部的解集。回溯搜索的优点是可以避免产生大量的中间结果，因为采用深度优先搜索的思路，仅有递归调用栈的空间，中间结果很少。缺点是难以并行执行，计算会产生大量的递归开销。比较适用于 Top-K 类型的子图匹配查询，即仅返回前 K 个结果。

另一种常用算法是基于多路连接（multiway join）的算法，这种算法首先考虑边，每次对一条边进行匹配，得到若干中间结果。然后将得到的中间结果进行 join 操作得到最终解集。如图 1.13 所示，对于查询 Q，首先考虑边（u_1,u_2），在图 G 中搜索这条边，得到（v_1,v_2）和（v_4,v_2），存储在 T_1 中。然后依次考虑其余边得到 T_2 和 T_3，对 T_1，T_2，T_3 进行 join 操作得到 R 即为查询结果。对于 join 顺序的选择，可以采用 binary join 或 worst case optimal join 等方法。多路连接算法与回溯算法相反，会产生较多的中间结果，但是优点在于容易并行执行。

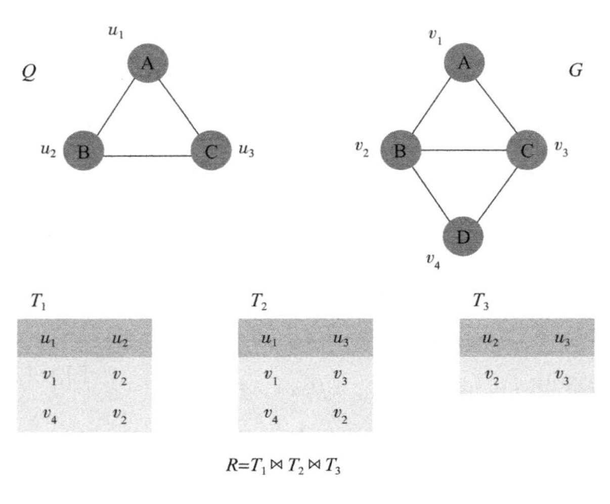

图 1.13　多路连接

1.2.2　图计算技术

相比表格型数据，图数据可以很好地解决关联数据的分析问题。例如：通过分析用户社交关系图实现社交影响力排名与好友推荐，通过分析资金交易图实现大数据征信和反欺诈，通过分析物联网设备关系图实现物联网通信瓶颈识别等。因此，图计算技术可以挖掘得到传统基于表格型数据的分析算法难以发现的信息。

图计算技术中的经典分析算法可以分为路径分析、社区挖掘、中心性分析、度量统计、相似性分析等类别。

（1）路径分析

路径分析包含两类算法：路径距离计算和路径搜索。路径距离计算旨在求解图中两个顶点之间的最短距离，路径搜索则要求输出两点间的最短路径。相关算法包括最短路径算法[76]、路径搜索算法[77]、环路检测算法[78] 和路径规划算法[79] 等。

（2）社区挖掘

社区（community）是一种局部子图结构。该子图结构具有的特点是子图的内部连接紧密，而不同的子图之间的连接稀疏。即社区内部顶点间有大量边相互连接，而每个社区中的顶点与该社区外顶点之间的边较少。社区挖掘旨在发现具有该类特征的子图结构。社区分为非重叠（non-overlapping）社区和重叠（overlapping）社区两类。非重叠社区是指图的社区划分之间没有重叠部分，每个顶点只能属于一个社区，而重叠社区则允许同一个顶点属于多个社区。

非重叠社区挖掘的经典算法是 Louvain 算法。Louvain 算法是一种基于贪心策略的模块度最大化社区挖掘算法。该算法考察每个顶点在社区之间移动时产生的模块度增益，通过贪心策略选择模块度增益最大的顶点移动策略。

重叠社区挖掘的典型算法包括团渗透（clique percolation）算法 CPM[80]、边划分（link partition）算法 LinkComm[81]、动态算法 SLPA[82]、种子扩张算法（seed set expansion）LEMON[83] 等。

（3）中心性分析

中心性指数是一种用来衡量图中每个顶点的影响力及重要性的属性。常见的中心性指数包括度中心性、特征向量中心性、介数中心性等。中心性分析指计算图中各个顶点中心性指数的过程。表 1.3 列举了常见的几种中心性指数。

表 1.3 常见的中心性指数

常见的中心性指数	概念
介数中心性 (Betweenness Centrality)	基于最短路径的图中心性的一种度量。介数是指一个网络里通过顶点的最短路径条数
度中心性 (Degree Centrality)	刻画顶点中心性的最直接度量指标。一个顶点的度越大就意味着这个顶点的度中心性越高
接近中心性 (Closeness Centrality)	衡量顶点在其连通分量中到其他各点的最短距离的平均值。该概念可以帮助选出连通分量内距离各点最近的点

（续）

常见的中心性指数	概念
特征向量中心性（Eigenvector Centrality）	顶点的重要性取决于其邻居顶点的重要性。与之相连的邻居顶点越重要，则该顶点就越重要
PR 中心性（PageRank Centrality）	基于 PageRank 算法，根据顶点的邻居以及邻居的邻居来评估一个顶点的重要性

（4）度量统计

为了能够衡量图数据的结构特点，对比不同图数据的区别，需要计算图的一些全局或局部的属性，这些属性就是图的度量统计值。常用的图度量统计包括顶点度分布、图直径、集聚系数、连通分量的数量与大小等。常用的度量统计算法包括集聚系数（cluster coefficient）算法、三角形计数（triangle count）算法和图直径算法等。

（5）相似性分析

相似性分析在社交网络、化学、生物信息学等领域有着广泛应用。相似性分析包括图相似性分析和顶点相似性分析。

图的相似性分析指判断两个图的相似程度。例如在社交网络方面，可以使用相似性分析来判断两个社区结构的相似程度。经典的图相似性算法包括图编辑距离算法[84] 和子图匹配算法[85]。

顶点相似性分析指判断两个顶点的相似程度。常见的顶点相似性包括邻域相似性、结构相似性和属性相似性。邻域相似性指两个紧密相连的顶点是相似的。结构相似性则认为具有相似局部结构的顶点是相似的，不需要顶点之间有直接连接。属性相似性则将顶点的属性作为判断是否相似的重要标准。

图分析算法的实现依托于图计算框架，图计算框架是图计算技术的引擎，优秀的图计算框架可以使图分析任务事半功倍。常见的图计算框架包括 MapReduce[60]、Pregel[11]、GraphLab[86]、Giraph++[13]、NetworkX[56]、GraphX[87]、GraphScope[22] 等。分布式图计算框架的核心技术包括编程模型、计算模型、通信模型、执行模型和图划分等。分布式图计算框架的详细描述见第 3 章。

1.2.3 图学习技术

图学习技术将深度学习应用到图上，通过深度学习算法提取图的相关特征进行表征学习或使用图神经网络（GNN）解决分类回归等问题。

大多数图学习方法基于深度学习技术或从深度学习技术中演变而来，因为深度学习技术可以将图数据编码并表示为向量。这种表示方式既保留了图的结构特征，又将原本复杂的图数据简化为向量形式，便于进行后续的分析处理。

图学习技术可分为以下四类：基于图信号处理（GSP）的方法、基于矩阵分解的方法、基于随机游走的方法和基于深度学习的方法[88]。

（1）基于图信号处理的方法

图信号处理为图的谱分析提供了一个新的视角。通过信号处理，图信号处理可以解释由连通性、相似性等组成的图特性。图信号处理主要的目标是理解和分析图信号，这就需要探索图的结构。每张图都有一个平移算子与其对应，邻接矩阵 $\boldsymbol{W}$、度矩阵 $\boldsymbol{D}$、拉普拉斯矩阵 $\boldsymbol{L}$ 都可以作为平移算子。

图信号处理主要有两种模型，基于邻接矩阵的图信号处理[51] 和基于拉普拉斯的图信号处理[89]。基于邻接矩阵的图信号处理就是用邻接矩阵 $\boldsymbol{W}$ 作为图的平移算子，基于拉普拉斯的图信号处理就是用拉普拉斯矩阵 $\boldsymbol{L}$ 作为平移算子。

图信号处理的流程主要分为采样和分析。

与传统信号处理相似，图信号处理需要先对信号进行采样，然后学习数据样本。采样策略可分为选择采样[90] 和集聚采样[91] 两种。选择采样选择一部分顶点进行采样。而集聚采样使用在单个顶点获取的观测值作为输入。

采样完成后需要对数据进行分析。首先，需要对数据进行恢复处理，恢复信号可以采用经典信号处理的数据插值方式[92]，通过将样本投射到适当的信号空间来获取插值信号。然后，需要从数据中心学习图的信息，该步骤被称为估计图拉普拉斯或图拓扑[93]。通常，只有满足稀疏性和平滑性的图才能适用。

总体而言，图信号处理算法对图数据有严格的限制，该算法要求输入完整的图数据，不能仅输入图的某一部分。因此，这类方法的计算复杂度会非常高。与其他类型的图学习方法相比，图信号处理算法的可扩展性相对较差。

（2）基于矩阵分解的方法

矩阵分解是一种将矩阵分解成多个矩阵乘积的方法。分解后得到的矩阵维度较低，可用于挖掘图数据中的隐含信息，例如顶点之间的隐含关系。此外，通过分解矩阵可以实现顶点嵌入表示，即矩阵分解的输入是以图表示的非相关高维数据特征，而输出是一组顶点嵌入。

基于矩阵分解的图学习主要有两种类型，一种是图拉普拉斯矩阵分解[94-95]，另一种是顶点邻接矩阵分解[96]。

图拉普拉斯矩阵分解中，图的特征可以表示为成对顶点相似性。该算法使用不同的方法来计算相似矩阵，因此可以尽可能地保留图特征。图拉普拉斯矩阵分解有两种：转换矩阵分解和归纳矩阵分解。前者只嵌入训练集中包含的顶点，后者可以嵌入训练集中不包含的顶点。除了使用图特征，矩阵分解也可以直接分解顶点邻接矩阵，该方法可以用于从非关系数据中学习图结构，并且适用于学习齐次图。一般使用矩阵的奇异值分解。

矩阵分解算法对交互矩阵进行运算，将其分解为若干低维矩阵。这种方法存在一些缺陷。例如，当矩阵规模较大时，矩阵分解算法需要占用大量的内存。此外，矩阵分解算法不适用于具有训练过程的监督或半监督任务。

（3）基于随机游走的方法

随机游走（Random Walk）[97,98] 是对网络进行采样的一种方法。该方法可以生成顶点序列，同时保持顶点之间的关联关系。基于随机游走采样得到的顶点序列，网络表示学习（Network Representation Learning，NRL）[99] 可以生成顶点的特征向量，以便下游任务可以在向量空间中挖掘图数据中的信息，所以又称为图表示学习。

DeepWalk[37] 是第一个图表示学习算法，其利用图中顶点与顶点之间的近邻共现关系来学习顶点的向量表示。DeepWalk 算法的关键在于如何将图的结构转换为序列结构，DeepWalk 提出了利用随机游走的方式在图中进行顶点采样。将图中复杂的顶点间关系转换为顶点序列。

然而，DeepWalk 的采样模式不足以捕获图中连接模式的多样性。Node2vec[38] 在 DeepWalk 的基础上进行了扩展，它设计了一种随机游走采样策略，通过调整参数，可以结合广度优先和深度优先两种图遍历策略的特点。

如图 1.14 所示，尽管顶点 u 与 v 在结构上很相似，但是因为其距离较远，DeepWalk 和 Node2vec 等直接在图上进行随机游走的算法很难将这两个顶点作为上下文顶点进行训练，生成的嵌入向量差距较大。

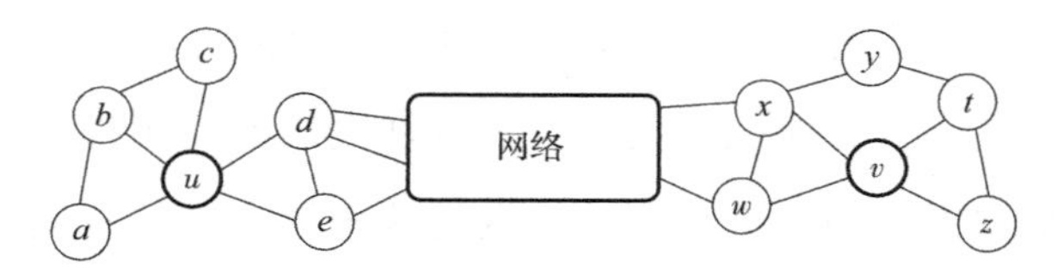

图 1.14　具有相似局部结构的图

为了考虑具有相似局部结构的顶点，Struct2vec[100] 通过顶点邻居的度信息构造一个多层次的网络来提高这类结构相似顶点之间的权重，从而在随机游走采样时，使这些结构相似的顶点被采样到同一个上下文的可能性更大。

总体来说，随机游走是对网络进行采样的基本方法，采样得到的顶点序列可以保留网络结构的信息。然而，这种方法也有一些缺点。例如，随机游走会产生一些不确定的顶点关系。为了减少这种不确定性，需要增加样本数量，但会显著增加算法的复杂度。一些改进后的随机游走的算法如 HIN2vec[101] 可以保留网络的局部或全局信息，但它们无法有效地适应不同类型的网络。

（4）基于深度学习的方法

图神经网络（GNN）[102] 是近几年最热门的领域之一。其中应用最广泛的图神经网络模型包括基于时域和空间域的图卷积网络（GCN）[103]、引入注意力机制后的图注意力网络（GAT）[104]、将网络顶点嵌入低维向量的图自动编码器（GAE）[105]、根据给定的观察图集生成图的图生成网络（GGN）[106]、记录图的时空相关性的图时空网络[107]。

在图卷积网络中，常用算法主要由传统的卷积神经网络（CNN）发展而来。卷积神经网络主要用于处理图像或文本，研究人员将该方法推广到处理图结构数据，对图进行卷积操作学习顶点的表示，并从小规模图逐渐扩展到大规模图。

图注意力网络则在图卷积网络的基础上引入了注意力机制。简单来说，图卷积网络主要考虑的是各个顶点的信息，而图注意力网络引入了注意力机制，不仅考虑顶点信息，还考虑不同邻居顶点之间影响力的差异，使得重要的顶点在学习过程中更加突出。

图自动编码器主要适用于无监督学习。该方法的主要目的是通过编码-解码结构获取图中顶点的嵌入，进而挖掘信息。图自动编码器利用神经网络将图数据压缩后再解压，并根据损失函数进行调整，重复这一训练过程直到输出的图数据与输入的一致，以捕获图的隐含信息。

图生成网络的目的是根据给定的图数据生成新的图。该方法可以应用于化合物生成。在化学图中，原子被视为顶点，化学键被视为边。图生成网络的任务是发现具有某些化学和物理性质的新的可合成分子。

图时空网络不仅研究基本的图数据，还考虑到各个顶点随着时间发生的变化。例如，在交通网络中，图时空网络可以记录并分析各个路段不同时间段的车流量。该算法可以用于预测图中顶点数据未来的变化趋势。

1.2.4 图生成技术

图生成技术旨在生成与真实图具有相似特性的图结构。真实世界中的图包含两个性质：幂律分布和较大的集聚系数。简单来说，真实图中有少量中心顶点连接大量顶点，而大部分顶点的度很小。同时，各个顶点之间倾向于形成密度相对较高的子图。图生成技术大体可以分为两类：传统图生成技术和基于深度学习的图生成技术。

传统图生成技术包括随机图生成模型、随机块模型、优先连接模型、幂律图生成模型、递归图生成模型等。具体如下。

（1）随机图生成模型

随机图生成模型中最经典的是 Erdos-Renyi 模型[108]（E-R 模型），也称 E-R 随机图。E-R 随机图有两种生成方法：

1）ER(N,M)。即先确定 N 个点，然后在这 N 个点之间生成 M 条边。

2）ER(N,p)。先确定 N 个点，任意两个不同的顶点之间的存在边概率是 p。

以第二种构建方式为例，生成的图类似于图 1.15 所示。

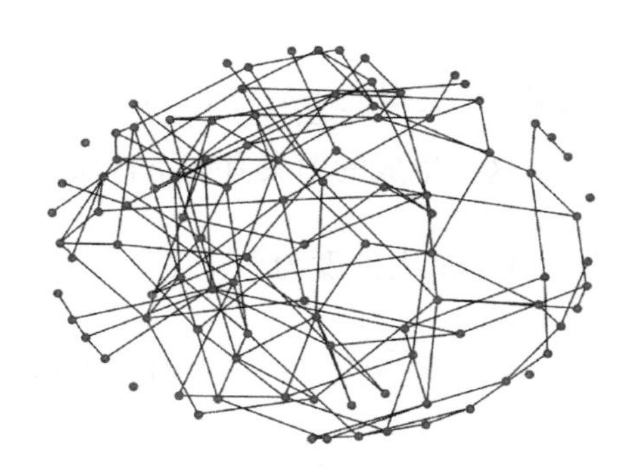

图 1.15　E-R 随机图

用 E-R 模型生成的图的度分布为泊松分布，集聚系数低，没有前述真实图的性质。许多传统的图生成方法试图通过更好地捕捉真实图的性质来解决这一问题。一个典型的例子是随机块模型（stochastic block model，SBM）[109]，它可以生成具有社区结构的图。

在 SBM 中，有 n 个不同的块，记作 $C_1,\cdots,C_n$。对于图中的每个顶点 u，有概率 $p_i=P(u\in C_i)$，即 u 属于第 i 块的概率。SBM 可以控制不同块内和块之间的边生成概率，这使得 SBM 能够生成具有社区结构的图。

Barabasi-Albert 模型[110] 是典型的优先连接模型。该模型具有两个关键特性：增长和优先连接。其中，增长过程中每次新增一个顶点且新增顶点所具有的边数小于初始图的顶点数；优先连接意味着顶点之间的连接越多，接收新连接的可能性就越大。该模型可生成符合幂律分布的图，相较于 E-R 模型更符合真实图的性质。

（2）幂律图生成模型

现实世界中图的度分布大多为幂律分布，基于此 William Aiello 等人[111] 提出了一个幂律图生成模型。

对于一个随机图，其度分布取决于两个给定值 α 和 β。假设有 y 个度为 x 的顶点，其中 x 和 y 满足：

$$\log y=\alpha-\beta \log x \tag{1-1}$$

即

$$|\{v: \deg(v)=x\}|=y=\frac{\mathrm{e}^{\alpha}}{x^{\beta}} \tag{1-2}$$

其中，α 是图大小的对数，β 是图的对数增长率。

这样生成的图具有如下性质：

1）最大的度为 $\mathrm{e}^{\frac{\alpha}{\beta}}$；

2）对于 $y(x)$，取 x 值从 1 到 $\mathrm{e}^{\frac{\alpha}{\beta}}$ 求和，可求得顶点数

$$n=\sum_{x=1}^{\mathrm{e}^{\frac{\alpha}{\beta}}} \frac{\mathrm{e}^{\alpha}}{x^{\beta}} \approx \begin{cases}\zeta(\beta) \mathrm{e}^{\alpha} & \text{if } \beta>1, \\ \alpha \mathrm{e}^{\alpha} & \text{if } \beta=1, \\ \dfrac{\mathrm{e}^{\frac{\alpha}{\beta}}}{1-\beta} & \text{if } \beta<1,\end{cases} \tag{1-3}$$

其中，$\zeta(t)=\sum_{n=1}^{\infty} \frac{1}{n^{t}}$是黎曼-泽塔函数[112]；

3）同理，边数 E 可求得

$$E=\frac{1}{2} \sum_{x=1}^{\mathrm{e}^{\frac{\alpha}{\beta}}} x \frac{\mathrm{e}^{\alpha}}{x^{\beta}} \approx \begin{cases}\dfrac{1}{2} \zeta(\beta-1) \mathrm{e}^{\alpha} & \text{if } \beta>2, \\ \dfrac{1}{4} \alpha \mathrm{e}^{\alpha} & \text{if } \beta=2, \\ \dfrac{1}{2} \dfrac{\mathrm{e}^{\frac{2\alpha}{\beta}}}{2-\beta} & \text{if } 0<\beta<2。\end{cases} \tag{1-4}$$

该模型生成的图可能包括自环（loop）和重边（multi-edge），且很可能是非连通的，但它的度分布严格满足幂律分布。

（3）递归图生成模型

Kronecker 模型[113] 利用矩阵的 Kronecker 积，实现图数据的生成。其中，矩阵的 Kronecker 积定义如下：

给定矩阵 $\boldsymbol{A}=[a_{i,j}]$ 和 $\boldsymbol{B}$，大小分别为 $n\times m$ 和 $n'\times m'$。其 Kronecker 积如下

$$\boldsymbol{A}\otimes\boldsymbol{B}=\begin{pmatrix} a_{1,1}\boldsymbol{B} & \cdots & a_{1,m}\boldsymbol{B} \\ \vdots & & \vdots \\ a_{n,1}\boldsymbol{B} & \cdots & a_{n,m}\boldsymbol{B} \end{pmatrix} \tag{1-5}$$

Kronecker 图的生成需要给定一个初始图 G_1。G_1 的 k 次 Kronecker 积定义如下：

$$G_k=G_1^{[k]}=G_1\otimes G_1\otimes\cdots\otimes G_1=G_{k-1}\otimes G_1 \tag{1-6}$$

Kronecker 图满足如下性质：

$$(X_{ij},X_{kl})\in G\otimes H \text{ if} f(X_i,X_k)\in G \text{ and } (X_j,X_l)\in H \tag{1-7}$$

Kronecker 模型迭代从初始图 K_1 依次生成 K_2、K_3 至 K_n。当从图 K_{n-1} 生成 K_n 时，需将 K_{n-1} 中的每个顶点转换为 K_1，如图 1.16 所示，将 K_1 所有顶点均替换为 K_1 得到 K_2，依次递归替换，最终得到需要的图 K_n。根据该模型生成的图在整体结构上相似，如图 1.16 所示，K_1 的邻接矩阵与 K_2 保持了右上部分与左下部分顶点均为 0 的结构。简单来说，Kronecker 图递归地构造了自相似（self-similar）的图。

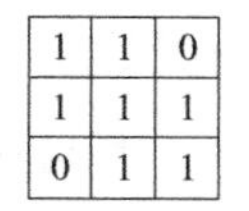

1	1	0
1	1	1
0	1	1

图 1.16　Kronecker 构造的图[113]

Leskovec 等人[113] 详细证明了基于矩阵的 Kronecker 积生成的图符合真实图的度分布、小直径等静态性质，也符合稠密化、直径收缩等时序性质。

（4）深度学习图生成

相较于传统的图生成方法，基于深度学习的方法能够更好地捕捉真实图中的各种信息。基于深度学习的图生成算法有 GraphVAE[48]、MolGAN[49]、GraphRNN[50] 等，这里主要介绍 GraphRNN 的思路。

GraphRNN 将图的生成看作点和边序列的生成。如图 1.17 所示，该模型以 RNN 为基础，从一个起始状态利用 RNN 模型逐步生成图。传统的图生成方法基于人观察得到的真实图性质来构建图，而 GraphRNN 基于深度学习，能够提取更多的顶点特征和更复杂的边关系。

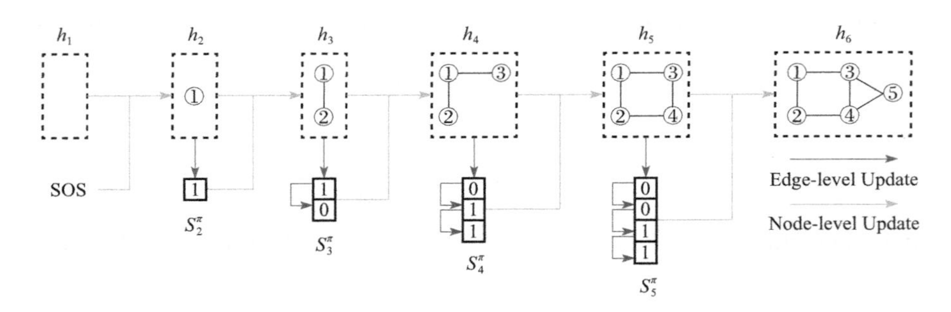

图 1.17　GraphRNN 图生成算法[50]

在真实图中，边之间会有依赖关系，例如某人在社交网络中建立一个关系，可能会导致他的朋友也建立相同的关系。GraphRNN 可以捕获这种关系，生成更加符合真实图情况的边。同时，由于其自回归结构，GraphRNN 通过与递归神经网络进行权重共享，大幅降低了模型的复杂性和开销，相较于其他算法可以实现更大规模图的生成。

1.2.5　图可视化技术

图可视化技术是数学和计算机科学相结合的一个领域，它结合了几何图论和信息可视化的方法，从社交网络分析、制图学、语言学和生物信息学等应用中获取图的高维描述。图分析可以揭示数据中复杂的关系，为有效决策提供信息，图可视化则打通了底层图分析技术与用户交互的屏障。

图可视化通过将数据元素及其内部关系转化为图，帮助用户深入了解数据。图可视化利用人类视觉系统来发掘知识。然而，随着数据变得越来越庞大，传统的图可视化技术越来越难以揭示隐藏在数据中的模式。海量数据给图可视化带来了许多挑战，如视觉混乱、布局、导航和评估标准难以界定等。

常见的图可视化技术包括图布局技术和图渲染技术等。

（1）图布局技术

图布局的目的是让数据易于理解和使用，因此，图布局需要符合一定的美学原则，包括顶点和边均匀分布（最大化对称性）、减少边交叉、以相同的方式显示同构子结构、尽量减少边的弯曲数量等。这些美学原则的重要性各不相同。Purchase 等人[114] 认为："减少边交叉是迄今为止最重要的美学原则，而减少边的弯曲数量和最大化对称性的效果较小。"在多数情况下，不可能同时满足所有原则。其中一些相互冲突，另一些则计算开销极大。因此，实用的图布局通常是美学折中的结果。关于图布局的另一个问题是可预测性。由于图可视化的任务往往伴随着连续的交互式查询，使布局算法的结果可预测是必要的，尤其是使用相同或相似图数据在相同的可视化算法下的结果应相同或相似。

常见的图布局包括树形布局、力导布局（Force-Directed Layout）、3D 布局等。

树形布局类似于树形图，如图 1.18(a) 所示。树形布局优点是能够反映顶点之间的层级关系，并且能够直观地判断图中是否存在环路。缺点是树形布局的空间利用率较低，根顶点附近的顶点过于稀疏。

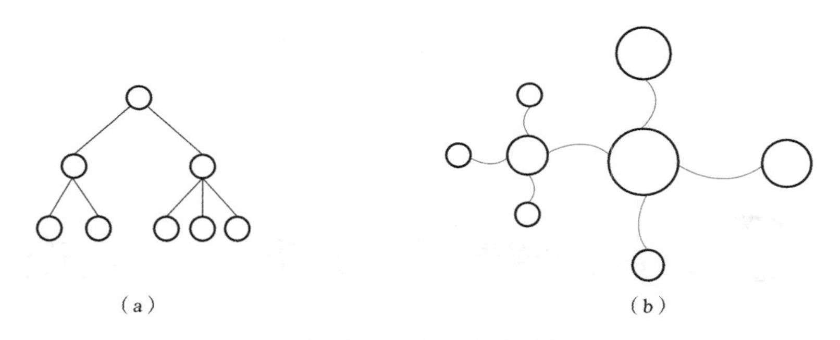

图 1.18　树形布局（a）与力导布局（b）

力导布局如图 1.18(b) 所示，可用于描述关系图顶点之间的关系，比如社交网络关系、计算机网络关系、资金交易关系等，把顶点分布到画布上的合理位置。力导布局一般适用于小型图，在处理大型图时该算法的开销过大。此外，力导布局缺乏可预测性，同一数据的两次运行结果可能并不相同。在特殊情况下，缺乏可预测性会导致严重问题。

3D 布局将二维空间扩展到三维空间。其优点在于额外的维度可以提供更多的空间，更容易显示大型结构。例如，Rekimoto[115] 提出了信息立方体结构，将信息立方体放在其父立方体中，以表示父子关系。在三维空间中显示图结构会遇到的新问题。例如，三维空间中的对象可以相互遮挡，并且在三维空间中很难找到适用于所有情况的固定视角。因此，三维视图的基本需求是可旋转。通过旋转三维视图，可以尽可能多地显示隐藏的结构。

（2）图渲染技术

在实际应用中，视觉混乱是大型图存在的主要问题之一。研究人员已经做了诸多尝试来解决或缓解此类问题。

边束（Edge Bundle）[116] 是一种可以有效降低视觉混乱的渲染方法。它将边绘制为曲线以平滑交叉区域，使其更自然。对于每个边交叉，将边合并在一起，合并的边越多，图中显示的边就越宽。对于密集程度不同的边，采用不同的颜色进行区分。

当边过于密集时，单纯改变颜色已经不能很好地区分各种类型的边。LineAO[117] 采用深度布线和光照技术对密集线束进行渲染，很好地解决了密集线束的渲染问题。

1.3 大数据背景下图分析技术面临的挑战

随着大数据时代的到来，信息技术蓬勃发展，互联网、通信、电商等行业百家争鸣，数据体量呈爆发式增长。图分析技术作为大数据挖掘技术体系下不可或缺的部分，具有复杂关系可分析、潜在模式可挖掘、分析结果可解释等新特性。然而，随着图数据规模的不断增长和图数据类型的日益复杂，图分析技术面临着巨大挑战，具体表现如下。

1）现实场景中图数据的高耦合、强动态等特性导致面向大规模图数据的分析方法自适应性较弱。一方面，现实生活中能映射为<点，边，属性>三元组形式的数据均可转化为图数据，包括有向图、无向图、概率图等。而现有很多工作往往针对图数据的特性设计相应的优化方法。不同类型图数据上的路径查找、中心性度量和社区挖掘等计算方法及计算过程的特性均不相同。另一方面，现实生活中产生的图数据往往遵循幂律分布，即小部分顶点拥有较高的度与大量的邻居顶点，这导致图数据中点边的局部关系复杂。因此，通用且自适应的大规模图分析算法在效果与效率层面的提升一直是分布式图分析算法研究的难点问题。

2）随着图分析市场的不断扩张，越来越多的工业级图分析需求涌现，复杂的图分析任务（如子图查询、中心性分析、图学习等）带来了高昂的计算开销。一方面，图分析技术的算法计算复杂度高。例如，子图匹配算法是典型的 NP 完全问题[158]，计算复杂度随查询图顶点个数以及数据图规模增长呈现平方级以上的增长。另一方面，算法中间计算结果膨胀严重和结果合并的通信代价高。例如，子图匹配算法随着查询图顶点数量以及搜索层数的增加，中间计算结果呈现指数级增长，在分布式场景下这些中间计算结果的同步会造成严重的通信瓶颈。因此，图分析技术的效率受到数据加载速度以及算法本身复杂度的多重限制。

近十年来，大数据存储和挖掘等上层软件技术的不断演进和市场需求的不断增长，推动着硬件、平台等底层技术的不断变革，各类技术的相互推动使图分析技术在新时代背景下具有了新的特性与活力，具体可概括如下。

1）高通量、高时效的新型应用需求引领图分析技术发展。随着互联网技术的普及与设备算力的提升，图分析技术将面临更加丰富且具有挑战的应用场景。以金融领域为例，账户可以表示为顶点，两个账户发生转账操作时会建立一条有向边。因此，图中的一条环路意味着有一笔资金通过多次转账最终被转回了同一个账户，即可能存在洗钱等金融风险。图分析技术可以应用于该金融场景中的风险预警。然而，在此类新应用场景中，图分析技术往往面临着高通量、高时效的点边之间的更新操作，例如在大量账户之间的转账交易结束前完成金融风险预警。因此，图分析技术在更加丰富的应用场景下面临高通量、高时效等新型应用需求。

2）高性能新硬件为图分析技术赋能。近年来，RDMA（远程直接内存访问）、NVM（非挥发性存储器）、鲲鹏 920 芯片等新型硬件的产生以及广泛推广，给设计更高效的图分析方法带来了新的机遇与挑战。例如，鲲鹏 920 芯片具备高性能、低功耗、高集成、高吞吐四大特性。分布式图分析技术中性能指标主要分为计算开销、网络开销、同步开销和负载均衡，结合上述新硬件技术，可以在不侵占计算资源的基础上重叠计算与网络 I/O，以进一步为图分析技术优化赋能。

综上所述，随着数据与技术的不断碰撞，图分析技术正在经历一场由数据和硬件平台技术带来的变革。为了应对大数据背景下图数据规模巨大、结构复杂、类型多样所带来的挑战，解决图分析算法计算复杂度高、难以并行等问题，面对新时代下高通量、高时效等新需求，华为发布了鲲鹏 BoostKit 图分析算法加速库，该加速库基于鲲鹏 920 芯片进行了一系列算法和工程优化，使得工业级图分析应用性能倍增。

第2章 经典图算法

随着近几年的发展，越来越多的应用利用图数据结构对社交数据、交通数据、蛋白质结构等数据建模，进而利用图分析算法作为关键手段进行实际问题求解。本章将重点介绍 5 类常用的经典图分析算法，包括路径分析[118]、社区挖掘[119]、中心性分析[120]、度量统计[121] 和相似性分析[122]。

读者可通过阅读本章了解上述常用图分析算法的基本原理、应用场景和基础解法等，若读者已了解相关的基础理论，可直接阅读第 4、5 章，了解图分析算法在鲲鹏硬件上的分布式优化实践。

2.1 路径分析

路径分析任务主要包含路径距离计算和路径搜索。路径距离计算用以求解图中任意两个顶点之间的最短路径长度，路径搜索则用于挖掘具有特殊约束的路径，例如任意两顶点间的可达路径，环路等。相关算法包括最短路径算法、路径搜索算法、环路检测算法和路径规划算法等。本节选取最短路径算法和环路检测算法为代表阐述。

2.1.1 最短路径算法

最短路径问题是有向图和无向图上的一个典型问题：如果从图中某个顶点（称为源点）到达另一个顶点（称为终点）的路径不止一条，如何找到一条路径，使得沿此路径各边的权重或数目总和最小。最短路径广泛应用于交通导航、社交网络和网规网优等诸多领域中，例如，通过计算社交网络中两个用户间的最短路径进行好友推荐、通过计算城市道路不同路口间的最短路径进行导航优化等。此外，最短路径也是其他图分析算法的基础求解方法，如 Closeness、Betweenness 等算法均依赖于最短路径求解。因此，对最短路径算法的研究是极其重要的。最短路径算法相关定义如下。

定义 2.1（途径[123]）：设 L 为图 G 的一条点边交替出现的序列（$v_1=a,e_1,v_2,\cdots,e_{m-1},v_m=b$），若满足 $e_{j-1}=(v_{j-1},v_j)\in E$，$2\leqslant j\leqslant m$，就称 L 为从起点 a 到终点 b 的途径，途径中除 a 和 b 以外的顶点称为中间顶点。

定义 2.2（迹[123]）：边不重复出现的途径称为迹。

定义 2.3（路径[123]）：中间顶点不重复出现的迹称为路径。本章所述图均为简单图，因此可省去路径中的边，简记为 $p=(v_1,v_2,\cdots,v_m)$。

定义 2.4（路径长度[123]）：对路径 $p=(v_1,v_2,\cdots,v_m)$，在无权图中，路径长度 $W(p)$ 指路径所含边的数目，即 $W(p)=m-1$；在有权图中路径长度 $W(p)$ 指路径中所有边的权重之和，即 $W(p)=\sum_{i=1}^{m-1}w(v_i,v_{i+1})$。

定义 2.5（最短路径[123]）：对于从顶点 a 到顶点 b 的所有路径的集合 $P=\{p\mid p=(v_1=a,\cdots,v_m=b)\}$，若 P 不为空，则至少存在一条长度最短的路径为从顶点 a 到顶点 b 的最短路径。

图 2.1 所示为某城市的局部交通网络图抽象，图中边的权重为两个地点间的车辆行驶时间（分钟）。现在要从地点 v_1 出发，驾车前往图书馆 v_5，需要寻找一条从起点到图书馆的时间开销最短的路径。这就是一个典型的最短路径问题。

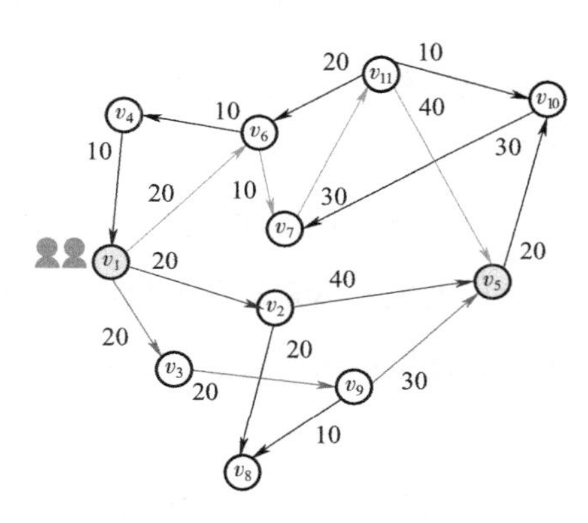

图 2.1　交通网络示意图（见彩插）

图 2.1 中共存在 3 条由顶点 v_1 到 v_5 的路径，标示为不同颜色，这些路径分别是 $p_1=(v_1,v_6,v_7,v_{11},v_5)$，$p_2=(v_1,v_2,v_5)$，$p_3=(v_1,v_3,v_9,v_5)$。路径长度分别为 100、60 和 70。可见，$p_2$ 的路径长度最小，因此 v_1 到 v_5 的最短路径为 $p_2=(v_1,v_2,v_5)$。

如表 2.1 所示，基于输入图中的边是否有权，可将最短路径问题分为：无权最短路径求解和有权最短路径求解。无权最短路径求解时，边权重默认为 1，可用广度优先搜索（Breadth First Search，BFS）等基础算法求解；有权最短路径求解时，边权重基于实际问题赋值，例如社交网络图中两个用户节点之间的亲密度可以作为边的权重。求解该问题的经典算法包括 Dijkstra 算法[124]、Floyd 算法等。

表 2.1　经典的最短路径求解算法

算法	有/无权图	源点数量	时间复杂度	空间复杂度
BFS 算法	无权	单源	$O(n+m)$	$O(n+m)$
Dijkstra 算法	无权、有权	单源	$O(m+n\log n)$	$O(n+m)$
Floyd 算法	无权、有权	单源、全源	$O(n^3)$	$O(n^2)$

注：设 n 为图的顶点数量，m 为图的边数量。

针对最短路径问题求解时源点数量不同，可将问题分为：单源最短路径问题、多源最短路径问题和全源最短路径问题。单源最短路径问题是求某一顶点到图中其他顶点的最短路径；多源最短路径问题是求图中某些顶点到图中其他顶点的最短路径；全源最短路径问题是求图中所有顶点间的最短路径。

下面以无权图的单源最短路径求解、有权图的单源最短路径求解及有权图的全源最短路径求解这三个典型场景阐述上述各类最短路径求解问题的求解思想及差异。

（1）无权图的单源最短路径求解

广度优先搜索是在无权图上计算最短路径的经典算法，其核心思想是从源点出发，逐层遍历所有邻接顶点，源点到其他顶点的最短路径长度等于第一次访问该顶点时的层次高度。

如图 2.2 所示，给定有向无权图 G，求解源点 v_1 到图中其他顶点的最短路径长度。

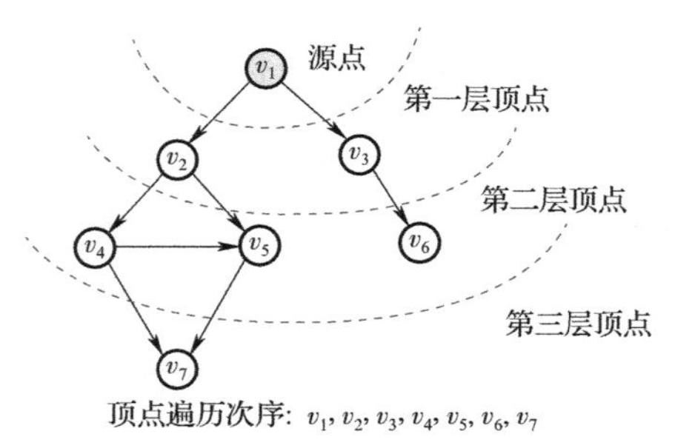

图 2.2　BFS 求解最短路径

基于 BFS 的思想，分层遍历所有顶点，可将求解步骤分解为：初始化→迭代遍历→终止。如图 2.3 所示，我们以该图说明 BFS 求解过程。其中数组 D 表示源点 v_1 到图中其他顶点的最短路径长度，F 表示顶点是否被访问过（1 代表访问过，0 代表未访问过），Q 表示存储已被访问顶点的队列。图中绿色顶点为源点，红色顶点为 Q 队首顶点，蓝色顶点为当前访问顶点。

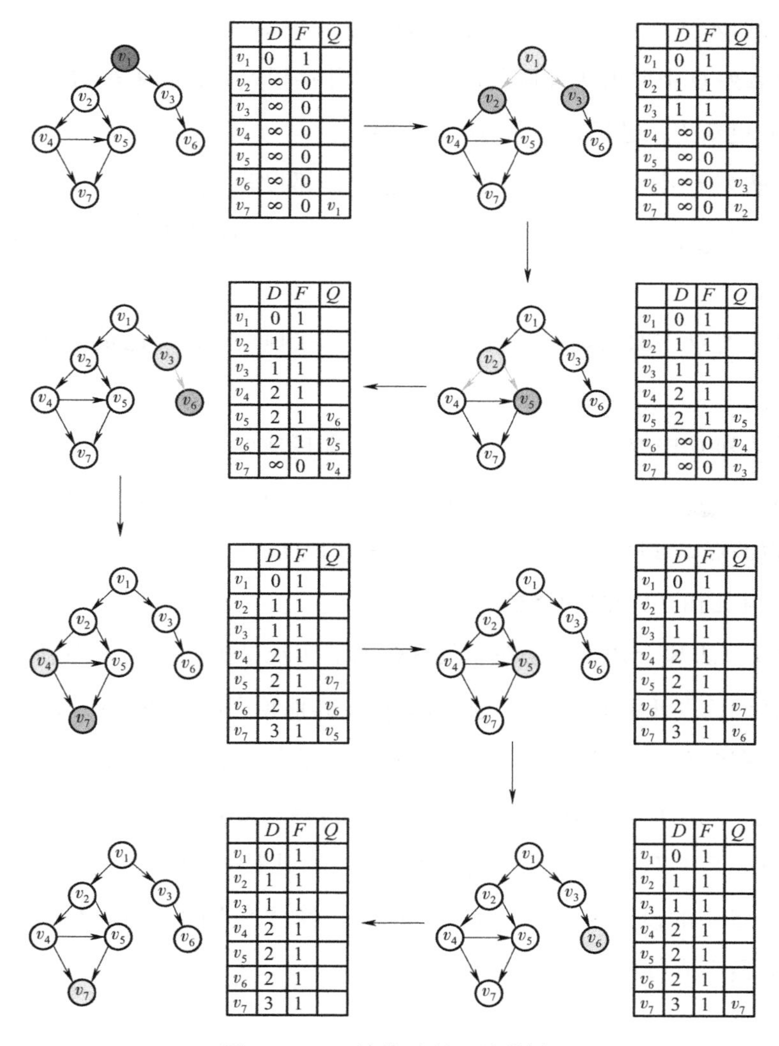

	D	F	Q
v_1	0	1	
v_2	∞	0	
v_3	∞	0	
v_4	∞	0	
v_5	∞	0	
v_6	∞	0	
v_7	∞	0	v_1

	D	F	Q
v_1	0	1	
v_2	1	1	
v_3	1	1	
v_4	∞	0	
v_5	∞	0	
v_6	∞	0	v_3
v_7	∞	0	v_2

	D	F	Q
v_1	0	1	
v_2	1	1	
v_3	1	1	
v_4	2	1	
v_5	2	1	v_6
v_6	2	1	v_5
v_7	∞	0	v_4

	D	F	Q
v_1	0	1	
v_2	1	1	
v_3	1	1	
v_4	2	1	
v_5	2	1	v_5
v_6	∞	0	v_4
v_7	∞	0	v_3

	D	F	Q
v_1	0	1	
v_2	1	1	
v_3	1	1	
v_4	2	1	
v_5	2	1	v_7
v_6	2	1	v_6
v_7	3	1	v_5

	D	F	Q
v_1	0	1	
v_2	1	1	
v_3	1	1	
v_4	2	1	
v_5	2	1	
v_6	2	1	v_7
v_7	3	1	v_6

	D	F	Q
v_1	0	1	
v_2	1	1	
v_3	1	1	
v_4	2	1	
v_5	2	1	
v_6	2	1	
v_7	3	1	

	D	F	Q
v_1	0	1	
v_2	1	1	
v_3	1	1	
v_4	2	1	
v_5	2	1	
v_6	2	1	
v_7	3	1	v_7

图 2.3　BFS 计算过程（见彩插）

初始化时，$D[v_1]=0$，其余均记为∞。将 v_1 加入 Q 并设置 $F[v_1]=1$，然后开始如下迭代。

1）从队列 Q 中取出队首顶点 v_1，遍历其邻接顶点 v_2、v_3，将未访问过的邻接顶点 v_2、v_3 加入队列 Q 并更新 F，更新 $D[v_2]=D[v_3]=D[v_1]+1=1$。

2）从队列 Q 中取出队首顶点 v_2，遍历其邻接顶点 v_4、v_5，将未访问过的邻接顶点 v_4、v_5 加入队列 Q 并更新 F。更新 $D[v_4]=D[v_5]=D[v_2]+1=2$。

3）从队列 Q 中取出队首顶点 v_3，遍历其邻接顶点 v_6，v_6 未被访问过，将 v_6 加入队列 Q 并更新 F。更新 $D[v_6]=D[v_3]+1=2$。

4）从队列 Q 中取出队首顶点 v_4，遍历其邻接顶点 v_5、v_7，v_5 已被访问过，不加入队列 Q。将未访问过的邻接顶点 v_7 加入队列 Q 并更新 F。更新 $D[v_7]=D[v_4]+1=3$。

5）从队列 Q 中取出队首顶点 v_5，遍历其邻接顶点 v_7，v_7 已被访问过，不加入队列 Q。

6）从队列 Q 中取出队首顶点 v_6，v_6 没有邻接顶点。

7）从队列 Q 中取出队首顶点 v_7，v_7 没有邻接顶点。此时，队列 Q 为空，算法终止，求得源点 v_1 到其他所有顶点的最短路径长度。

（2）有权图的单源最短路径求解

Dijkstra 算法基于 BFS 算法在非负有权图上实现了扩展，其核心思想是从源点出发按照路径长度递增的顺序迭代求解源点至其他顶点的最短路径长度。如图 2.4 所示，给定有向有权图 G，为了求解源点 v_1 到图中其他顶点的最短路径长度，我们用 F 标记顶点已计算得到最短路径距离并用 $S=\{v\in V|F[v]=1\}$ 表示所有已被标记的顶点。其中 D 表示源点 v_1 经过顶点集 S 到图中其他顶点的最短路径长度。那么对于 $V-S$ 中的顶点，迭代地计算从源点 v_1 经过 S 中的点到达 $V-S$ 中所有点的最短距离的最小值所对应的点 v_u，即

$$v_u=\text{argmin}_{v_u\in V-S}D[v_u] \tag{2-1}$$

可以证明[123]，此时 v_1 到 v_u 的距离一定是其最短距离。否则，若存在其他路径 p

从 v_1 到 v_u，且距离更短，那么 p 中一定包含了至少一个点 u，满足 $u \notin S$。这与按照递增的顺序求解最短路径的过程相悖。因此，我们利用式（2-2）迭代地计算经由 S 所到达的点的最短距离，即

$$D[v_w]=\mathrm{Min}(D[v_w],D[v_u]+w(v_u,v_w)) \tag{2-2}$$

式中，v_u 表示新加入 S 中的节点；v_w 表示 v_u 的邻接顶点。

基于 Dijkstra 算法思想，同样可将求解步骤分解为：初始化→迭代计算→终止。如图 2.4 所示，我们用 F 表示顶点是否被访问过。图中绿色代表源点，红色代表最短距离顶点，蓝色代表修改距离的顶点。

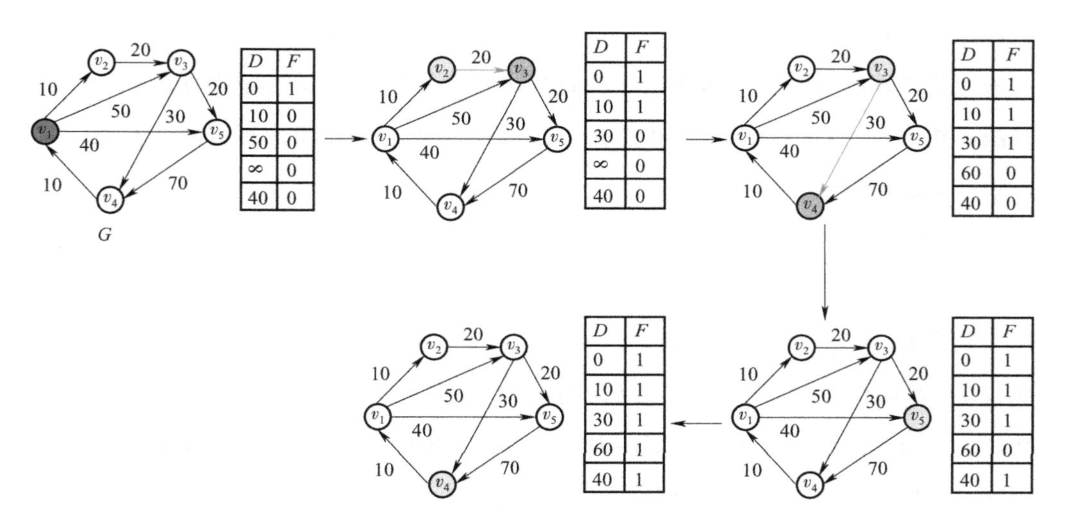

图 2.4　Dijkstra 算法示意（见彩插）

初始化时，若源点 v_1 到顶点 v_k 有边，便将 $D[v_k]$ 记录为对应边权重。若源点 v_1 到顶点 v_k 无边，便将 $D[v_k]$ 记录为∞，$D[v_1]$ 本身记为 0。标记 $F[v_1]=1$，并开始迭代。

1）找到满足式（2-1）的顶点 v_2，标记 $F[v_2]=1$，此时可得 v_1 到 v_2 的最短路径长度为 10。同时，遍历当前顶点 v_2 的所有邻接顶点 v_w 并基于式（2-2）更新其邻接顶点的最短路径长度。计算后可知 $w(v_2,v_3)+D[v_2]=30<D[v_3]=50$，因此更新 $D[v_3]=30$。

2）基于式（2-1）找到顶点 v_3，标记 $F[v_3]=1$，此时可得 v_1 到 v_3 的最短路径长度为 30。遍历当前顶点 v_3 的所有邻接顶点 v_w，基于式（2-2）更新 $D[v_4]=60$。

3）基于式（2-1）找到顶点 v_5，标记 $F[v_5]=1$，此时可得 v_1 到 v_5 的最短路径长度为 40。遍历当前顶点 v_5 的所有邻接顶点 v_w，基于式（2-2）计算后不更新 D。

4）基于式（2-1）找到顶点 v_4，标记 $F[v_4]=1$，此时可得 v_1 到 v_4 的最短路径长度为 60。$V-S$ 为空集，算法终止。

（3）有权图的全源最短路径求解

全源最短路径问题要求计算图中所有顶点间的最短路径，我们可以基于单源最短路径求解全源最短路径问题，求解时遍历图中所有顶点并以此为源点利用单源最短路径算法求解。下面介绍一种直接求解全源最短路径的经典算法——Floyd算法。相比 Dijkstra 算法，Floyd 算法[125] 可以处理负权图和检测负环，并能一次求解全源最短路径。

Floyd 算法是经典的动态规划算法，假设顶点 v_i 的下标 i 为顶点 ID。我们用矩阵 $\boldsymbol{D}_k(i,j)$ 表示从 v_i 到 v_j 的所有中间顶点 ID 不大于 k 的路径中的最短路径的长度。那么假设 $\boldsymbol{D}_{k-1}(i,j)$ 已知，并且基于 $\boldsymbol{D}_{k-1}(i,j)$ 求 $\boldsymbol{D}_k(i,j)$，则存在两种情况，一是 $\boldsymbol{D}_k(i,j)$ 对应的最短路径经过点 k，则有 $\boldsymbol{D}_k(i,j)=\boldsymbol{D}_{k-1}(i,k)+\boldsymbol{D}_{k-1}(k,j)$。二是 $\boldsymbol{D}_k(i,j)$ 不经过点 k，则有 $\boldsymbol{D}_k(i,j)=\boldsymbol{D}_{k-1}(i,j)$。因此只需比较两种情况下 $\boldsymbol{D}_k(i,j)$ 的可能值并取较小值，即可得到 $\boldsymbol{D}_k(i,j)$。因此，有如下转移方程：

$$\boldsymbol{D}_k(i,j)=\min(\boldsymbol{D}_{k-1}(i,j),\boldsymbol{D}_{k-1}(i,k)+\boldsymbol{D}_{k-1}(k,j)) \tag{2-3}$$

利用上述方程，Floyd 算法从图权重矩阵 $\boldsymbol{D}_0$ 开始依据转移方程递推产生一个矩阵序列 $\boldsymbol{D}_0,\cdots,\boldsymbol{D}_n$（设图中顶点数为 n），$\boldsymbol{D}_n$ 即为所求。

如图 2.5 所示，给定有权有向图 G，计算图中所有顶点间的最短路径长度。

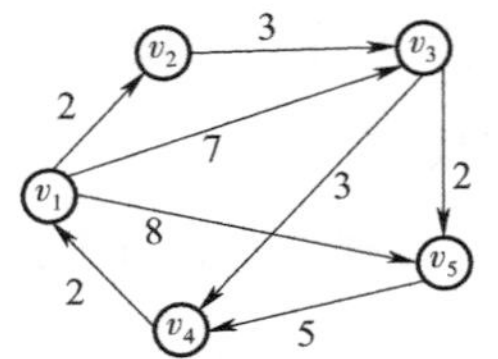

图 2.5　有权有向图 G 示例

矩阵递推计算过程如图 2.6 所示，带下划线的数字代表计算中改变的距离。

$$
\begin{pmatrix} 0 & 2 & 7 & \infty & 8 \\ \infty & 0 & 3 & \infty & \infty \\ \infty & \infty & 0 & 3 & 2 \\ 2 & \infty & \infty & 0 & \infty \\ \infty & \infty & \infty & 5 & 0 \end{pmatrix}_{D_0}
\longrightarrow
\begin{pmatrix} 0 & 2 & 7 & \infty & 8 \\ \infty & 0 & 3 & \infty & \infty \\ \infty & \infty & 0 & 3 & 2 \\ 2 & \underline{4} & \underline{9} & 0 & \underline{10} \\ \infty & \infty & \infty & 5 & 0 \end{pmatrix}_{D_1}
\longrightarrow
\begin{pmatrix} 0 & 2 & \underline{5} & \infty & 8 \\ \infty & 0 & 3 & \infty & \infty \\ \infty & \infty & 0 & 3 & 2 \\ 2 & 4 & \underline{7} & 0 & 10 \\ \infty & \infty & \infty & 5 & 0 \end{pmatrix}_{D_2}
$$

$$
\begin{pmatrix} 0 & 2 & 5 & 8 & 7 \\ 8 & 0 & 3 & 6 & 5 \\ 5 & 7 & 0 & 3 & 2 \\ 2 & 4 & 7 & 0 & 9 \\ 7 & 9 & 12 & 5 & 0 \end{pmatrix}_{D_5}
\longleftarrow
\begin{pmatrix} 0 & 2 & 5 & 8 & 7 \\ \underline{8} & 0 & 3 & 6 & 5 \\ \underline{5} & \underline{7} & 0 & 3 & 2 \\ 2 & 4 & 7 & 0 & 9 \\ \underline{7} & \underline{9} & \underline{12} & 5 & 0 \end{pmatrix}_{D_4}
\longleftarrow
\begin{pmatrix} 0 & 2 & 5 & \underline{8} & \underline{7} \\ \infty & 0 & 3 & \underline{6} & \underline{5} \\ \infty & \infty & 0 & 3 & 2 \\ 2 & 4 & 7 & 0 & \underline{9} \\ \infty & \infty & \infty & 5 & 0 \end{pmatrix}_{D_3}
$$

图 2.6 Floyd 算法矩阵递推示意

2.1.2 环路检测算法

在现实网络中，环路具有特殊的意义。例如金融交易网络中的环路可能意味着金融诈骗，生物领域中的环路可能代表某种反馈机制。环路检测可以抽象为：给定有向图 G，找出 G 中所有简单环的路径搜索。在实际应用场景中，输入图多为属性图。实际的环路检测问题更为复杂，常需在给定的有向属性图中基于实际问题定义的约束条件进行环路检测。算法相关定义如下。

定义 2.6（环路[123]）：起点和终点相同的迹称为环路，中间顶点不重复出现的环路称为简单环。本节出现的环路均指简单环。如图 2.7 所示，(v_1, v_2, v_3, v_1) 为一个简单环。

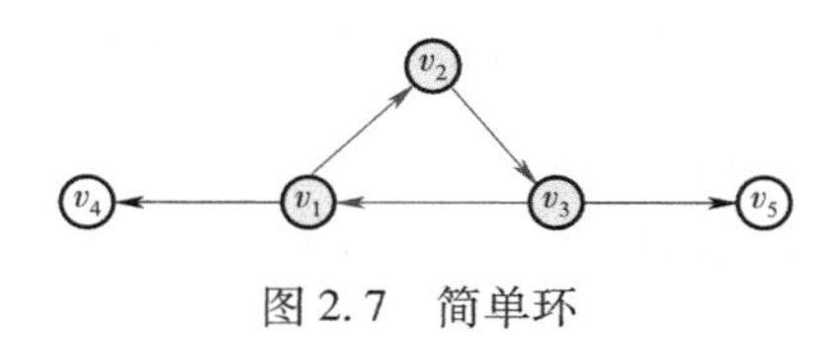

图 2.7 简单环

（1）带属性约束的环路检测算法

带属性约束的环路检测算法通常用于属性图，算法在找到环路之后检测环路是否满足输入的过滤条件，只有满足的环路才会被输出。常见的过滤条件包括环路的长短、环路中的某些顶点或边的属性、标签应满足某些条件等。

例如，如图 2.8 所示的属性图使用带过滤条件的环路检测算法，过滤条件为顶点的金钱数属性均大于 40。图中可以搜索出以虚线标识的 2 条环路，但只有环路

（3,4,5,3）满足过滤条件，因此只有（3,4,5,3）被输出。针对带属性约束的环路检测问题，其算法依赖于简单环路检测算法，并在此基础上进行剪枝。

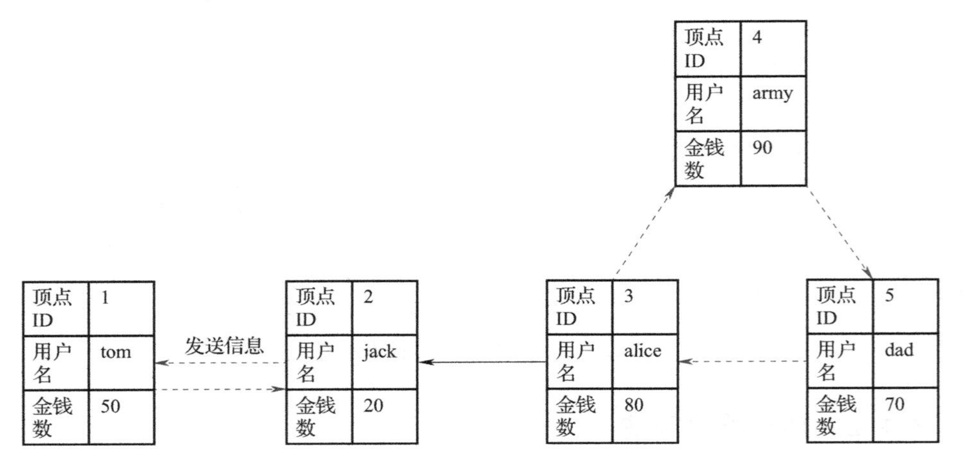

图 2.8　带过滤条件的环路检测算法示意

（2）简单环路检测算法

检测图中所有环路的最简单方案是搜索图中的所有路径，并检测其中的环路。基于这一思想，我们可以使用 DFS 来搜索图中的全部路径，并在检测到环路时将其输出，具体搜索过程如下。

首先，随机选择一个未被搜索过的顶点 v_i 作为 DFS 搜索的起始顶点。之后，利用栈 F 记录 DFS 搜索过程，同时以栈 S 记录 DFS 的历史搜索路径。当进行顶点拓展时，检测拓展的顶点是否在 S 中存在，若存在则输出相应环路。当 F、S 为空时搜索结束。

下面以图 2.9 为例讲解基于 DFS 的环路检测算法的使用。

1）将顶点 v_1 加入栈 F 并开始搜索。

2）将 v_1 出栈 F 后加入栈 S，将 v_1 的邻接顶点 v_5、v_2 入栈 F。

3）将 v_2 出栈 F 后加入栈 S，将 v_2 的邻接顶点 v_3 入栈 F。

4）将 v_3 出栈 F 后加入栈 S，将 v_3 的邻接顶点 v_4、v_1 入栈 F。

5）将 v_1 出栈 F 后，检测到 v_1 已在栈 S 中存在，输出环路（v_1,v_2,v_3,v_1）。

6）从 v_3 继续搜索，将 v_4 出栈 F 后加入栈 S，将 v_4 的邻接顶点 v_2 入栈 F。

7）将 v_2 出栈 F 后，检测到 v_2 已在栈 S 中存在，输出环路（v_2, v_3, v_4, v_2）。

8）v_4、v_3、v_2 均已无邻接顶点可拓展，依次从栈 S 中弹出。从 v_1 继续搜索，将 v_5 出栈 F 后加入栈 S，v_5 无邻接顶点可拓展，返回 v_1，v_1 无邻接顶点可拓展，搜索结束。

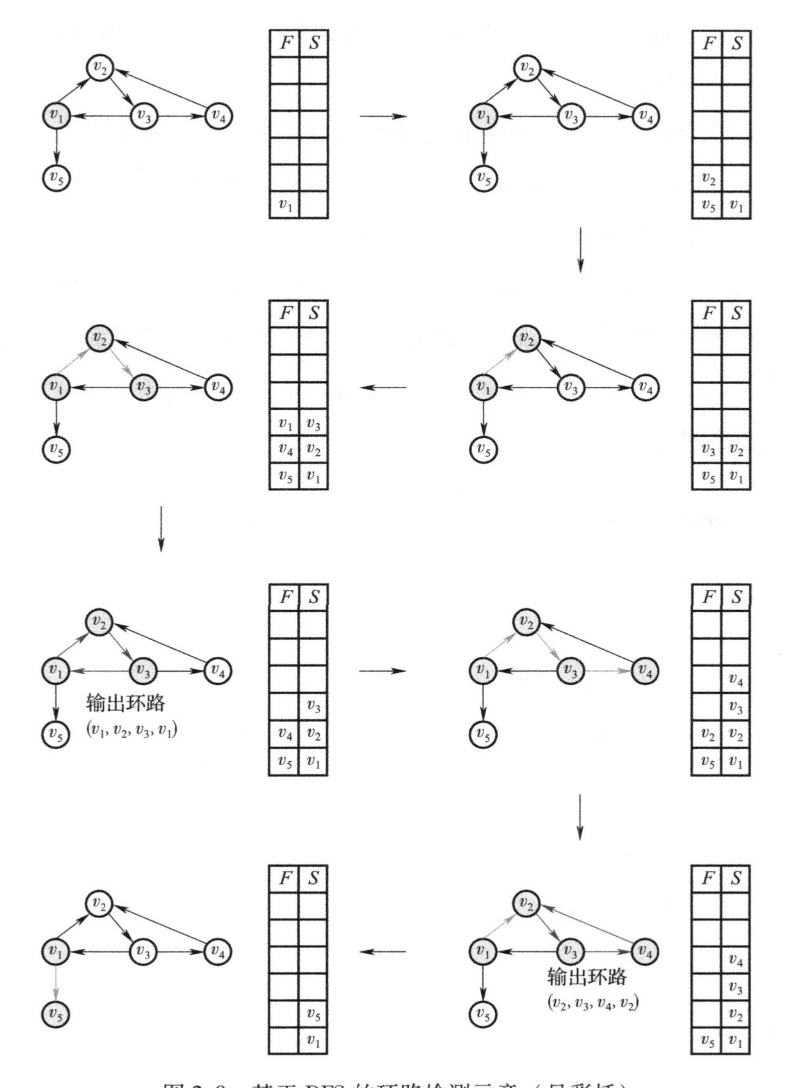

图 2.9　基于 DFS 的环路检测示意（见彩插）

虽然基于 DFS 的环路检测算法易于实现，但其时间消耗会随图规模呈指数级增长。因此 Johnson 提出了一种算法[126]，改变了搜索过程并采取剪枝方法减少了冗余检测，降低了时间复杂度。Johnson 算法的搜索过程与基于 DFS 的环路检测算法类似，但 Johnson 算法会为所有顶点连续编号（使用顶点 v_i 的下表 i 作为顶点 ID）。之后，构建由 v_i 和 ID 大于 v_i 的顶点构成的子图，并在其基础上以 v_i 为起点进行 DFS 搜索。在这种情况下，搜索时只会输出最小 ID 点为 v_i 的环路。上述搜索方法保证所有环路只输出一次。

为进一步减少搜索空间，Johnson 的优化旨在减少重复搜索的路径。具体而言，在搜索过程中，Johnson 算法目标在于找到以 v_i 为起点的环路。假设在 DFS 过程中访问顶点 v_j，且没有发现从 v_i 出发经过 v_j 的环路。那么若再发现其他的从 v_i 到 v_j 的路径时，无需对 v_j 及其后续的顶点进行搜索。如图 2.10 所示，左侧是未剪枝时候的情况，右侧是剪枝后的情况，在使用基于 DFS 的环路检测对顶点 v_1 进行搜索时访问顶点 v_3 与 v_4，且没有发现环路。那么当访问 v_5 且由 v_5 访问到 v_3 后，无需对 v_3 及其后续顶点进行 DFS 搜索。

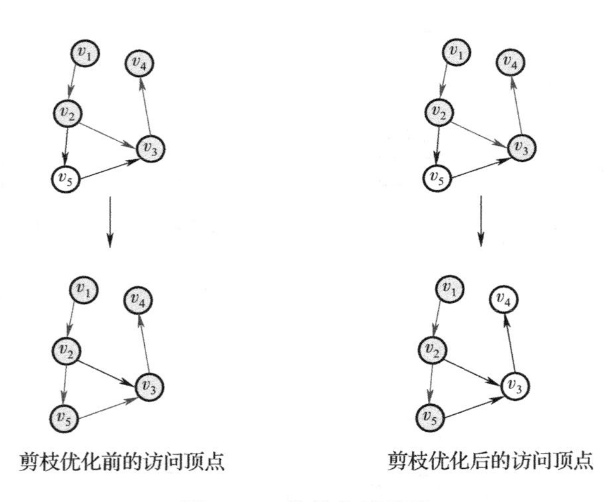

图 2.10　剪枝方法示意

为了实现上述思路，Johnson 算法用数组（图 2.11 中的 C 列）标记已被访问过的顶点，且被标记的顶点不会在 DFS 过程中被搜索。当顶点 u 因邻接顶点均被标记而无法进行拓展时，使用数组（如图 2.11 中 B 列）进行记录，且只有某个邻接顶点被取消标记后，u 才可能在后续的 DFS 中被搜索。使用数组（如图 2.11 中 T 列）控制顶点是否允许被搜索。初始时 $T[u]=0(u\in V)$，输出环路时令环路中顶点 u 的 $T[u]=1$。当顶点 u 从 DFS 中需回溯且 $T[u]=1$，则删除 u 和相关顶点标记并令 $T[u]=0$。

上述剪枝方法使每个顶点尽可能保持标记状态以防止重复搜索。

下面以图 2.11 为例讲解 Johnson 算法的使用。

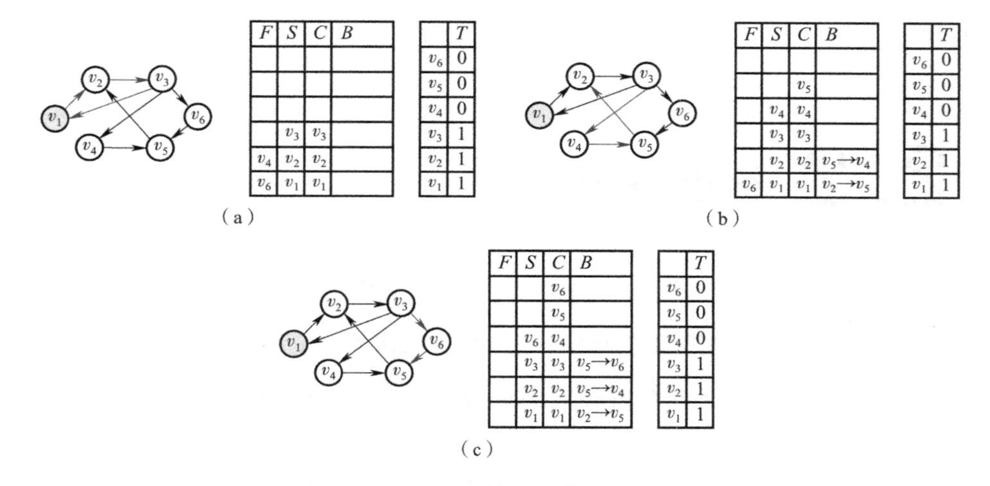

图 2.11　Johnson 算法示意（见彩插）

如图 2.11(a) 所示，从红色顶点 v_1 开始环路搜索，红色边为搜索路线。依次搜索顶点 v_1、v_2、v_3，将其加入栈 S 并标记。v_3 有三个邻接顶点。先搜索 v_1，发现 v_1 为根顶点，找到了一个环路 (v_1,v_2,v_3,v_1)，将其输出并更新 T。

如图 2.11(b) 所示，返回 v_3 后搜索下一邻接顶点 v_4，v_4 只有一个邻接顶点 v_5，搜索 v_5，只有一个标记邻接顶点 v_2 且 $T[v_5]=0$，因此将 v_5 放到 $B[v_2]$ 中。返回 v_4，v_4 只有一个标记邻接顶点 v_5 且 $T[v_4]=0$，因此将 v_4 放到 $B[v_5]$ 中，返回 v_3。

如图 2.11(c) 所示，搜索 v_3 的下一邻接顶点 v_6，v_6 只有一个标记邻接顶点 v_5

且 $T[v_6]=0$，因此将 v_6 放到 $B[v_5]$ 中。返回 v_3，v_3 的邻接顶点已经搜索完且 $T[v_3]=1$，因此对 v_3 进行解锁且令 $T[v_3]=0$，返回 v_2。v_2 的邻接顶点已经搜索完且 $T[v_2]=1$，令 $T[v_2]=0$，解锁 v_2 和 $B[v_2]$ 中的 v_5 并清空 $B[v_2]$，再递归解锁 $B[v_5]$ 中的 v_4 和 v_6 并清空 $B[v_5]$。最后返回 v_1，v_1 的邻接顶点已经搜索完且 $T[v_2]=1$，解锁 v_1 且令 $T[v_1]=0$。F、S 为空，对顶点 v_1 的环路搜索完成。

Johnson 算法的时间复杂度为 $O((m+n)c)$，其中，m 为边数，n 为顶点数，c 为环数，具体证明见文献［126］。假设图以邻接表形式存储，其空间复杂度为 $O(m+n)$。

2.2 社区挖掘

社区挖掘算法的目的是在关系网络中挖掘具有内在联系的社区结构，主要的算法类别包括基于图分割理论的算法[127]、基于层次聚类的算法[128]和基于标签传播的算法[129]等。本章将介绍两种应用最为广泛的社区挖掘算法：基于图连通性的连通分量算法[130]和基于模块度的 Louvain 算法[119]。

2.2.1 连通分量算法

连通分量（Connected Component）算法求解无向图中的极大连通子图，极大连通子图内的任意顶点都互相可达，而与子图外的顶点互相不可达。基于连通分量的上述特性，其常被用于第一阶段的社区挖掘，挖掘得到的结果也可称为结构稀疏的社区，之后再在各连通分量上进行进一步的社区挖掘，可得到更为稠密的社区结构。连通分量算法也被广泛应用于各类图分析算法中，以提高计算效率。例如：在生物网络的聚类中，可以先计算连通分量，再在连通分量上进行聚类操作以降低聚类任务的复杂度；在对网络上可疑域名的搜索中，通常也会先完成连通分量的计算，再在连通分量上进行搜索以降低搜索任务的复杂度。综上，连通分量算法是一种关键的社区挖掘方法，并且具有极高的现实应用价值。

在计算连通分量的过程中，涉及的相关定义阐明如下。

定义 2.7（连通图[123]）：若从顶点 v 到顶点 w 的路径存在，则称 v 和 w 是连通的。若无向图 G 中任意两个顶点都是连通的，则称无向图 G 为连通图。

定义 2.8（连通子图）：若无向图 G 的一个子图是连通的，则称该子图是图 G 的连通子图。

定义 2.9（极大连通子图）：若 H 是 G 的子图，且 $H \neq G$，则称 H 是 G 的真子图。若无向图 G 的一个连通子图不是图 G 的其他任何连通子图的真子图，则称该连通子图为图 G 的极大连通子图。

定义 2.10（连通分量）：若 H 是无向图 G 的极大连通子图，则称 H 为图 G 的一个连通分量。

为方便表述，此处用顶点 v_i 的下标 i 作为顶点 ID，连通分量 ID 用 CID 表示。

如图 2.12 所示，图中存在两个连通分量，互相可达的顶点属于同一连通分量，每个连通分量的 ID 用其中最小的顶点 ID 表示。例如顶点 v_5、v_6、v_8 互相可达，同属于 CID=5 的连通分量。

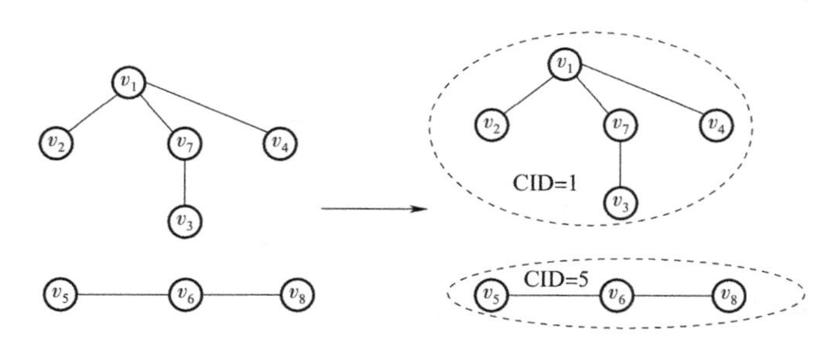

图 2.12　连通分量示例

图染色算法常用于求解连通分量问题，求解思想为：假定顶点的颜色受其邻居的影响，那么相连通的顶点的颜色将在传播后趋于一致，而不连通的顶点颜色则不会相互影响可保持差异。FloodFill[130] 算法是一种采用了图染色思想求解连通分量的经典算法。其思想是每次给一个顶点着色，并利用广度优先搜索的形式进行颜色传播。若找到所有可被着色的顶点，则找到了与起始顶点属于一个连通分量的所有顶点。

如图 2.13 所示，FloodFill 算法首先从所有顶点中寻找顶点 ID 值最小的未染色顶点 v_1，将 v_1 加入队列 Q 并染成红色，结果如图 2.13(b) 所示。之后将队首顶点 v_1 从队列 Q 中弹出，将 v_1 的邻居顶点 v_2、v_3 染成红色同时加入队列 Q 中，结果如图 2.13(c) 所示。重复上述操作直到队列 Q 为空，结果如图 2.13(d) 所示。队列 Q 为空后，再寻找到顶点 ID 值最小的未染色顶点 v_4，将 v_4 染成蓝色，结果如图 2.13(e) 所示。从顶点 v_4 开始继续颜色传播，直到 Q 为空，结果如图 2.13(f) 所示。已不存在未染色顶点，算法结束。

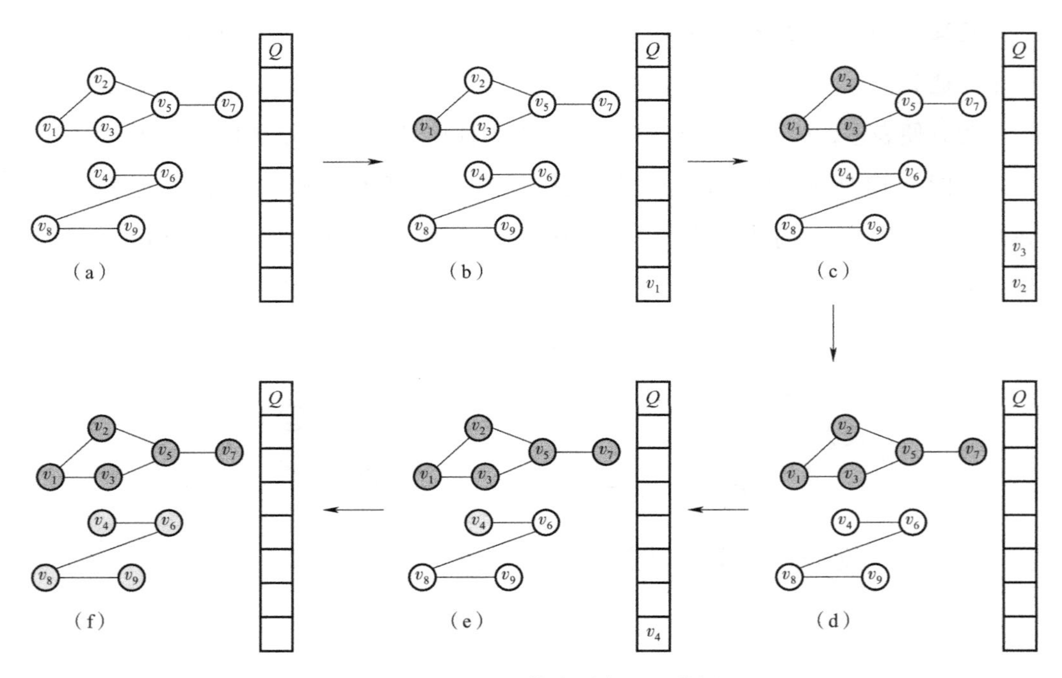

图 2.13　FloodFill 算法示意（见彩插）

设 m 为边数，n 为顶点数。FloodFill 算法搜索无色顶点的时间复杂度为 $O(n)$，染色的时间复杂度为 $O(m)$，总时间复杂度 $O(n+m)$。设图以邻接表形式存储，FloodFill 算法的空间复杂度为 $O(n+m)$。

2.2.2 Louvain 算法

在社交网络中，拥有相同爱好或话题的用户会产生密切交流，逐渐聚合在一起，形成一个社区。在利用图结构对社交网络进行建模后，从图结构角度，每个社区内顶点连接紧密，并且不同社区顶点之间的边连接相对稀疏。例如，在手机通话社交网络中，同一家庭的用户会按家庭特征聚合为一个社区。

为了发现网络中非重叠的社区结构，研究人员提出了多种基于图顶点划分的算法来实现社区挖掘。其中，模块度这一指标被广泛应用于衡量社区挖掘结果的质量。Louvain 算法就是一种基于模块度最大化的经典非重叠社区挖掘算法，其被广泛地应用于各个领域，例如，在商务领域，可以使用 Louvain 算法对客户群体进行社区划分，为商品推荐提供参考；在文学领域，可以使用 Louvain 算法研究不同作品间的关联紧密程度，为学科间的合作研究提供帮助。对非重叠社区，其定义如下。

定义 2.11（非重叠社区[131]）：给定无向简单有权图 $G=(V,E)$，假设存在一个顶点划分 $P=(c_1,\cdots,c_i)$，该顶点划分满足 $c_j \cap c_k=\varnothing(1\leqslant j,k\leqslant i,\ j\neq k)$ 且 $\bigcup_{1\leqslant l\leqslant i} c_l=V$，则称 P 中的社区 c_j 为非重叠社区。

如图 2.14 所示，虚线圆圈表示对图的一个划分，即存在 3 个非重叠社区。

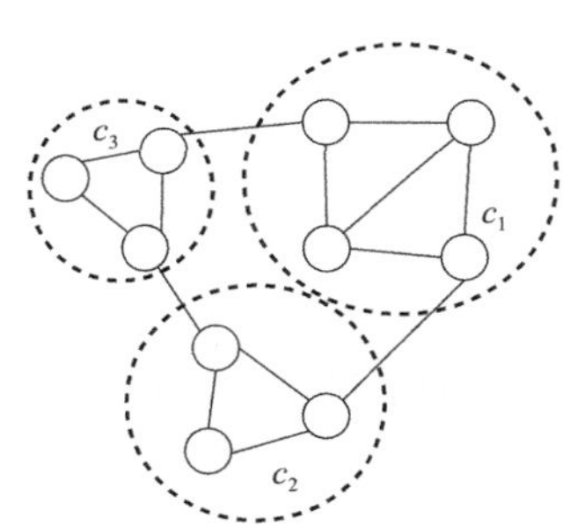

图 2.14　非重叠社区

Louvain 算法的核心思想是通过迭代的方法完成社区合并，并在合并过程中完成模块度增益分析，最终挖掘得到使模块度最大化的紧密非重叠社区。社区合并的过程分为顶点迁移和图重构两步。顶点迁移步骤中通过贪心策略计算顶点迁移到不同邻居社区的模块度增益，使顶点选择模块度增益最大的社区加入。迭代重复这一过程直到模块度增益小于阈值。在图重构步骤中，算法将属于同一社区的顶点压缩为一个超级顶点，超级顶点的自环权重为原始社区内部边权重之和，超级顶点间的边权重为两个原始社区间边权重之和，形成一个由超级顶点组成的新图。

定义 2.12（模块度[131]） 模块度的计算公式如下：

$$Q=\frac{1}{2m}\sum_{i,j}\left[w(i,j)-\frac{k_i k_j}{2m}\right]\delta(c_i,c_j) \tag{2-4}$$

上式代表了社区内顶点边权重之和与随机情况下期望边权重之和的差值。式中，$w(i,j)$ 代表边 $e(i,j)$ 的权重；$k_i=\sum_{j\in N_G(i)} w(i,j)$ 代表到顶点 i 的所有边权重之和；$N_G(i)$ 代表顶点 i 的邻居顶点集合；$m=\frac{1}{2}*\sum_{i\in V} k_i$ 表示所有顶点 k_i 之和；c_i 代表顶点 i 所属社区，若 $c_i=c_j$，则 $\delta(c_i,c_j)=1$，否则 $\delta(c_i,c_j)=0$。

将上式化简后有如下公式：

$$Q=\frac{1}{2m}\sum_{i\in V} e_{i\to C(i)}-\sum_{C\in P}\left(\frac{a_C}{2m}\cdot\frac{a_C}{2m}\right) \tag{2-5}$$

下式中，e_{i-c} 表示从顶点 i 出发与社区 c 相连的所有边权重之和，a_c 代表社区 c 内部 k_i 之和，具体定义如下。

设 E_{i-c} 代表从顶点 i 出发与社区 c 相连的所有边：

$$e_{i-c}=\sum_{(i,j)\in E_{i-c}} w(i,j) \tag{2-6}$$

$$a_c=\sum_{i\in C} k_i \tag{2-7}$$

为了最大化模块度，需要考查每个顶点在社区之间迁移时产生的模块度增益，其定义如下。

定义 2.13（模块度增益[131]）：顶点 i 迁移到另一社区 c 后导致的模块度变化量称为模块度增益，其计算公式如下：

$$\Delta Q_{i\to C(j)}=\left[\frac{\sum_{\text{in}}+k_{i,\text{in}}}{2m}-\left(\frac{\sum_{\text{tot}}+k_i}{2m}\right)^2\right]-\left[\frac{\sum_{\text{in}}}{2m}-\left(\frac{\sum_{\text{tot}}}{2m}\right)^2-\left(\frac{k_i}{2m}\right)^2\right] \tag{2-8}$$

式中，$\sum_{\text{in}}$ 是社区 c 内部边权重之和，$\sum_{\text{tot}}$ 是指向社区 c 内部顶点的边权重

之和，$k_{i,\text{in}}$ 是从顶点 i 出发指向社区 c 内部顶点的边权重之和，k_i 代表到顶点 i 的所有边权重之和，m 表示所有顶点的边权重之和。

将上式化简后有如下公式：

$$\Delta Q_{i\to C(j)}=\frac{e_{i\to C(j)}-e_{i\to C(i)\setminus i}}{m}+\frac{2\cdot k_i\cdot a_{C(i)\setminus i}-2\cdot k_i\cdot a_{C(j)}}{(2m)^2} \tag{2-9}$$

式中，e_{i-c} 表示从顶点 i 出发与社区 c 相连的所有边权重之和，k_i 表示到顶点 i 的所有边权重之和，a_c 表示社区 c 内部 k_i 之和，m 表示所有顶点的边权重之和。

如图 2.15 所示，给定无向有权图 G，使用 Louvain 算法划分社区，具体流程如下：

1）初始时将每个顶点当作一个社区。

2）开始顶点迁移，使用式（2-9）依次计算每个顶点加入邻居顶点所在社区

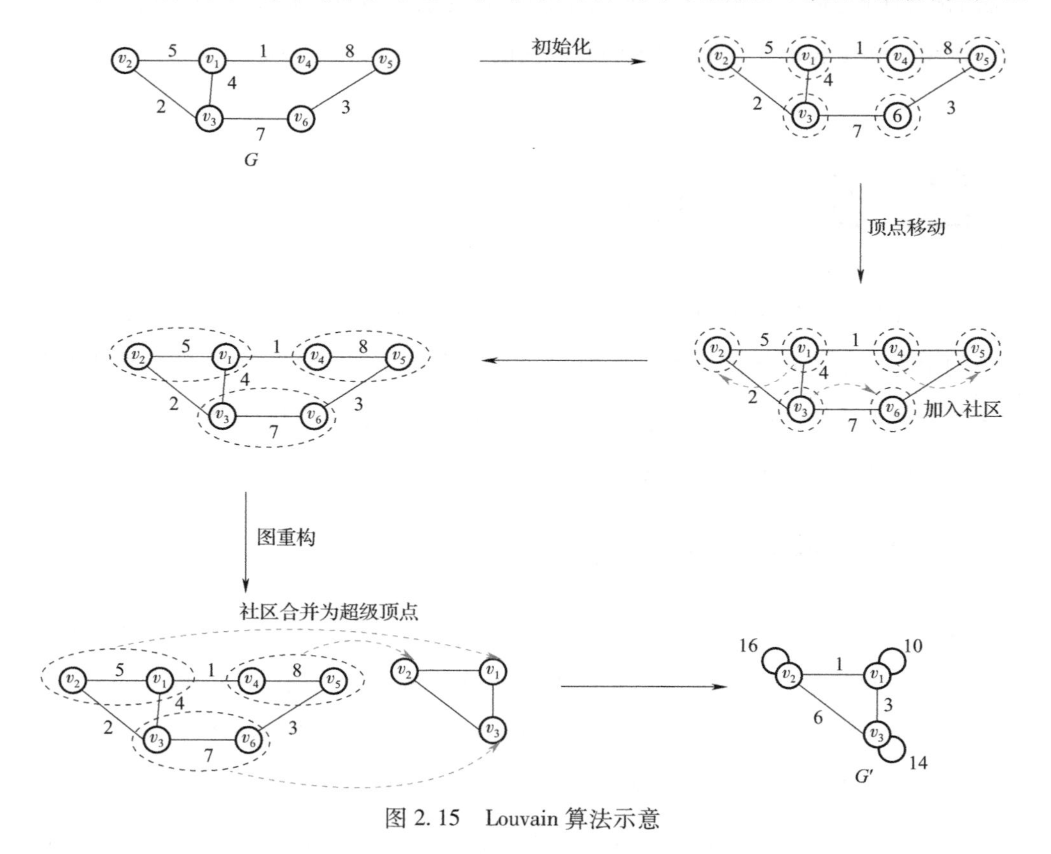

图 2.15　Louvain 算法示意

后的模块度增益。若模块度增益均小于 0，则不改变顶点所在社区。否则，找到使模块度增益最大的社区，将顶点放入该社区。如图 2.15 所示，顶点 v_1 移向顶点 v_2 所在社区，顶点 v_4 移向顶点 v_5 所在社区，顶点 v_3 移向顶点 v_6 所在社区。

3）迭代第 2 步，直到模块度增益小于阈值。停止顶点迁移，开始图重构。将社区压缩为一个超级顶点，社区内边的权重转化为新顶点自环的权重，社区间边的权重转化为新顶点边的权重，得到新图。

4）在新图上继续迭代，直到两次迭代间模块度增益小于阈值。

设图的顶点数量为 n，边数为 m。Louvain 算法的主要时间消耗在第一轮社区合并，时间复杂度为 $O(m)$。图重构后，图中点数量和边数量大大减少，因此后续算法的执行时间越来越短，最终该算法的时间复杂度为 $O(mk)$，k 为算法的迭代次数。设图以邻接表形式存储，Louvain 算法的空间复杂度 $O(n+m)$。

2.3 中心性分析

中心性是为图中每个顶点定义的一种属性，用来衡量顶点的影响力及重要性。常见的中心性定义包括度中心性、核中心性、介数中心性等。中心性分析指计算图中各个顶点中心性的过程，本节将介绍用于计算介数中心性的 Betweenness 算法和计算核中心性的 K-Core 分解算法。

2.3.1 Betweenness 算法

介数中心性（Betweenness Centrality）是一种常用的中心性，用于描述图中顶点的位置关键程度。一个顶点的介数中心性值越高表示该顶点位于越多的最短路径上，意味着图中大量顶点的信息交互都依赖于该顶点。因此，介数中心性值较高的顶点在图中具有较高的控制能力。例如在交通网络中，此类顶点一般为交通枢纽；在通信网络中，介数中心性可以用于评估网络的通信瓶颈。在社交网络中，高介数中心性顶点，是社交网络中的关键人物，通常具有较强的信息聚合和传播能力，是社交网络分析的重点对象。高介数中心性顶点如图 2.16 所示。

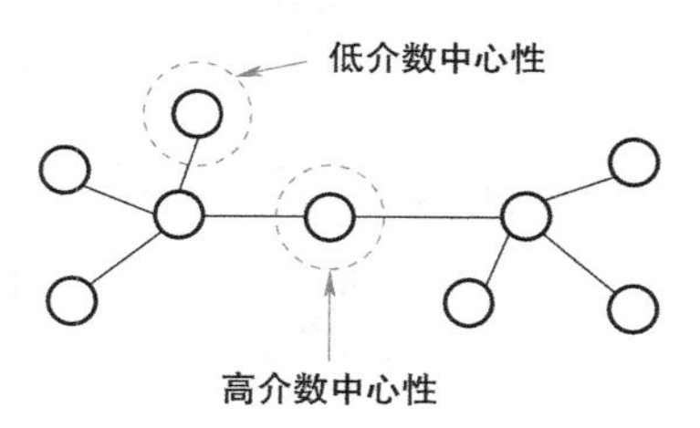

图 2.16　介数中心性示意

介数中心性的定义如下。

定义 2.14（介数中心性[132]）：给定图 G，顶点 v 的介数中心性记为 $\mathrm{bc}(v)$，表示为图中经过 v 的最短路径数量和总最短路径数量的比值，具体如下：

$$\mathrm{bc}(v)=\sum_{s\neq v\neq t\in V}\frac{\sigma_{st}(v)}{\sigma_{st}} \tag{2-10}$$

式（2-10）中，σ_{st} 表示顶点 s 到顶点 t 的最短路径数量；$\sigma_{st}(v)$ 表示顶点 s 到顶点 t 的最短路径中经过顶点 v 的路径数量。

当输入图为有权图时，需基于有权最短路径算法求解最短路径问题；当图为无向图时，可将图中的边视为双向边并转换为对有向图的计算。

精确计算介数中心性需要计算图中所有顶点间的最短路径，若图中有 n 个顶点和 m 条边，则有权图进行最短路径计算的时间复杂度为 $O(nm+n^2\log n)$，而在无权图进行最短路径计算的时间复杂度为 $O(nm)$，随着图数据规模的增大，难以在可接受的时间内完成介数中心性精确求解。近似求解算法通过采样、剪枝等策略估算顶点的介数中心性，以极小的精度损失实现计算性能的大幅提升。

本书将从精确求解场景开始，以 Brandes 算法[133] 为例详细介绍 Betweenness 算法的核心思想，并以 KADABRA 算法[134] 为例阐述算法近似求解思想。

（1）精确求解算法

式（2-11）表示由源点 s 经过顶点 v 到目标顶点 t 的最短路径数与源点 s 到目标顶点 t 的最短路径数比值，记为点对依赖（pair-dependency）。

$$\delta_{st}(v)=\frac{\sigma_{st}(v)}{\sigma_{st}} \tag{2-11}$$

如式（2-12）所示，可将 $\mathrm{bc}(v)$ 计算公式进行简化，$\delta_{s\cdot}(v)$ 表示对所有目标

顶点 t 进行累加求和。

$$\mathrm{bc}(v)=\sum_{s\neq v\neq t\in V}\frac{\sigma_{st}(v)}{\sigma_{st}}=\sum_{s\neq v\neq t\in V}\delta_{st}(v)=\sum_{s\neq v\in V}\delta_{s\cdot}(v) \tag{2-12}$$

基于式（2-12），可将 $\mathrm{bc}(v)$ 的求解过程概括为以下三步：

1）求解所有源点 s 到所有目标顶点 t 的最短路径距离 d 及最短路径数 σ；

2）利用反向传播对所有源点 s 计算 $\delta_{s\cdot}(v)$；

3）基于 $\delta_{s\cdot}(v)$ 对源点进行累加求和，求解 $\mathrm{bc}(v)$。

$$\delta_{s\cdot}(v)=\sum_{u:\,v\in P_s(u)}\frac{\sigma_{sv}}{\sigma_{su}}\cdot(1+\delta_{s\cdot}(u)) \tag{2-13}$$

式（2-13）为 $\delta_{s\cdot}(v)$ 的计算过程。其中，$P_s(u)$ 表示从源点 s 到顶点 u 所有最短路径上顶点 u 的前向顶点集合，记为式（2-14）。$\{u:\,v\in P_s(u)\}$ 表示给定顶点 v 且满足式（2-14）的 u 顶点集合。

$$P_s(u)=\{v\in V:(v,u)\in E,d(s,u)=d(s,v)+w(v,u)\} \tag{2-14}$$

由式（2-12）可知，$\delta_{s\cdot}(v)$ 是 $\delta_{st}(v)$ 对 t 进行了累加（$t\neq s\neq v$）。若求解 $\delta_{s\cdot}(v)$，可分为以下两种情况：$t\neq u:\,v\in P_s(u)$ 和 $t=u:\,v\in P_s(u)$。

图 2.17 为源点 s 到顶点 w 的最短路径示意图，其中虚线表示两个顶点之间的路径长度大于 1。图中顶点 v 是顶点 u 及其他顶点 $\{u'\}$ 的前向顶点，u、u'在顶点 s 到顶点 w 的部分最短路径上。

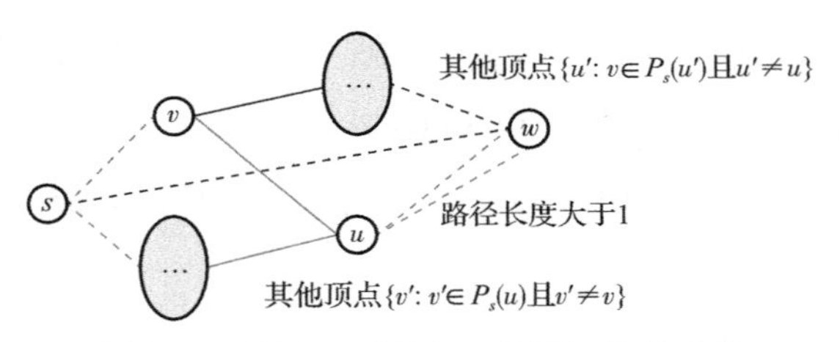

图 2.17　源点 s 到顶点 w 的最短路径示意

针对第一种情况，考虑 $t=w\neq u\neq u'$。首先求证 $\delta_{sw}(v)=\sum_{u:\,v\in P_s(u)}\frac{\sigma_{sv}}{\sigma_{su}}\cdot\delta_{sw}(u)$。基于 $\delta_{sw}(v)=\frac{\sigma_{sw}(v)}{\sigma_{sw}}$，我们只需计算 $\sigma_{sw}(v)$ 的数量。由于 v 是顶点 u 的前向顶点，故

$\sigma_{sw}(u)=m\cdot\sum_{v:v\in P_s(u)}\sigma_{sv}=m\times\sigma_{su}$，$m$ 为从顶点 u 到 w 的最短路径数。此时，可求得经过 v 且经过 u 到达顶点 w 的最短路径数 N 为 $N=\sigma_{sv}\times m=\dfrac{\sigma_{sv}}{\sigma_{su}}\times\sigma_{sw}(u)$。不失一般性，将 u 推广到 u'可得 $\sigma_{sw}(v)=\sum_{u:v\in P_s(u)}\dfrac{\sigma_{sv}}{\sigma_{su}}\times\sigma_{sw}(u)$，此时可得 $\delta_{sw}(v)=\sum_{u:v\in P_s(u)}\dfrac{\sigma_{sv}}{\sigma_{su}}\times\delta_{sw}(u)$，再将 w 推广到所有 $t\neq u:v\in P_s(u)$ 顶点上，可得 $\delta_{s\cdot}(v)=\sum_{w\neq u:v\in P_s(u)}\dfrac{\sigma_{sv}}{\sigma_{su}}\times\delta_{sw}(u)$。对于第二种情况，由 $\delta_{su}(v)=\dfrac{\sigma_{sv}}{\sigma_{su}}$可得 $\delta_{s\cdot}(v)=\sum_{w=u:v\in P_s(u)}\dfrac{\sigma_{sv}}{\sigma_{su}}$。综上，可得式（2-13）。

如图 2.18 所示，将 v_0 作为源点，通过最短路径算法可求得源点到各目标顶点的最短路径距离与数量。基于递推式（2-13），$P_s(v_4)=\{v_1,v_2,v_3\}$ 为顶点 v_4 的前向顶点集合，$P_s(u)=\{v_4,v_6\}$ 为 u 的前向顶点集合。$\delta_{s\cdot}(v_1)$ 的求解依赖于 $\delta_{s\cdot}(v_4)$，最后依赖于 $\delta_{s\cdot}(u)$。由于顶点 u 离源点 v_0 距离最远，不在源点至其他顶点的最短路径上，故 $\delta_{s\cdot}(u)=\dfrac{0}{1}+\dfrac{0}{1}+\dfrac{0}{1}+\dfrac{0}{2}+\dfrac{0}{1}+\dfrac{0}{2}=0$。

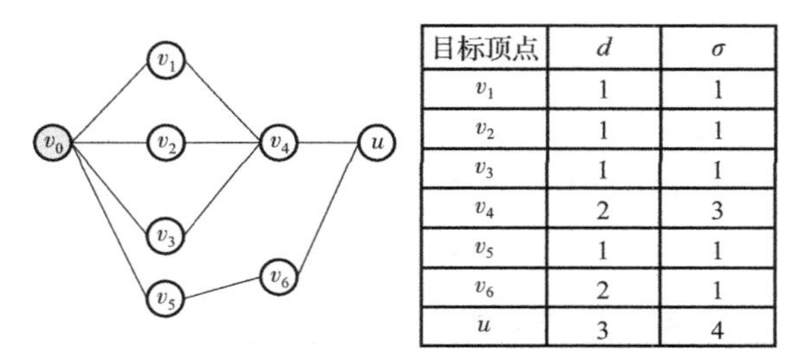

目标顶点	d	σ
v_1	1	1
v_2	1	1
v_3	1	1
v_4	2	3
v_5	1	1
v_6	2	1
u	3	4

图 2.18　源点 v_0 到各目标顶点的最短路径计算

进一步计算 $\delta_{s\cdot}(v_4)$，由源点 v_0 到顶点 u 的最短路径共有 4 条，其中 3 条为经过 v_4 到顶点 u，v_4 不在源点 v_0 到其他顶点的最短路径中，因此 $\delta_{s\cdot}(v_4)$ 的计算只依赖于顶点 u，计算可得 $\delta_{s\cdot}(v_4)=\dfrac{3}{4}+0=\dfrac{3}{4}$。

同理，进一步计算 $\delta_{s\cdot}(v_1)$。若目标顶点为 v_4，由于 $v_1\in P_s(v_4)$，此时 $\delta_{sv_4}(v_1)=$

$\frac{\sigma_{sv_1}}{\sigma_{sv_4}}=\frac{1}{3}$。若目标顶点为 u，由于 $v_1 \notin P_s(u)$，但 $v_4 \in P_s(u)$，若存在 σ_{sv_4} 条最短路径经 v_4 到达目标顶点 u，由于 $v_1 \in P_s(v_4)$，那么其中必然存在 σ_{sv_1} 条最短路径经由 v_1 到达目标顶点 u，最后可得 $\delta_{su}(v_1)=\frac{\sigma_{sv_1}}{\sigma_{su}}=\left(\frac{\sigma_{sv_1}}{\sigma_{sv_4}}\right)\times\frac{\sigma_{sv_4}}{\sigma_{su}}=\left(\frac{\sigma_{sv_1}}{\sigma_{sv_4}}\right)\times\delta_{su}(v_4)=\frac{1}{3}\times\frac{3}{4}=\frac{1}{4}$。

由于 v_1 不在其他顶点的最短路径上，故 $\delta_{s\cdot}(v_1)=\frac{\sigma_{sv_1}}{\sigma_{sv_4}}+\left(\frac{\sigma_{sv_1}}{\sigma_{sv_4}}\right)\times\delta_{su}(v_4)=\frac{7}{12}$。

如表 2.2，基于上述求解方式，可递归求解所有以 v_0 为源点的 $\delta_{s\cdot}(v)$。最后可计算得到所有源点的 $\delta_{s\cdot}(v)$ 并通过累加求和精确求解 bc(v)，如表 2.3 所示。

表 2.2　源点 v_0 的 $\delta_{s\cdot}(v)$ 计算

顶点	d	σ	$\delta_{v_0\cdot}(v)$
v_1	1	1	$\delta_{v_0\cdot}(v_1)=1/3+1/4=7/12$
v_2	1	1	$\delta_{v_0\cdot}(v_2)=1/3+1/4=7/12$
v_3	1	1	$\delta_{v_0\cdot}(v_3)=1/3+1/4=7/12$
v_4	2	3	$\delta_{v_0\cdot}(v_4)=3/4$
v_5	1	1	$\delta_{v_0\cdot}(v_5)=1+1/4=5/4$
v_6	2	1	$\delta_{v_0\cdot}(v_6)=1/4$
u	3	4	$\delta_{v_0\cdot}(u)=0$

表 2.3　各顶点 $\delta_{s\cdot}(v)$ 和 bc(v) 计算

	v_0	v_1	v_2	v_3	v_4	v_5	v_6	u
$\delta_{v_0\cdot}(v)$	/	7/12	7/12	7/12	3/4	5/4	1/4	0
$\delta_{v_1\cdot}(v)$	5/2	/	0	0	5/2	1/2	0	1/2
$\delta_{v_2\cdot}(v)$	5/2	0	/	0	5/2	1/2	0	1/2
$\delta_{v_3\cdot}(v)$	5/2	0	0	/	5/2	1/2	0	1/2
$\delta_{v_4\cdot}(v)$	3/4	7/12	7/12	7/12	/	0	1/4	5/4
$\delta_{v_5\cdot}(v)$	15/4	1/4	1/4	1/4	0	/	5/4	1/4

（续）

	v_0	v_1	v_2	v_3	v_4	v_5	v_6	u
$\delta_{v_6\cdot}(v)$	3/2	0	0	0	3/2	5/2	/	5/2
$\delta_{u\cdot}(v)$	0	1/4	1/4	1/4	15/4	1/4	5/4	/
bc(v)	27/2	5/3	5/3	5/3	27/2	11/2	3	11/2

表 2.4 为 Brandes 算法在各个场景上的复杂度分析。在无权图上，计算最短路径时间复杂度为 $O(m)$；反向传播时传播次数等于边数，因此反向传播时间复杂度为 $O(m)$；而这个过程会重复计算 n 个顶点，因此在无权图上的总时间复杂度为 $O(nm)$。有权图上，计算最短路径时间复杂度为 $O(m+n\log n)$；反向传播时间复杂度 $O(m)$；而这个过程会重复计算 n 个顶点，因此在有权图上的总时间复杂度为 $O(nm+n^2\log n)$。

表 2.4　Brandes 算法时间复杂度与空间复杂度

图类型	时间复杂度	空间复杂度
有向有权图	$O(nm+n^2\log n)$	$O(n+m)$
有向无权图	$O(nm)$	$O(n+m)$
无向有权图	$O(nm+n^2\log n)$	$O(n+m)$
无向无权图	$O(nm)$	$O(n+m)$

设图以邻接表形式存储，Brandes 算法包含 3 个 n 维数组 σ、δ、d 和存储空间不多于邻接表的链表 Su 与栈 S，空间复杂度为 $O(n+m)$。

（2）近似求解算法

KADABRA 算法是一种计算近似介数中心性的经典算法，核心思想是通过路径采样，随机采样 k 条最短路径，枚举其中经过顶点 v 的路径条数 $p(v)$，并基于公式 $\widetilde{\mathrm{bc}}(v)=p(v)/k$ 近似求解顶点 v 的介数中心性。

顶点 v 的近似介数中心性 $\widetilde{\mathrm{bc}}(v)$ 定义如下：

$$Pr(\widetilde{\mathrm{bc}}(v)-\mathrm{bc}(v)\leqslant\lambda)\geqslant 1-\epsilon \tag{2-15}$$

式（2-15）表示近似介数中心性与准确介数中心性的误差大小与发生误差概率受预设参数 λ 和 ϵ 限制。其中 bc(v) 为介数中心性的精确值，λ 为预设误差大小，ϵ 为预设误差概率。

KADABRA 算法关注 3 个问题。

1）如何进行最短路径采样。针对路径采样问题，KADABRA 算法为每个顶点初始化 $p(v)=0$，从图中随机选择顶点 s、t。使用最短路径算法（在无权图上为 BB-BFS[135] 算法，在有权图上为 Dijkstra 算法）随机选择一条从 s 到 t 的最短路径，记作 π。之后更新 $p(v)$，顶点 v 若位于 π 上，则 $p(v)=p(v)+1$。重复路径采样 $k=w$ 次后，令 $\widetilde{\mathrm{bc}}(v)=p(v)/k$。

其中 $w=\dfrac{c}{\lambda^2}\left(\lfloor\log_2(\mathrm{VD}-2)\rfloor+1+\log\dfrac{2}{\epsilon}\right)$，$\lambda$ 为预设误差，ϵ 为预设误差概率，$\mathrm{VD}=\max\{|p|,\ p\in T\}$ 为所有最短路径所含顶点数的最大值，T 为图上所有最短路径的集合，$|p|$为最短路径 p 中的顶点数；c 为常数，可近似视为 0.5，具体证明见文献［136］。

2）如何保证精度。针对精度问题，可以证明，重复路径采样 w 次后得到的 $\widetilde{\mathrm{bc}}(v)$ 满足 $Pr(\widetilde{\mathrm{bc}}(v)-\mathrm{bc}(v)\leqslant\lambda)\geqslant 1-\epsilon$，具体证明见文献［136］。

3）如何进行自适应采样以减少计算量。针对自适应采样问题，KADABRA 算法中的自适应采样方法按照算法使用者的需求为每个顶点预设误差上下界 λ_1、λ_2，之后计算误差概率上下界 σ_1、σ_2。每轮路径采样结束后都会计算自适应误差上下界的绝对值f、g，计算公式如下：

$$f(\widetilde{\mathrm{bc}}(v),\lambda_1,\omega,k)=\frac{1}{k}\log\cdot\frac{1}{\lambda_1}\left(\frac{1}{3}-\frac{\omega}{k}+\sqrt{\left(\frac{1}{3}-\frac{\omega}{k}\right)^2+\frac{2\widetilde{\mathrm{bc}}(v)\omega}{\log\cdot\dfrac{1}{\lambda_1}}}\right)\tag{2-16}$$

$$g(\widetilde{\mathrm{bc}}(v),\lambda_2,\omega,k)=\frac{1}{k}\log\cdot\frac{1}{\lambda_2}\left(\frac{1}{3}+\frac{\omega}{k}+\sqrt{\left(\frac{1}{3}+\frac{\omega}{k}\right)^2+\frac{2\widetilde{\mathrm{bc}}(v)\omega}{\log\cdot\dfrac{1}{\lambda_2}}}\right)\tag{2-17}$$

若所有顶点的f和 g 均小于 λ，则算法终止。可以证明，自适应采样终止算法时的 $\widetilde{\mathrm{bc}}(v)=p(v)/k$ 满足 $Pr(\widetilde{\mathrm{bc}}(v)-\mathrm{bc}(v)\leqslant\lambda)\geqslant 1-\epsilon$，证明见文献［134］。

KADABRA 算法流程如下。

1）初始化采样次数 $k=0$ 和各顶点的路径条数 $p(v)=0$。

2）路径采样，更新采样次数 k 和各顶点的路径条数 $p(v)$。

3）采样次数 k 是否小于 w，小于则进行步骤 4)，否则基于公式 $\widetilde{\mathrm{bc}}(v)=p(v)/k$ 计算 $\widetilde{\mathrm{bc}}(v)$，算法终止。

4）是否满足自适应条件式（2-16）和式（2-17），不满足则返回步骤 2)，否则基于公式 $\widetilde{\mathrm{bc}}(v)=p(v)/k$ 计算 $\widetilde{\mathrm{bc}}(v)$，算法终止。

下面以图 2.19 为例介绍一次路径采样的具体流程。

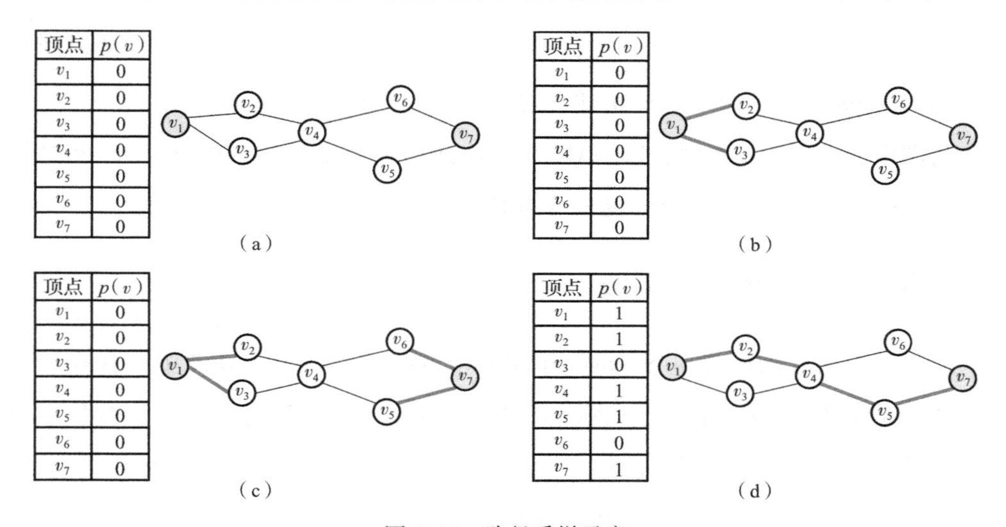

图 2.19 路径采样示意

其中图 2.19(a) 为无权无向图。从图中随机选择 2 个顶点。使用 BB-BFS 算法从深色顶点出发交替搜索，随机选择一条最短路径，如图 2.19(b)、(c)、(d) 所示。若顶点 v 位于最短路径上，则顶点 v 的路径条数 $p(v)=p(v)+1$。

表 2.5 为 KADABRA 算法在各个场景上的复杂度分析。KADABRA 算法的时间消耗集中在路径采样部分，无权图 BB-BFS 的时间消耗与图的度分布有关。当图的度分布 d 满足有限二阶矩[137]，无权图上 KADABRA 算法时间复杂度 $O(wm^{1/2+o(1)})$，当图的度分布 d 为 a 幂律分布时（$2<a<3$），无权图上 KADABRA 算法时间复杂度 $O(wm^{(4-a)/2+o(1)})$，具体证明见文献［134］。

表 2.5　KADABRA 算法时间复杂度与空间复杂度

图类型	时间复杂度	空间复杂度
有向有权图	$O(w(m+n\log n))$	$O(n+m)$
有向无权图（度分布 d 满足有限二阶矩）	$O(wm^{1/2+o(1)})$	$O(n+m)$
有向无权图（度分布 d 为 a 幂律分布）	$O(wm^{(4-a)/2+o(1)})$	$O(n+m)$
无向有权图	$O(w(m+n\log n))$	$O(n+m)$
无向无权图（度分布 d 满足有限二阶矩）	$O(wm^{1/2+o(1)})$	$O(n+m)$
无向无权图（度分布 d 为 a 幂律分布）	$O(wm^{(4-a)/2+o(1)})$	$O(n+m)$

有权图上 KADABRA 使用 Dijkstra 算法进行路径采样，每轮路径采样的时间复杂度为 $O(m+n\log n)$，至多采样 w 轮，总时间复杂度 $O(w(m+n\log n))$。

将图以邻接表形式存储，KADABRA 算法还需要 2 个 n 维数组 σ_1、σ_2 和路径 π，因此 KADABRA 算法的空间复杂度为 $O(n+m)$。

2.3.2　K-Core 分解算法

K-Core 分解算法最初由 Seidman 于 1983 年提出[138]，用于在图中寻找稠密子图。相比基于图密度的稠密子图挖掘算法，K-Core 分解算法避免了高度数顶点对子图结果的影响，相比于极大团枚举算法，K-Core 分解算法有更低的计算复杂度。同时，对于图 $G=(V,E)$，可以基于 K-Core 子图的概念为每个顶点定义 Coreness 值，作为顶点核中心性（Coreness Centrality）的度量，以衡量顶点在图中的影响力及重要性。Coreness 值是基于顶点的度定义的中心性，一个顶点的 Coreness 值越大，说明该顶点自身有较大的度且相邻顶点也拥有较大的度。核中心性在图分析、复杂网络分析领域有着广泛的应用，例如在社交网络中，一个用户的 Coreness 值越大，说明该用户在社交网络中所处的位置越为核心且其影响力越大。

算法涉及的相关定义如下。

定义 2.15（K-Core 子图[138]）：给定图 G 和一个整数 k，G 的 K-Core 子图是 G 的极大子图 G'，满足 G' 中每个顶点的度均大于或等于 k。

定义 2.16（Coreness 值[138]）：给定图 G，图 G 中顶点 v 的 Coreness 值为最大

整数 k，满足 v 属于 G 的 K-Core 子图，但 v 不属于 $(k+1)$-Core 子图。顶点 v 的 Coreness 值记作 $\mathrm{Core}(v,G)$

定义 2.17（K-Shell 子图[139]）：给定图 G 和整数 k，G 的 K-Shell 子图是图 G 中 Coreness 值等于 k 的顶点组成的诱导子图。对于图 G 中 Coreness 等于 k 的顶点集 V'，其诱导子图定义为由 V' 中的顶点和两个端点均在 V' 中的边组成的子图。

如图 2.20 所示，示例（a）为输入图 G，同时为 1-Core 子图。示例（b）是图 G 的 2-Core 子图，其中各顶点的度均大于或等于 2。示例（c）为图 G 的 3-Core 子图，顶点 v_5、v_6 属于 2-Core 子图但不属于 3-Core 子图，故顶点 v_5、v_6 的 Coreness 值为 2。示例（d）为由顶点集 $V'=\{v_5,v_6\}$ 构成的 2-Shell 子图。

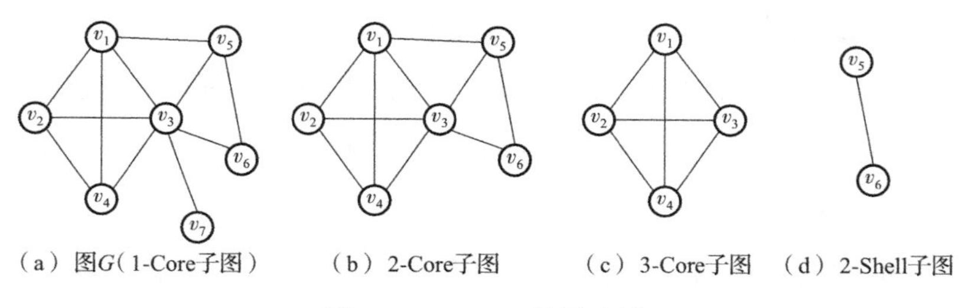

图 2.20　K-Core 子图示例

文献［120］提出了一种 K-Core 分解算法。其主要思想是删除度数小于 K 的顶点及该顶点关联的所有边，之后更新其余顶点的度。此过程迭代地进行直到剩余的子图满足 K-Core 的条件。算法通过迭代求解 K-Core 子图并基于定义 2.16 求解图 G 各顶点的 Coreness 值。下面以图 2.21 为例说明该算法的流程。

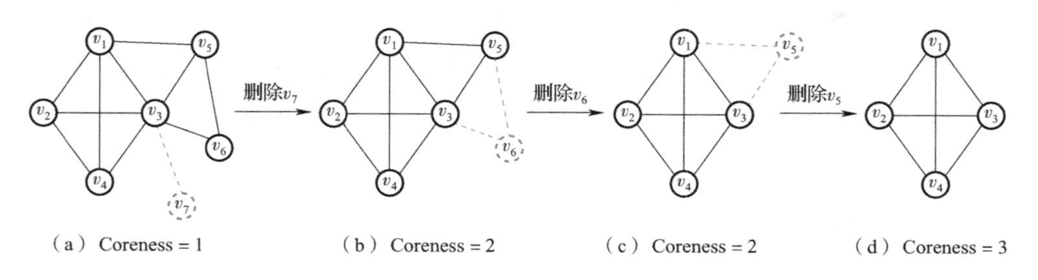

图 2.21　K-Core 分解算法示意

示例（a）为输入图 G，计算所有顶点的度，得到度最小的顶点为 v_7，因此顶点 v_7 的 Coreness 值为 1。将顶点 v_7 及其邻边删除得到示例（b），示例（b）为图 G 的 2-Core 子图，更新各个顶点的度，得到度最小的顶点为 v_6，因此 v_6 的 Coreness 值为 2。删除顶点 v_6 及其邻边后顶点 v_5 的度变为 2，因此可得顶点 v_5 的 Coreness 值为 2。删除顶点 v_5 及其邻边后得到示例（d），示例（d）为图 G 的 3-Core 子图，此时各顶点的度均为 3，因此示例（d）中各顶点的 Coreness 值均为 3，删除顶点 v_1,v_2,v_3,v_4 及其邻边后图为空，算法终止。

在上述过程中，每次操作会删除一个顶点及其相邻边，假设图 G 共有 n 个顶点和 m 条边，则删除边的操作最多会执行 $O(m)$ 次。由于顶点的度都是离散值且大小范围固定，因此在 K-Core 分解算法的实际实现中，可以使用桶排序的思想将顶点按照度划分到不同的桶中，以在每轮迭代中以 $O(1)$ 的时间复杂度获取度最小的顶点，在更新一个顶点的度时同时将其移动到对应的桶中，这一操作的时间复杂度同样为 $O(1)$。因此，K-Core 分解算法的时间复杂度为 $O(m)$。算法需要使用 $O(m+n)$ 的空间保存图的邻接表，使用 $O(n)$ 的空间保存顶点的度和顶点的 Coreness 值。因此，K-Core 分解算法的空间复杂度为 $O(m+n)$。

K-Core 分解算法的另一种经典算法在文献［140］中提出。该算法利用 H 指数的概念，基于定理 2.1 实现。

定义 2.18（*H* 指数[141]）：给定一个由正整数组成的集合 S，S 的 H 指数计算如下：

$$H\text{-Index}(S)=\arg\max_k |\{s\in S \mid s\geqslant k\}|\geqslant k。$$

定理 2.1[140]：给定图 G，设集合 $C(v)=\{\text{Core}(u) \mid u\in N_G(v)\}$ 是顶点 u 的所有邻居的 Coreness 值构成的集合，则顶点 u 的 Coreness 值等于 $C(u)$ 的 H 指数。

利用定理 2.1 可以设计一种 K-Core 分解算法，其思想是不断计算图中各顶点的 H 指数直到收敛。进而利用 H 指数求得顶点的 Coreness 值。下面以图 2.22 为例说明该算法的流程。

图 2.22(a) 展示了第一轮迭代开始时各个顶点的 Coreness 值的上界，初始化

为顶点的度。以顶点 v_3 为例，在第一轮迭代中，其相邻顶点的 Coreness 值集合 $C(v_3)$ 为 $\{2,3,3,3,4\}$，计算 $H\text{-Index}(C(v_3))=3$，因此在第一轮迭代结束后，顶点 v_3 的 Coreness 值的上界为 3，如图 2.22(b) 所示。在第二轮迭代中，各个顶点的 Coreness 值的上界没有发生变化，算法停止。

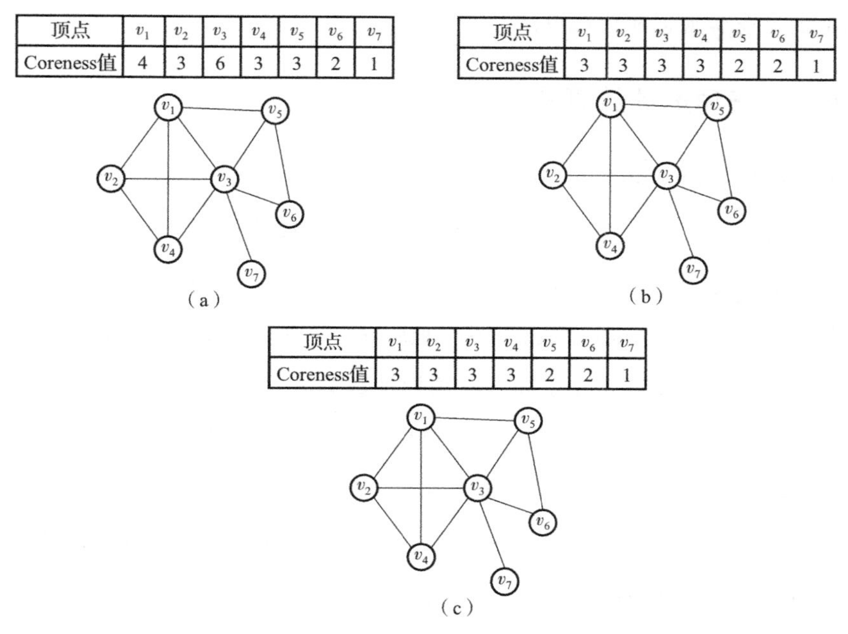

顶点	v_1	v_2	v_3	v_4	v_5	v_6	v_7
Coreness值	4	3	6	3	3	2	1

(a)

顶点	v_1	v_2	v_3	v_4	v_5	v_6	v_7
Coreness值	3	3	3	3	2	2	1

(b)

顶点	v_1	v_2	v_3	v_4	v_5	v_6	v_7
Coreness值	3	3	3	3	2	2	1

(c)

图 2.22　基于 H 指数的 K-Core 分解算法示意

计算 H 指数的过程中需要借助额外的数组来记录度为 i 的顶点数量，并计算数组中连续的部分度数之和是否大于或等于 i。因此计算 H 指数的时间复杂度为 $O(\deg(v))$。假设上述算法需要迭代 T 次，则时间复杂度为 $O(T \cdot n \cdot \deg(v))$。空间复杂度为保存图的邻接表所需的空间，即 $O(m+n)$。

2.4 度量统计

为了能够衡量图数据的结构特点，对比不同图数据的区别，需要计算图的一些全局或局部的属性，这些属性称为图的度量统计。常用的图度量统计包括顶点度分布、图直径、集聚系数、连通分量的数量与大小等。图的度量统计信息可以用来描述不同领域图数据的特点，例如图的稀疏性等。在本节中，我们将介绍两种基于三角形结构的度量统计，分别是三角形计数和局部集聚系数，并介绍这两种度量统计的基本概念和经典算法。

2.4.1 三角形计数算法

三角形计数（triangle counting）是一种基于三角形结构定义的图的度量统计，主要用于无向图。三角形计数可分为全局三角形计数和局部三角形计数，全局三角形计数是指计算图中的三角形个数，局部三角形计数是指计算包含某一顶点的三角形个数。将局部三角形计数算法扩展到图的每条边上，即可得到全局三角形计数算法。因此，下面首先介绍局部三角形计数算法。

局部三角形计数算法需要遍历一个顶点的所有邻边，依次将每条邻边作为基线，对于基线的两个端点，计算其邻居顶点的交集，交集大小即为包含该边的三角形数量。以图 2.23 为例，针对顶点 v_2 进行局部三角形计数。首先以边（v_2,v_1）为基线，如图 2.23(a) 所示，v_2，v_1 的公共邻居为 $\{v_3,v_4\}$，此时得到了两个三角形。再以边（v_2,v_3）为基线，如图 2.23(b) 所示，两个端点的公共邻居为 $\{v_1,v_4\}$，得到两个三角形。最后以边（v_2,v_4）为基线，如图 2.23(c) 所示，两个端点的公共邻居为 $\{v_1,v_3\}$，得到两个三角形。此时计算出包含顶点 v_2 的三角形共 6 个。然而，实际包含 v_2 的三角形只有三个，这是由于上述计算过程中存在三角形的重复计数，最终计算出的三角形数量是真实值的两倍。其原因在于，每个包含顶点 v_2 的三角形中有两条边与顶点 v_2 相邻。在枚举的过程中，这两条边将分别作为基线枚举三角形。因此每个包含 v_2 的三角形会被计算两次。为解决这一问题，可以对基线的两个端点的公共邻居增加约束条件，例如要求公共邻居的 id 大于当前遍历基线的另一个端点的 id。按照这一约束条件，在图 2.23(b) 中，三角形 $\{v_2,v_3,v_1\}$ 不能作为一个三角形被统计在结果中，因为公共顶点 v_1 的 id 小于 v_3，同理图 2.23(c) 中的两个三角形也不能被统计在结果中。最终得到三个三角形，即正确结果。

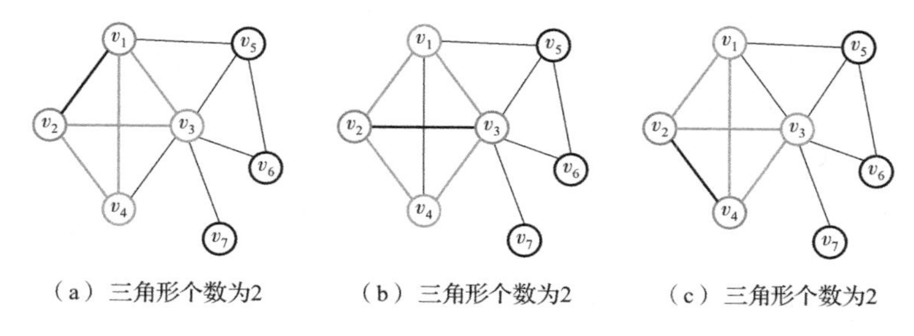

（a）三角形个数为2　（b）三角形个数为2　（c）三角形个数为2

图 2.23　局部三角形计数算法示意

在最坏情况下，顶点 v 的任意两个相邻点都相邻，此时顶点 v 的局部集聚系数为 1，这种情况下，顶点 v 的三角形计数会执行 $\deg(v)(\deg(v)-1)$ 次，其中 $\deg(v)$ 是顶点 v 的度。假设一个顶点的所有相邻顶点使用邻接表存储，且按照顶点 id 大小排序，判断一个顶点是否与顶点 v 相邻需要 $\log(\deg(v))$ 时间，因此局部集聚系数最坏时间复杂度为 $O(\deg(v)^2\log(\deg(v)))$。空间复杂度等于图的邻接表的空间复杂度，即 $O(m+n)$。

全局三角形计数用于衡量图数据整体的顶点邻居之间的关联程度。全局三角形计数算法是局部三角形计数算法在全图上的扩展。如图 2.24 所示，全局三角形计数算法遍历图中所有的边 (v,u) 分别作为基线，对于边 (v,u) 计算两个端点的公共邻居 w。与局部三角形计数类似，这种方法会导致三角形的重复计算，最终计算出的三角形数量是真实值的三倍。为避免三角形的重复计算，全局三角形计数算法的约束条件为 $w>v>u$，即遍历边时要求终点 id 大于起点 id，寻找公共邻居时要求公共邻居 id 大于边的终点 id。例如在图 2.24 中，(a) 中的三角形 $\{v_2,v_3,v_1\}$、(c)~(e) 中的三角形、(f) 中的三角形 $\{v_3,v_4,v_2\}$ 以及 (g) 中的三角形均不能作为三角形被统计。全局三角形计数的时间复杂度为 $O(m^{1.5})$[122]，空间复杂度为 $O(m+n)$。

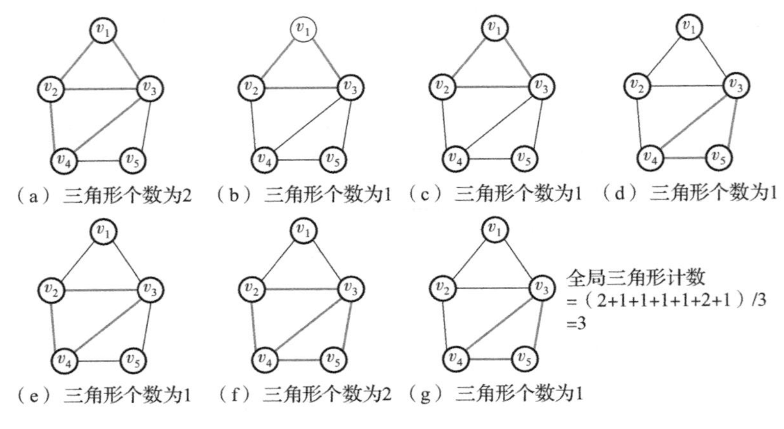

图 2.24　全局三角形计数算法示意

2.4.2　集聚系数算法

集聚系数（cluster coefficient）是另一种常用的图度量统计算法，用于表示图中顶点之间的集聚程度。与三角形计数相同，集聚系数同样基于图中的三角形结构进行定义，具体可分为全局集聚系数和局部集聚系数。全局集聚系数用于衡量图的稠密情况，是对输入图的评价指标。局部集聚系数用于衡量图中每个顶点与其邻居间联系紧密的程度，是对图中顶点及其局部邻域集聚程度的评价。比如在一个社交网络中，一个用户的局部集聚系数越大，说明该用户的好友之间也存在着很多好友关系，该用户与其好友之间的集聚程度更高。下面给出全局集聚系数和局部集聚系数的定义。

定义 2.19（全局集聚系数）：图 G 的全局集聚系数，记为 $C(G)$，定义为图 G 中三角形数量的三倍与三元组（triplet）数量的比值，即

$$C(G)=\frac{3\times\text{number of triangles}}{\text{number of all triplets}}\tag{2-18}$$

其中，三元组指由三个顶点组成的连通分量，可分为闭三元组（closed triplet）和开三元组（open triplet）。闭三元组即三角形结构，由三个顶点和三条边组成。开三元组由三个顶点和两条边组成。开、闭三元组的示意图如图 2.25 所示。

图 2.25　开、闭三元组

图中三角形的数量，即式（2-18）中的分子部分，可利用 2.4.1 节讲述的全局三角形计数算法进行计算。图中三元组的数量，即式（2-18）中的分母部分，等于每个顶点所存在的三元组数量之和，计算公式为

$$\text{number of triplets} = \sum_{v \in V} \frac{\deg(v)(\deg(v)-1)}{2} \tag{2-19}$$

定义 2.20（局部集聚系数）：顶点 v 的局部集聚系数，记作 $c(v)$，定义为顶点 v 的相邻顶点之间所连的边的数量与顶点 v 相邻顶点之间可能连接的最大边数量的比值，即

$$c(v) = \frac{2\sum_{j \in N(v)} \sum_{k \in N(v)} e_{jk}}{\deg(v)(\deg(v)-1)} \tag{2-20}$$

式中，$\deg(v)$ 是顶点 v 的度，$N(v)$ 是顶点 v 的相邻顶点，若两个顶点 j，k 之间有边相连，则 $e_{jk}=1$，否则 $e_{jk}=0$。公式中的分子部分，即包含一个顶点的三角形数量，可以利用 2.4.1 节讲述的局部三角形计数算法进行计算。

2.5 相似性分析

图相似性分析可分为两种：基于顶点的相似性，用于计算图结构中各顶点之间的相似性，如共同邻居算法、SimRank 算法等；基于子图结构的相似性，用于计算两个图结构之间的相似性，如子图匹配算法。本节将介绍 SimRank 算法和子图匹配算法这两种相似性分析算法。

2.5.1 SimRank 算法

SimRank 算法是一种通过图结构来计算顶点间相似性的算法，由 Jeh 等人于 2002 年提出[142]。SimRank 算法在推荐、文本分类等领域有着广泛的应用。如在购物网站中，可以将用户与购买的商品建模成图，并使用 SimRank 算法计算用户之间的相似度，对相似的用户推荐相同的商品。SimRank 使用递归的方式定义顶点相似性，其思想是若两个顶点的邻居顶点是相似的，则这两个顶点也相似，具体定义如下。

定义 2.21（SimRank 相似性[142]）：给定图 $G=(V,E)$，图中两个顶点 u，v 的 SimRank 相似性记作 $S(u,v)$，定义为

$$S(u,v)=\begin{cases}1, & u=v \\ 0, & N_G(u)=\varnothing \text{或} N_G(v)=\varnothing \\ \dfrac{C}{|N_G(u)||N_G(v)|}\sum_{u'\in N_G(v)}\sum_{v'\in N_G(v)}S(u',v'), & \text{其他}\end{cases} \tag{2-21}$$

式中，$C\in(0,1)$ 为阻尼系数，通常取值为 0.6~0.8。

在 SimRank 算法中，需要使用一个 $n\times n$ 矩阵记录任意两点间的 SimRank 相似性。在每轮迭代中，遍历图中所有顶点间的两两组合，按照式（2-21）更新 SimRank 相似性，直到算法收敛或达到最大迭代次数。在 SimRank 算法的实现中，通常将式（2-21）转换为矩阵形式，使用矩阵计算进行迭代，迭代公式如下[143]：

$$\boldsymbol{S}^{(i)}=\boldsymbol{C}\cdot(\boldsymbol{W}^{\mathrm{T}}\cdot\boldsymbol{S}^{(i-1)}\cdot\boldsymbol{W})\vee\boldsymbol{I}_n \tag{2-22}$$

式中，$\boldsymbol{S}^{(i)}$ 为第 i 轮迭代时的 SimRank 相似性矩阵，初始时 $\boldsymbol{S}^{(0)}=\boldsymbol{I}_n$，$\boldsymbol{I}_n$ 为 n 阶单位矩阵；$\boldsymbol{W}$ 为按列归一化的图邻接矩阵，当边 $(u,v)\in E$ 时，$\boldsymbol{W}_{u,v}=\dfrac{1}{|\boldsymbol{N}_G(v)|}$，否则 $\boldsymbol{W}_{u,v}=0$；$\vee$ 表示按相同位置取最大值，即 $(A\vee B)_{i,j}=\max\{A_{i,j},B_{i,j}\}$。SimRank 算法的时间复杂度为 $O(km^2)$，其中 k 为迭代次数。空间复杂度为保存 SimRank 相似性矩阵所需空间，即 $O(n^2)$。

下面以图 2.26 为例介绍 SimRank 的计算过程，设阻尼系数 $C=0.8$，迭代 10 次。初始时根据图结构计算出式（2-22）中的矩阵 $\boldsymbol{W}$，如示例（a）所示。之后按照式（2-22）进行迭代，第一轮迭代后各顶点间的 SimRank 相似度如图 2.26(b) 所示。第 10 轮迭代后的 SimRank 相似度如图 2.26(c) 所示。由结果可知，图中最相似的顶点为（v_1,v_4）和（v_2,v_5），SimRank 相似度均为 0.49。

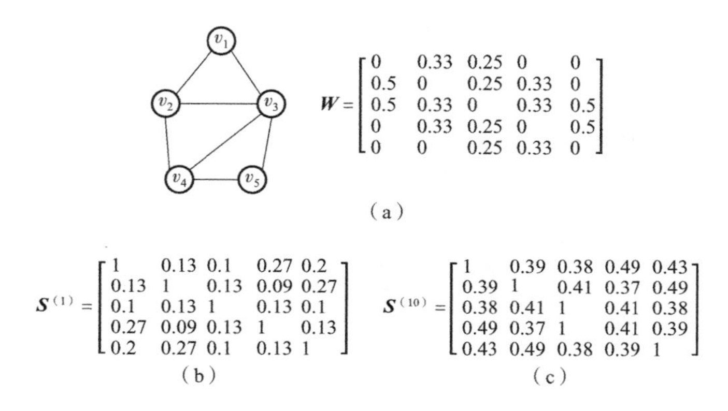

图 2.26　SimRank 算法示例

2.5.2　子图匹配算法

子图匹配就是在目标图中寻找所有与查询图结构相同的子图，具体定义如下。

定义 2.22（子图匹配[144]）：给定一个目标图 $G_1=(V_1,E_1)$ 和一个查询图 $G_2=(V_2,E_2)$，若存在一个从 G_2 到 G_1 的单射函数 $f:V_2\rightarrow V_1$ 满足，当 $(u,v)\in E_2$ 时，$(f(u),f(v))\in E_1$，则称 G_1 和 G_2 是子图匹配的，G_2 是 G_1 的匹配子图。

例如，图 2.27(a) 中查询图 G_2 的顶点 u_1,u_2,u_3 映射到目标图 G_1 的 v_1,v_2,v_3 三个顶点，因此 G_2 是 G_1 的匹配子图。除了图结构上的匹配，子图匹配问题还可以增加语义信息的限定。有些图的顶点和边会带有标签，对于这类图的子图匹配问题也会增加顶点或边的标签的映射规定，有些图的顶点分为不同类型，称为异构图，异构图的子图匹配要求相同类型的顶点才能进行匹配。例如在图 2.27(b) 中，图 G_2 中的顶点 u_1 只能与图 G_1 中的顶点 v_1 进行匹配，而不能与 v_4 匹配，因为 u_1 与 v_4 所带标签不同。

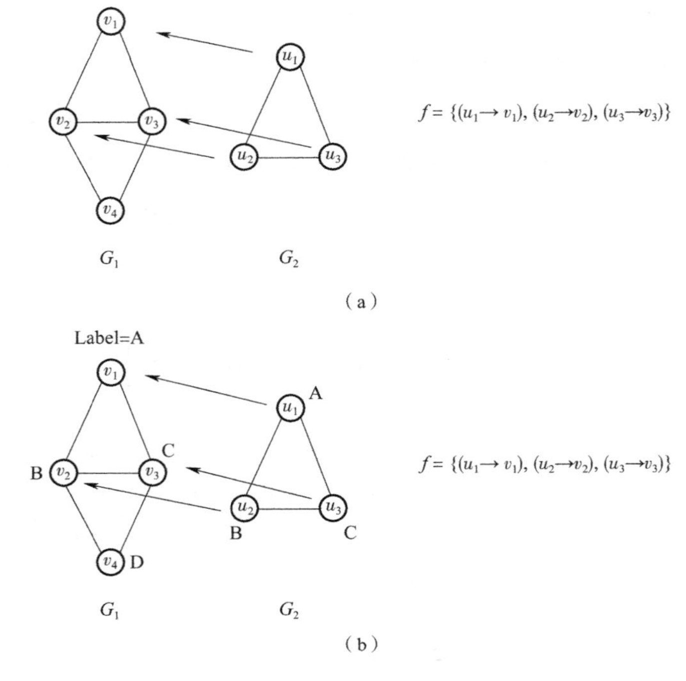

图 2.27　子图匹配示例

子图匹配查询是图数据管理与分析等应用中的一个不可或缺的模块，有广泛的应用场景。例如金融交易的异常检测场景，基于专家经验或其他异常检测模型得到的异常交易网络结构，在大规模金融交易网络中查询与上述异常网络结构相似的子图，这些子图所代表的交易关系有较大概率存在异常交易行为。

子图匹配问题已被证明为 NP 完全问题，即不存在多项式时间内解决子图匹配问题的精确算法。现有的子图匹配算法大多基于搜索和剪枝。基本思想是查询图的每个顶点尝试与目标图上的任意一个顶点匹配，即枚举目标图上的所有子图，判断是否与查询图匹配，一共需要尝试 $O(n!)$ 次，其中 n 为目标图上的顶点数量。

本节将介绍一种经典的子图匹配算法，由 Ullmann 于 1976 年提出[144]，后续的子图匹配算法大多是在 Ullmann 算法的基础上增加不同的剪枝策略，包括利用点的度、一跳邻居、二跳邻居、最短路径等策略。我们使用 v 来表示目标图中的顶点，

u 表示查询图中的顶点。Ullmann 算法采用匹配候选集 C 记录查询图中每个顶点可与目标图中的顶点进行匹配的候选集，当前映射关系 M 记录当前已经完成匹配的顶点关系，最终算法返回所有确定可行的匹配关系作为结果。算法使用递归的方式进行匹配，递归的第 i 层在目标图中匹配查询图的第 i 个顶点。匹配的限制条件为：

1）如果目标图中映射的顶点的度小于查询图中顶点的度，说明这一对顶点一定不能匹配，则从对应的 $C(u)$ 中删除该顶点。

2）如果待匹配的目标图顶点已经有相邻顶点 u' 与查询图顶点 v' 完成匹配了，则要求当前匹配的查询图顶点与 v' 相邻。查询图的顶点 u_i 匹配完成后，递归进入下一层匹配 u_{i+1}，直到完成所有顶点的匹配。

下面以图 2.28 为例说明 Ullmann 算法的匹配策略。初始时的候选集 C，此时查询图中每个顶点都可以和目标图中任一顶点匹配。第一层递归如图 2.28(a) 所示，将查询图顶点 u_1 与目标图顶点 v_1 匹配，(u_1,v_1) 加入映射关系 M 中。第二层递归对查询图顶点 u_2 进行匹配，如图 2.28(b) 所示，由于顶点 u_2，u_3 与 u_1 相邻，因此此时顶点 u_2，u_3 只能与顶点 v_1 的相邻点进行匹配，于是有 $C(u_2)=C(u_3)=\{v_2,v_3\}$。令顶点 u_2 与顶点 v_2 匹配，进入第三层递归时，顶点 u_3 只能与顶点 v_1，v_2 的公共邻居，即顶点 v_3 进行匹配，因此 $C(u_3)=\{v_3\}$。这时得到一个匹配为 $M=\{(u_1,v_1),(u_2,v_2),(u_3,v_3)\}$。图 2.28 中其余的子图匹配方式也可根据同样的流程计算得到，最终得到全部的匹配结果。

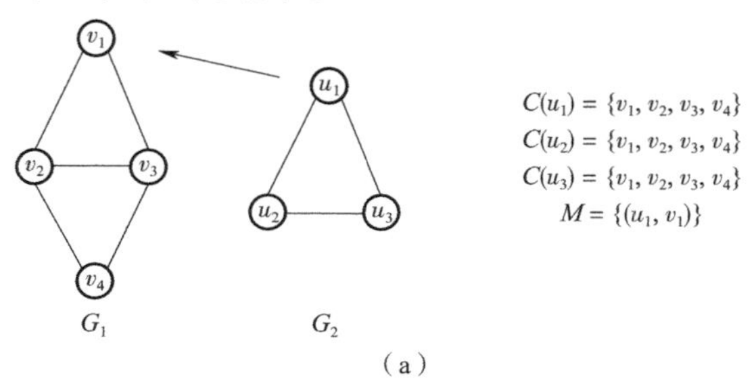

图 2.28　Ullmann 算法示意

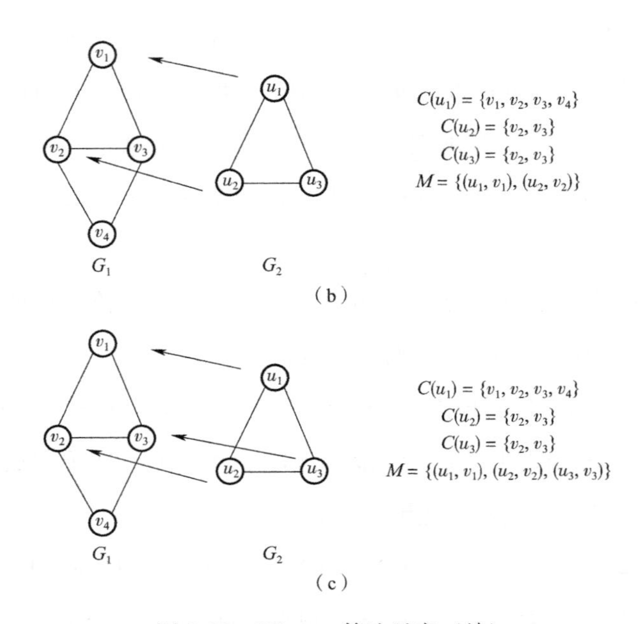

图 2.28　Ullmann 算法示意（续）

第3章 分布式图计算框架

在数字经济时代，大数据已经成为一种新型生产要素，推动着社会经济的发展。随着数据体量的高速膨胀，分布式技术作为海量数据挖掘的技术底座，为上层计算模型提供大数据管理、分布式任务协调、分布式通信等能力。本章将重点介绍大规模图分析应用中依赖的基础组件，包括经典大数据平台、分布式图计算框架核心技术等。此外，本章将介绍几种业界主流的分布式图计算框架并重点阐述分布式图计算面临的主要技术挑战。

本章可以帮助读者了解业界主流的分布式开发框架，初步了解分布式图计算框架的运行机制和任务调度策略，帮助读者基于业务进行分布式图计算框架选型，构建企业级分布式图分析应用解决方案。本章将帮助读者更好地理解第 4 章、第 5 章的实战内容。

3.1 分布式大数据平台概述

随着数据规模的持续增长，传统的数据挖掘与计算技术已难以满足海量数据处理的需求。2011 年学术界、工业界开始针对“大数据”及其所蕴含的 5V 特性 Volume（大量）、Velocity（高速）、Variety（多样）、Value（低价值密度）、Veracity（真实）展开研究。其中，分布式计算平台是针对大数据处理研究的重要组成部分。分布式大数据平台通过将计算任务拆分到多台机器上并行计算，以获得数据处理规模与计算性能的双效提升。本节将重点介绍目前业界最具代表性的分布式大数据平台——Hadoop、Spark 和 Flink，并从核心组件、功能特性、优劣场景等方面介绍这些计算框架的特性与差异。

3.1.1 Hadoop

Apache Hadoop[145] 起始于 2002 年，起源于 Apache Nutch 项目，2008 年正式成为 Apache 基金会顶级项目。Hadoop 作为应对海量数据存储与分析计算的分布式计算平台，可支持在上万台服务器组成的集群中对大规模数据进行分布式计算。Hadoop 具有高可靠性、高扩展性、高效性和高容错性等特点，可有效地弥补传统数据库在海量数据存储和计算能力方面的不足。Hadoop 生态体系健全，受工业界主流企业广泛认可。

在 Hadoop 1. x 时期，Hadoop 核心组件主要包括两部分：MapReduce 与 HDFS（Hadoop Distributed File System，Hadoop 分布式文件系统）。其中，MapReduce 同时负责业务逻辑处理和资源调度两部分工作，内部模块耦合性大。HDFS 作为 Hadoop 的分布式文件存储系统，向上支撑 MapReduce 计算。在 Hadoop 2. x 时期，新增了 YARN 组件，资源调度部分作为独立组件由 YARN 接管，MapReduce 则只负责计算。目前 Hadoop 3. x 同样包含这三大组件：HDFS、MapReduce 和 Yarn。下面我们对这三大组件做进一步的介绍。

（1） HDFS

Hadoop 分布式文件系统负责将海量数据分配到不同的机器中存储，同时对这些离散存储的数据进行统一管理与维护。2003 年 Google 发布了分布式文件系统 GFS，介绍了 Google 搜索引擎网页相关数据的存储架构，2004 年 Apache Nutch 项目实现了类似 GFS 的功能并命名为 NDFS（Nutch Distributed File System），即 HDFS 的前身。

HDFS 通过目录树来定位文件，且部署在集群中，适合一次写入多次读出的场景。HDFS 有以下特点。

1） 适合处理大规模数据：可支持的数据规模能够达到 PB 级，文件数量能够达到百万级。

2） 兼容廉价的硬件设施：可运行于廉价机器集群，节约成本。

3） 高容错性和高可靠性：用户可以设置数据保存副本的数量，当某一个副本丢失时，其他副本能保证数据自动恢复。

如图 3. 1 所示为 HDFS 架构，主要包含四部分。

1） NameNode：NameNode 相当于 Master，管理整个文件系统的命名空间。它维护目录树以及所有文件和目录的元信息，配置数据副本策略，管理数据块映射信息，并处理客户端的读写请求。若 NameNode 被误删或损坏，系统将无法确定如何将顶点上的数据块重建成文件，进而导致系统上的所有文件丢失，因此 NameNode 需要具有故障恢复能力。

2）Secondary NameNode：辅助 NameNode 以实现 NameNode 的故障恢复能力。Secondary NameNode 定期合并命名空间与编辑日志推送给 NameNode 并保留副本，以确保当 NameNode 发生故障时的可恢复。但需要注意 Secondary NameNode 并非热备份，不能直接替换故障的 NameNode。

3）DataNode：DataNode 相当于 Slave 节点，执行 NameNode 下达的命令，包括存储数据块，以及对数据块的读写操作。另外还定期向 NameNode 发送自己存储的块列表。

4）Client：客户端，与 NameNode 和 DataNode 交互来访问文件系统，Client 提供了一系列命令来管理和访问 HDFS。

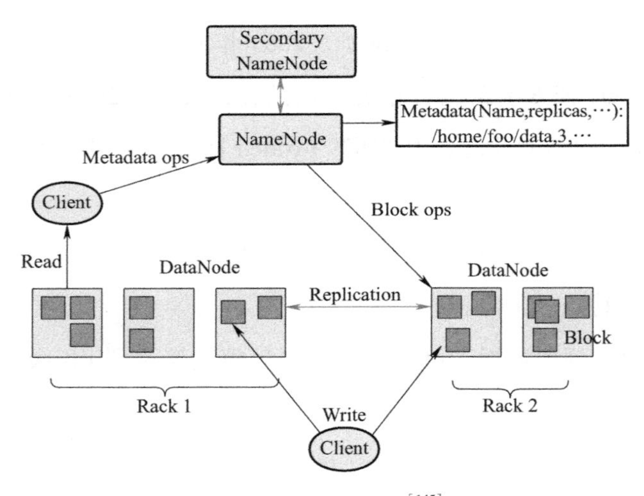

图 3.1　HDFS 架构[145]

（2）MapReduce

2004 年 Google 发布了分布式计算框架 MapReduce，阐述了 MapReduce 的设计理念以及如何用于处理海量网页的索引问题。2005 年 Apache Nutch 项目实现了

MapReduce 的最初版本，之后 Apache Hadoop 进行了继承和发展。MapReduce 是一个分布式计算框架，核心功能是将用户自定义的业务逻辑代码整合成一个分布式计算程序，在 Hadoop 集群上进行分布式计算。

MapReduce 具有极高的可扩展性，通过增加机器数量即可实现计算能力的扩展。同时，其编程逻辑简单，用户实现简单的接口便可以完成分布式程序。最后，MapReduce 具有高容错性。当一个计算节点出现故障时，YARN 可以将故障节点上未完成的计算任务转移到另一个节点，从而保证任务正常运行。

MapReduce 编程范式包含两个部分：Map 阶段和 Reduce 阶段。Map 阶段是映射过程，将数据根据制定的映射规则处理成多条数据输出；Reduce 阶段是归约过程，将 Map 的映射结果进行汇总处理并输出。其中，Map 阶段的 MapTask 实例和 Reduce 阶段的 ReduceTask 实例都是并发执行，互不干扰。MapReduce 数据流如图 3.2 所示。

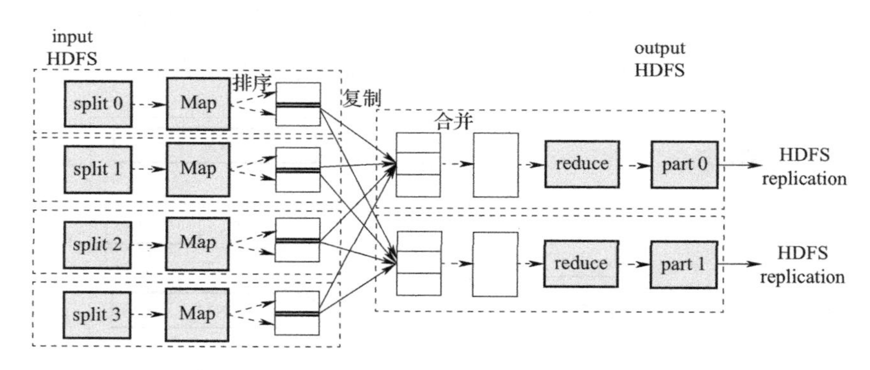

图 3.2　MapReduce 数据流图

MapReduce 的工作流程大致分为五步。

1）对 HDFS 输入的源文件进行两步操作，首先，分片操作按照固定大小（默认 128MB）将源文件逻辑划分成若干小数据块。之后，格式化操作将分片格式化为 key-value 键值对的形式。

2）执行 MapTask。从输入数据中解析出 key-value，传递给用户编写的 map 函数处理产生一系列新的 key-value，然后将这些新数据写入一个环形内存缓冲区，当数据量达到溢写阈值会触发溢写，将缓冲区内数据溢写到本地磁盘文件，处理的数据规模较大时可能会溢写多个文件。

3）执行 Shuffle 过程。Shuffle 将 Map 阶段的处理结果根据 key 进行分区和排序，分发给 ReduceTask。

4）执行 ReduceTask。ReduceTask 从各个 MapTask 拉取结果数据到内存或磁盘，同时启动两个后台线程对内存和磁盘上的文件合并，再根据用户编写的 reduce 函数按 key 执行归约操作。

5）MapReduce 将 ReduceTask 生成的 key-value 传入输出接口，实现 HDFS 文件写入操作。

（3）Yarn

Yarn 是 Hadoop 的资源管理器，为上层应用提供统一的资源调度和管理。Yarn 主要由以下四个组件构成，如图 3.3 所示。

1）Resource Manager（RM）：处理客户端请求，负责将资源分配给 Node Manager。

2）Node Manager（NM）：管理单个节点上的资源，处理来自 RM 和 AM 的命令。

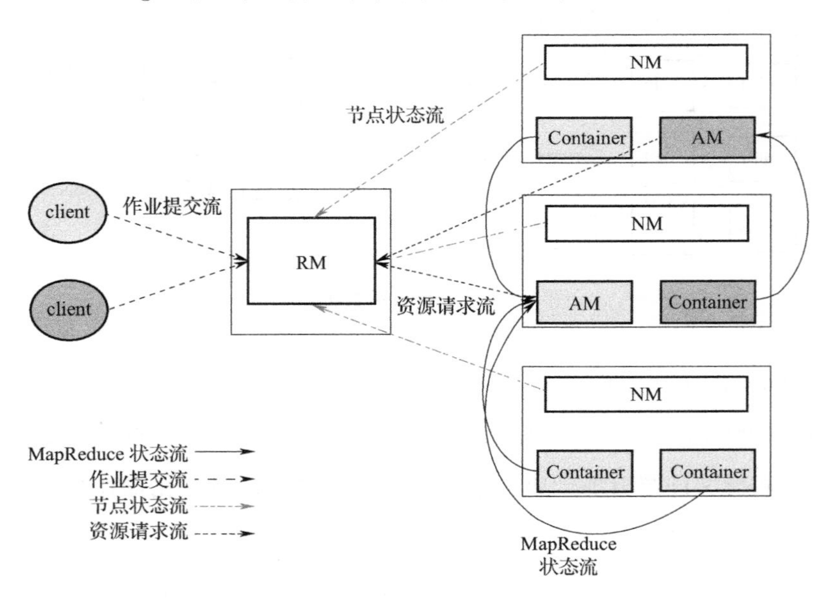

图 3.3　Yarn 架构

3）Application Master（AM）：是计算框架的实例，负责与 RM 协商资源，并与 NM 共同监控任务容器。

4）Container：是 Yarn 中资源的抽象，封装了顶点上的各类资源（如内存、磁盘、CPU 等）。

基于以上四个核心组件，Hadoop 十分擅长进行离线场景下的海量数据管理与分析。同时，随着大数据应用与需求不断演进，出现了许多以 Hadoop 为基础的新系统，见表 3.1，它们与 Hadoop 一起构成了 Hadoop 的生态系统。

表 3.1 Hadoop 生态系统[145]

子项目	项目功能
Hive	提供数据分析和临时查询的数据仓库
Hbase	可扩展的分布式数据库，支持大表的结构化数据存储
Mahout	可扩展的机器学习和数据挖掘库
Pig	用于并行计算的高级数据流语言和执行框架
ZooKeeper	应用于分布式应用的高性能协调服务
Avro	数据序列化系统
Chukwa	大型分布式系统的数据收集系统
Cassandra	可扩展的、无单点故障的 NoSQL 多主数据库

Hadoop 生态多数针对大数据的离线分析任务，在面对交互式查询与迭代算法时，其性能受限。交互式查询需要持续不断地进行查询并实时或近实时地反馈查询结果，若使用 Hadoop 生态组件构建交互式查询任务，意味着需要连续加载并处理磁盘中的所有数据，并且较难使用上次查询的结果。这导致数据加载与计算过程极为耗时并造成大量计算与存储资源浪费。迭代算法需要循环执行某项任务，如果使用 Hadoop 执行迭代算法，需要串行一系列 MapReduce 任务，与交互式查询任务一样将面临大量的磁盘 I/O，造成性能损耗将无法满足实际业务的性能需求。

3.1.2 Spark

Spark 衍生于 Hadoop，它最初的提出是为了配合 Hadoop 处理迭代算法和交互式查询的相关问题。Spark 将数据保存在内存中，使用 In-Memory 的计算方式，因此 Spark 能更高效地处理数据并进行迭代计算，也更适合处理需要迭代遍历的图数据。Spark 使用 Scala 语言实现，提供了丰富的 API 接口，使得 Spark 在处理分布式数据集时可以像处理本地数据一样，极大地降低了学习成本。

Spark 的核心技术是弹性分布式数据结构（Resilient Distributed Datasets，RDD[146]）。Spark 利用 RDD 进行数据处理，并将 RDD 之间依赖关系的构建为有向无环图（Directed Acyclic Graph，DAG）。Spark 中每个阶段（stage）为当前 RDD 集合的状态。因此，Spark 中 RDD 依赖的关系，即相应的 DAG 的生成，实际上是对 stage 的划分。如图 3.4 所示，左侧的图表示两个 stage 以及其中 RDD 间的依赖关系。RDD 的依赖关系分为宽依赖和窄依赖两种。窄依赖指父 RDD 的每一个分区最多被一个子 RDD 的分区所用，而宽依赖指子 RDD 的分区依赖于父 RDD 的多个分区。

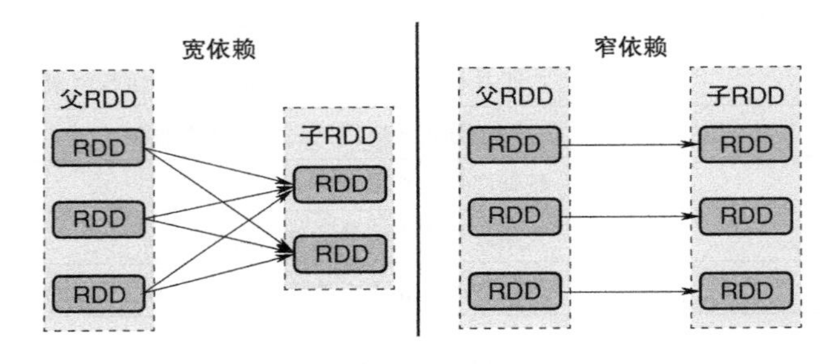

图 3.4　宽依赖和窄依赖

RDD 的操作包含转换（transformation）和执行（action）两类操作。转换操作的返回值依旧是一个 RDD，而执行操作可以没有返回值或返回一个本地数据结构。其中，转换操作具有惰性机制——当 RDD 转换生成一个新的 RDD 时，操作不会立刻执行，而是记录下来，直到有执行操作时才会启动计算过程进行计算。

除了 RDD，Spark 还引入了 DataFrame 和 Dataset 概念以更好地适配上层应用。

DataFrame 是一个由多个列组成的结构化的分布式数据集合，等同于关系数据库中的一张表，或者是 R/Python 中的 DataFrame。DataFrame 可以提供更多信息，例如列名、列值和列的属性，且支持一些复杂的数据格式。DataFrame 是 Spark SQL 中最基本的概念，可以通过多种方式创建，例如结构化的数据集、Hive 表、外部数据库或者是 RDD。另外，DataFrame 提供的 API 层次更高，比 RDD 编程更加友好。

DataSet 是一个由特定域的对象组成的强类型集合，可通过功能或关系操作并行转换其中的对象。而每个 DataSet 还有一个非类型视图，即由多个列组成的 DataSet。

除了基本的数据操作单元，为了方便使用与二次开发，Spark 内置了多个数据分析组件，主要包括 Spark SQL、Spark Streaming、Spark MLlib 和 GraphX 等。

（1） Spark SQL

Spark SQL 是基于 Spark 的一个数据处理工具，主要用于结构化数据处理和对 Spark 数据执行类 SQL 的查询。在 Spark 应用中，可以无缝地使用 SQL 语句或者 DataSet API 对结构化数据进行查询。

Spark SQL 以及 DataSet 还提供了一种通用地访问多数据源的方式，可访问的数据源包括 Hive、CSV、Parquet、ORC、JSON 和 JDBC 数据源，基于 Spark SQL，这些不同的数据源之间也可以实现互相操作。

（2） Spark Streaming

Spark Streaming 是基于 Spark 的一个流式数据计算组件，是构建在 Spark 上的实时计算框架，扩展了 Spark 处理大规模流式数据的能力。Spark Streaming 支持数据的多源输入，支持的输入源包括 Kafka、Flume 等。同时数据处理结果也支持保存在 HDFS 或数据库中。

如图 3.5 所示，Spark Streaming 接收实时的数据流，把数据按照指定的时间段切成一片片较小的数据块，然后将数据块传给 Spark Engine 处理，最终得到批次处理的结果。在这个过程中，每一批数据，在 Spark 内核中对应一个 RDD 实例，而对于 Spark Streaming 来说，它的单位是 DStream，它可以看作一组 RDD，是持续的 RDD 序列。

图 3.5　Spark Streaming 的流数据处理原理

（3） MLlib

MLlib 是基于 Spark 的分布式机器学习算法库，旨在简化机器学习的工程实现，它主要由四部分组成，即数据类型（向量、矩阵等）、数学统计计算库（相关分析、基本统计量等）、算法评测（准确率、召回率等）和常见的机器学习算法（如聚类算法、分类和回归算法等）。MLlib 的设计理念是把数据以 RDD 的形式表示，进而在 RDD 上实现各种算法。

机器学习算法一般是由多个步骤组成的迭代计算过程。相比 Hadoop MapReduce 实现的机器学习算法，Spark MLlib 在机器学习方面具有独特的优势。例如，对于具有实时性的大数据分析而言，利用 Hadoop MapReduce 计算框架进行分析需要进行迭代计算，进而产生非常大的 I/O 和 CPU 损耗，而 Spark 是基于内存计算的框架，其利用 MLlib 开发的执行方式计算速度更快、延迟更小，能较好满足实时性的要求。由于 Spark 受到广泛关注和认可，学术界和工业界一直在进行基于 Spark 的算法开发研究。

（4） GraphX

GraphX 是基于 Spark 的分布式图计算框架，提供了较为高效的图计算解决方案。GraphX 内置了 Connected Components、Strongly Connected Components、PageRank 等常用分布式图分析算法。3.3.3 节将进一步详细介绍该框架。

Spark 具有极佳的性能，在许多应用场景中具有独特的优势，但仍有值得探索的方向。其计算流程中的主要瓶颈来源于 Shuffle 过程。Shuffle 过程发生在 Map 和 Reduce 过程之间，简单来说，就是将分布在集群中多个计算节点上的相同 key 值的数据拉取到同一个计算节点上，进行聚合等操作。这个过程可能会发生大量的磁盘读写操作以及数据的网络传输操作，进而限制任务在端到端流程中的性能。

3.1.3 Flink

流数据（Stream）存在于大量的应用中，例如，信用卡交易、传感器测量、机器日志、网站或移动应用程序上的用户交互记录，所有这些数据都可以建模为流数据。流数据在处理时可分为有界流或无界流。如图 3.6 所示，无界流是指那些定义了开始时刻但没有定义结束时刻的数据流，它们会长期产生数据。当无界流的数据被捕捉到时，需要立即处理。而有界流是指那些既定义了开始时刻也定义了结束时刻或条件的数据流，它们可以不按顺序进行读取，也可以在读取结束后进行处理。

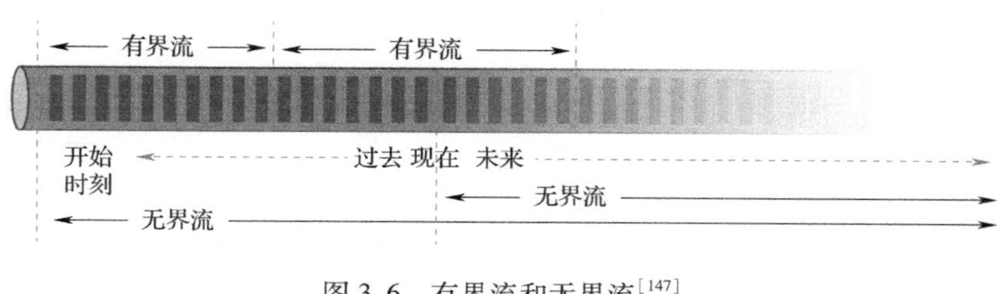

图 3.6　有界流和无界流[147]

Flink 是 2008 年柏林理工大学提出的分布式大数据处理平台，于 2014 年成为 Apache 顶级项目之一。Flink 采用以流数据处理为核心的机制，适用于低时延的数据处理场景。

Flink 的核心是流数据，与 Spark 中以 RDD 为核心的批数据不同的是，流数据代表实时数据流而不是静态数据的集合。随着时间的推移，流数据包含的数据会发生改变，而且流数据上的转换操作是逐条进行的，每当有新的数据输入，整个流程都将执行。Flink 的流处理机制与 Spark Streaming 的流处理机制具有本质不同。从数据处理的角度来讲，Spark 以 RDD 为核心的数据处理方式本质是基于微批量的处理，相当于把流数据看成一个个小的批数据块分别处理，处理时间上依旧有不可忽视的延迟问题。而 Flink 基于每个事件处理，当有新的数据流入时就会立即处理，不仅处理速度得到了极大提升，也突破了对无界数据流处理的局限性。

Flink 程序由一系列转换操作构成，转换操作可用于实现对流数据的转换、计算、分析等操作。当一个 Flink 程序被执行的时候，它会被映射为 Streaming Dataflow。一个 Streaming Dataflow 由一组流数据和转换操作符（Transformation Operator）组成，它类似于一个 DAG，在启动的时候从一个或多个 Source Operator（通常是数据读取操作）开始，结束于一个或多个 Sink Operator（通常是数据输出操作）。Flink 支持有状态的计算，状态可记录中间计算的结果或缓存的数据，并被暂存在内存中，如图 3.7 所示。在运行一些依赖于前序或者后序事件的程序时，Flink 会通过访问内存中的本地状态进行所有计算，这种机制只会产生非常低的处理延迟。为了保证故障场景下的状态一致性，Flink 会定期、异步地对本地状态进行持久化存储。

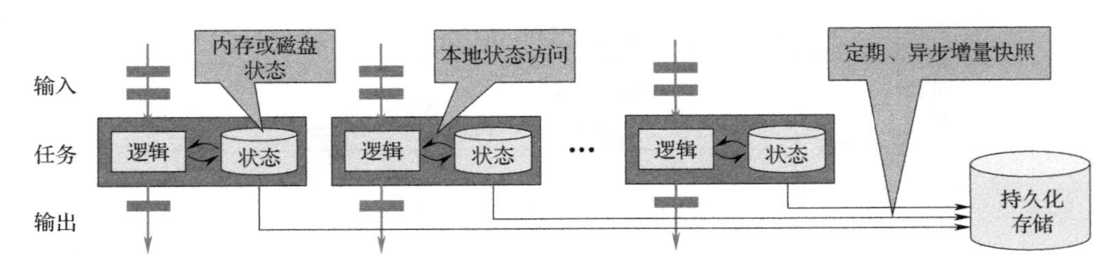

图 3.7　Flink 的状态化流处理[147]

Flink 应用十分广泛，提供了支撑流计算和批计算的接口，同时在此基础上抽象出不同应用类型的组件库，包括基于流处理的复杂事件处理库 CEP、基于批处理的机器学习库 FlinkML 和图处理库 Gelly 等。

（1）CEP

CEP 采用一种基于动态环境中事件流的分析技术，即通过分析事件间的关系，利用过滤、关联、聚合等技术，根据事件间的时序、聚合等关系制定检测规则，持续从事件流中查询出符合要求的事件序列，最终分析得到更复杂的复合事件。

CEP 内部是用非确定有限自动机（NFA）来实现的。CEP 所定义的匹配规则可以看作“模式”，而模式匹配的规则就是 NFA 状态转换的过程，因此 CEP 的实现过程本质上是在流上进行模式匹配。

（2）FlinkML

FlinkML 是 Flink 内部的机器学习工具库，是 Flink 生态圈的新组件。FlinkML 的目标是提供可扩展的机器学习算法，它提供良好的 API 和工具使构建端到端机器学习系统的工作量最小化。它目前已支持 SVM（支持向量机）、KNN（K 近邻算法）、ALS（交替最小二乘）等常用算法，其中包含的算法正在不断丰富和完善。

（3）Gelly

Gelly 利用 Flink 的高效迭代运算符来支持大规模图数据的迭代处理，用户可以使用批处理 API 提供的高级函数转换和修改图数据。Gelly 工具提供了创建、转换和修改图数据的方法以及图计算算法，提供了 Vertex-Centric、Scatter-Gather 以及 Gather-Sum-Apply 等计算模型。Gelly 起步较晚，目前算法和功能都不全面，但是 Flink 特有的流计算处理机制在图计算领域具有独特的优势，因此 Gelly 依旧有发展潜力。

Flink 具有很大的发展潜力，在近些年产生了诸多应用，但仍有许多可以完善的空间，在应用时也有着自己的局限性。例如，相较 MapReduce 而言，Flink 需要进行复杂的优化才可适用于超大数据量规模的计算。

3.1.4 小结

随着计算和通信技术的发展，大数据平台朝着更便捷、更高效的方向演进，并不断扩展着应用场景。Hadoop、Spark、Flink 是当前业界使用最为广泛的大数据平台，它们分别在各自的优势场景中发挥着举足轻重的作用。

1）Hadoop：工业级大数据离线计算平台，支持的集群规模可达上万台。HDFS 凭借其高可靠、高容错、易扩展等特性已然成为工业级分布式存储方案的首选。MapReduce 计算模型是对分治处理的高度抽象，在离线和大规模数据分析场景下表现优异。YARN 作为 Hadoop 的资源管理器，内置了多种资源调度算法，现已成为多个大数据平台内置的资源管理模式，例如 Spark On YARN、Flink On YARN 等。Hadoop 生态圈发展十分迅猛，在互联网大数据领域占据着相当大的比例。

2）Spark：工业级大数据处理分析引擎，可兼容 Hadoop 生态及其他开源的存储系统与资源管理器。RDD 作为核心的分布式内存抽象，支持 Spark 在内存中对数据集的快速迭代，从而大幅提高大规模数据分析的执行速度。DataFrame 能够从多种数据源构建出分布式数据集，内含的 Schema 信息可满足处理大量结构化数据分析的需求。此外，Spark 提供的组件库（Spark Streaming、Spark MLlib、Spark GraphX 等）包含大数据领域常见的各种计算框架，适用于不同的应用场景。目前 Spark 被许多顶级公司深度部署和使用。

3）Flink：同时支持高吞吐、低延迟、高性能的经典分布式流处理框架。Flink 的核心功能是在数据流上进行数据分发、通信、带容错的分布式计算。以数据流作为基本数据模型，省去了周期性数据导入和查询的过程，使得数据处理更具有时效性，保证了低延迟。目前 Flink 在优化流式计算的同时也在朝着批流一体的方向持续演进，已逐步成为业内流处理领域首选框架。

3.2 分布式图计算框架核心技术

由于图数据的特殊特性，业界涌现出大量的分布式图计算框架以尝试解决分布式图计算所面临的并行难、计算复杂度高、通信量大等问题。本节将介绍分布式图计算框架的核心技术，包括编程模型、通信模型、执行模型、计算模型和图划分等。

3.2.1 编程模型

如图 3.8 所示，按照计算单元的不同，分布式图计算框架编程模型可分为以顶点为中心的编程模型、以边为中心的编程模型、以路径为中心的编程模型和以子图为中心的编程模型。

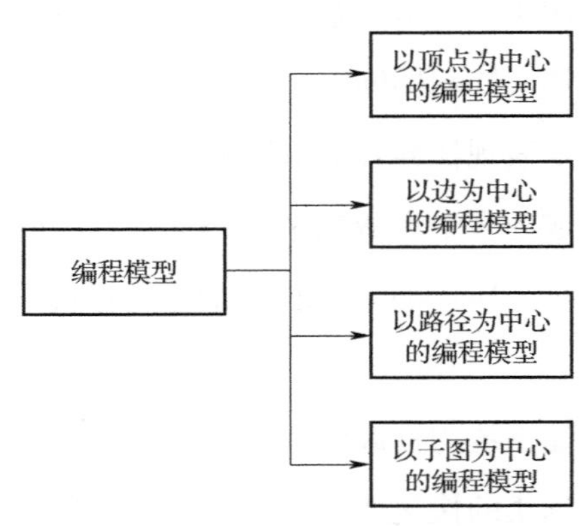

图 3.8　分布式图计算框架编程模型分类

（1）以顶点为中心的编程模型

在以顶点为中心的编程模型中，用户在编写分布式图分析程序时所有的计算与操作围绕顶点展开，我们需要定义顶点级别的计算函数并围绕顶点设计图分析算法。2010 年 Google 提出的 Pregel 框架即采用了以顶点为中心的编程思想，解决了 MapReduce 编程模型在分布式图分析计算时通信开销大、并行性受限、难以迭代等问题。在以顶点为中心的编程抽象中，图计算中所有的计算将被转换为顶点上的迭代计算，其主要过程为：a）顶点通过其入边和出边获取信息；b）利用自定义的函数，更新顶点自身属性；c）将更新过的值通过其邻边发送出去。

以顶点为中心的编程模型可以使分布式图分析算法编程更加直观且容易，主要缺点在于虽然有顶点级别的并行性，但在这种并行程度上的通信开销可能会超过收益，另外没有考虑磁盘上的图分区和数据布局，可能会导致大量的 I/O 开销影响运行时性能。

（2）以边为中心的编程模型

以边为中心的模型将图数据以边列表以及源顶点列表的形式维护，边是计算和图划分的主要单元。2013 年，洛桑联邦理工学院的 X-stream[148] 提出以边为中心的计算模型。在每一次迭代中，以边为中心的模型将图算法转换为以下操作：a）先在边上执行计算；b）输出更新信息到目的顶点列表；c）将目的顶点重排序；d）目的顶点读取更新信息更新顶点值。以边为中心的计算模型通过在边列表上顺序执行，规避了以顶点为中心的模型在处理大规模图数据时对内存资源要求过高的限制。另外，以边为中心的编程模型在每次更新中，更新的消息数小于顶点数，解决了以顶点为中心的编程模型在图中边数量远大于顶点数量时通信开销过大的问题。

（3）以路径为中心的编程模型

前文介绍的以顶点为中心和以边为中心的编程模型均是以单一的顶点或边为粒度进行计算的，在实际的图分析计算任务中存在大量的图遍历操作，即在顶点-边-顶点上进行迭代计算。2016 年，华中科技大学提出了更加接近于真实图分析算法逻辑的以路径为中心的编程模型，并将其应用在 PathGraph[149] 图计算框架上。以路径为中心的计算模型根据图数据的关联关系，采用树型结构对图进行抽象，每个分区包括两棵前向和后向遍历树。以路径为中心的计算模型对每棵遍历树分区后并行地进行迭代计算，并通过检查边界顶点来合并分区。每次迭代运算，在前向遍历树中父顶点更新出边以及子顶点的信息，然后在后向遍历树中进行信息收集，即父顶点收集子顶点以及入边信息。

（4）以子图为中心的编程模型

以顶点、边或路径为中心的计算模型在每次迭代时只能将更新的结果向它的邻居进行传播，一般图分析任务需要多次迭代才能完成，大量的消息需要更新，使得全局消息同步通信开销过大。2013 年，IBM 阿尔马登研究团队在图计算框架 Giraph++[13] 中采用了以子图为中心的编程模型。以子图为中心的编程模型将图计算任务转换为多个子图上的迭代超步运算，其计算单元是比顶点或边粒度更粗的顶点或边的集合。它将整个图划分为多个分区，并将这些分区分配给正在处理的计算机。在完成图划分后，子图并行地执行用户定义的操作，对于不同分区的相同顶点进行信息更新。分区内的通信是通过直接内存访问实现的，可更好地解决上述模型通信开销大的问题。另外，它受益于计算中的本地异步特性，同一分区中的顶点在同一迭代中可以尽可能地执行后续计算。

3.2.2 通信模型

如图 3.9 所示，分布式图计算框架使用不同的方法在顶点、边和分区之间进行通信。按照通信方式的不同，可以将通信模型分为消息传递模型、分布式共享内存模型以及 Push/Pull 模型。

（1）消息传递模型

在消息传递模型中，通信是通过显式地从图中的一个实体发送消息到另一个实体来实现的[150]。不同计算机中实体的状态保持在本地，通过消息传递的方式更新其他计算机上实体的状态。实体可以是图中的顶点、边或子图。例如，顶点根据接

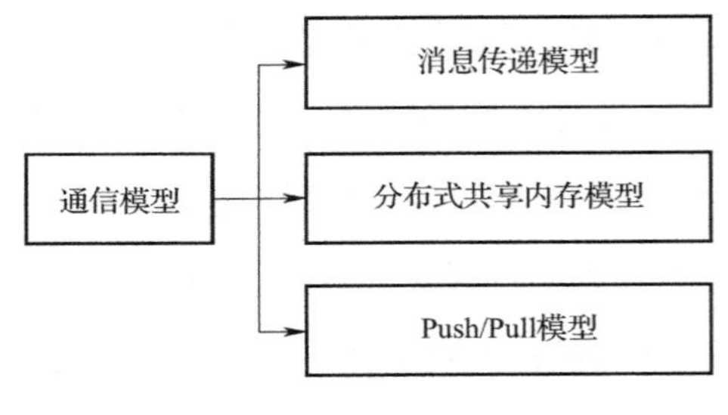

图 3.9　分布式图计算框架通信模型分类

收到的消息更新自身的状态，并发送新的消息将修改后的状态传递给一个或多个邻居。消息传递模型如图 3.10 所示。

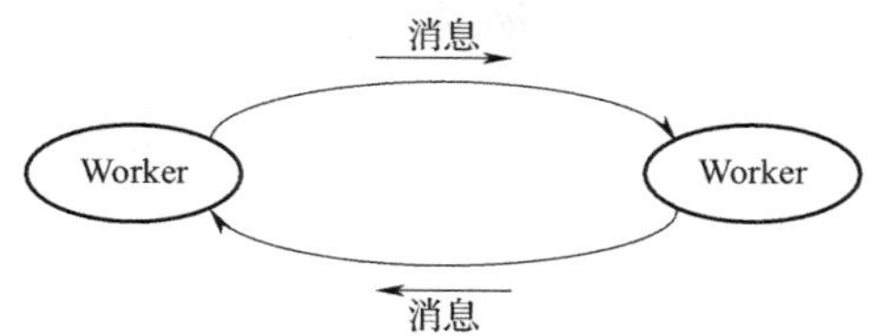

图 3.10　分布式图计算框架消息传递模型示意

（2）分布式共享内存模型

在 GraphLab[86] 以及 PowerGraph[17] 中使用了共享内存机制的通信模型实现计算单元之间的同步。具体的方法为，在图数据不同分区中使用虚顶点的策略。图中每一个顶点只有一个归属的图分区，在其他分区上保留镜像的副本，当访问位于不同分区的同一顶点时，实际访问的是同一地址空间。在共享内存中需要注意并发访问的数据一致性问题。其解决方法一般为通过分布式的写锁来保持数据的一致性。另外，共享内存的方法只适用于边划分的分布式图计算框架，不能用于顶点划分的分布式图计算框架，因为顶点划分中不存在虚顶点的概念。共享内存模型如图 3.11 所示，其中 Worker1 中主顶点 V_3 和 Worker2 中镜像顶点 V_3 逻辑指向同一地址空间，位于主顶点所在的 Worker1 当中。

（3）Push/Pull 模型

根据信息流动的方向，可将分布式图计算框架中的通信方式分为 Push（推动）模式和 Pull（拉动）模式。Push 模式中计算顶点通过出边向邻居顶点传递信息，Pull 模式中所有顶点从邻接顶点拉取消息。Push 模式通过选择性调度，可以跳过那些不需要更新的邻居，但需要通过锁或者原子操作保证数据的并发一致性。Pull 模式数据的修改没有竞争但需要查询所有入边的消息。Push/Pull 模型如图 3.12 所示。

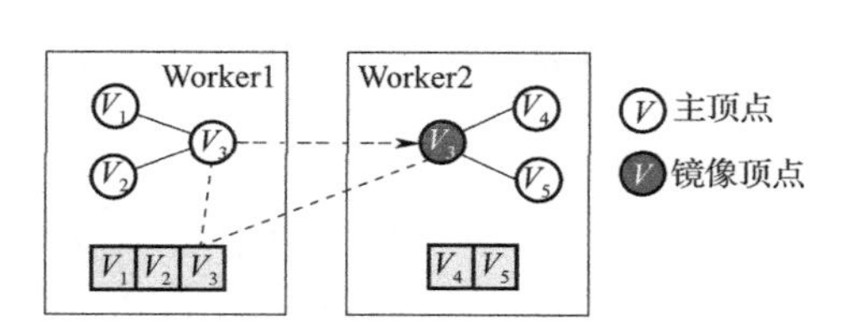

图 3.11　分布式图计算框架共享内存模型示意

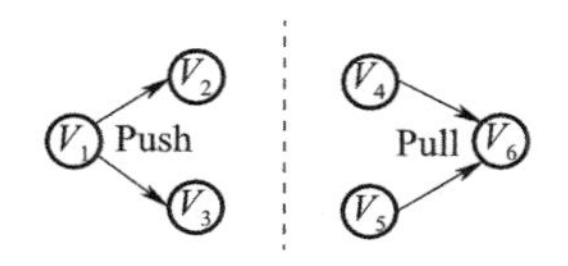

图 3.12　分布式图计算框架 Push/Pull 模型示意

3.2.3 执行模型

分布式图计算框架的执行模型主要分为同步模型、异步模型及混合模型。图 3.13 对现有分布式图计算框架中的各种执行模型进行了分类。

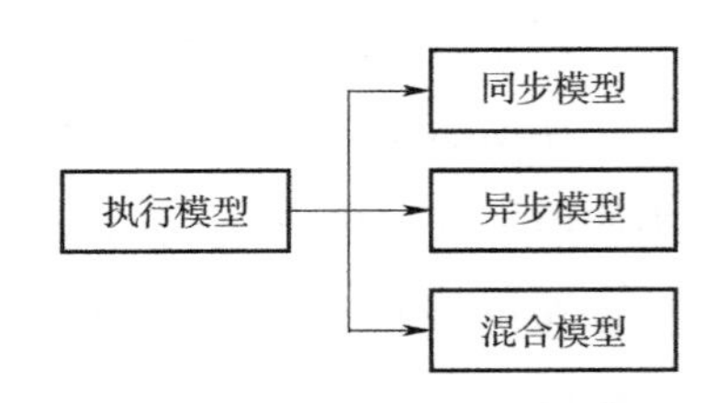

图 3.13　分布式图计算框架执行模型分类

（1）同步模型

分布式图分析算法运行时，图数据通过数据分区分布在不同节点中，若算法需要多个计算过程才能完成计算，则多个计算过程之间需要进行信息同步才能保证同一顶点在不同分区上的状态的一致性及正确性。同步模型即在两次计算或迭代过程之间利用同步屏障进行全局信息同步，如图 3.14 所示，下一次计算需在全局信息同步完成后开始执行。采用同步模型的分布式计算框架有 Pregel[11] 和 GraphX[20] 等。同步模型的优点在于编程简单，不需要考虑分布式竞争以及死锁的情况。另外，每次同步能提供当前计算的实时状态，也更容易进行断点错误恢复。同步模型的缺点在于，当遇到负载不均衡的计算任务时，消息同步阶段必须等待每次迭代中最慢的计算机完成计算任务，因此会产生额外的同步时间开销。

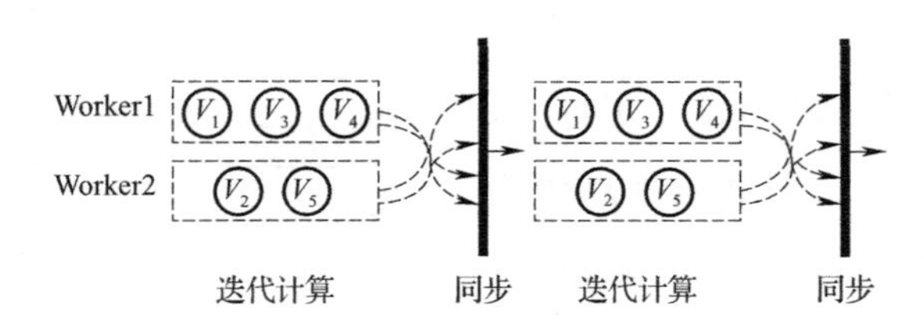

图 3.14　分布式图计算框架同步模型的执行流程

（2）异步模型

异步模型中顶点之间消息的传递是异步的，即顶点在接收到信息并更新后可继续执行下一步计算，无须等待所有顶点同步完成。采用异步模型的分布式计算框架有 GiraphX[151] 和 GraphChi[25]。异步模型适用于负载不均衡、通信量小的计算任务。因此当不同分区之间工作负载严重不平衡，几乎没有通信可以从批量操作中受益时，异步模型是首选模型。异步模型可以使用动态调度实现优先计算，提前执行更多的计算单元，以获得更好的性能。异步模型中不规律的通信间隔、响应时间以及复杂的调度问题使得编码调试和部署代价更高。

（3）混合模型

混合模型是同步模型和异步模型结合的方法，或者将同步模型、异步模型与新的附加解决方案结合起来的方法。混合模型结合了同步模型和异步模型的相对优势，克服了现有系统的缺点，提高了系统的性能。

3.2.4 计算模型

图计算模型与传统计算模型的不同点在于图数据各部件之间依赖性强，在分布式图计算中同步等待和通信开销大。针对复杂图数据并行计算的问题，图计算框架通过设计支持频繁迭代、通信开销小、计算粒度细的图计算模型来提高图计算的性能。如图 3.15 所示，目前常用的计算模型为 BSP（Bulk Synchronous Paralle lism）模型以及 GAS（Gather-Apply-Scatter）模型。

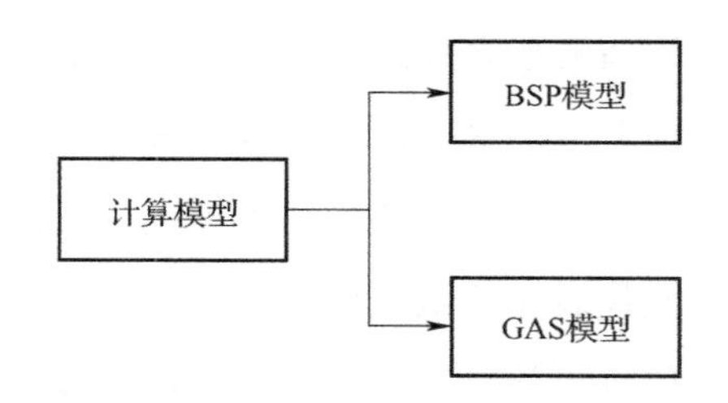

图 3.15　分布式图计算框架计算模型分类

（1）BSP 模型

BSP 模型将分布式图分析算法转换为一系列的超步，每一次超步会读取上一次超步产生的消息并产生新的消息，然后传递给下一次超步。

如图 3.16 所示，一次超步可分为 3 个阶段。a）本地计算（Local Computation）阶段，每个处理器针对本地内存中存储的数据进行运算，每个顶点接收入边所有邻居顶点上一次超步产生的信息，并根据收到的信息计算当前顶点的值。b）通信（Communication）阶段，对本地数据进行通信交换，向所有出边邻居发送更新消息。c）同步（Barrier Synchronisation）阶段，等待所有通信行为的结束。

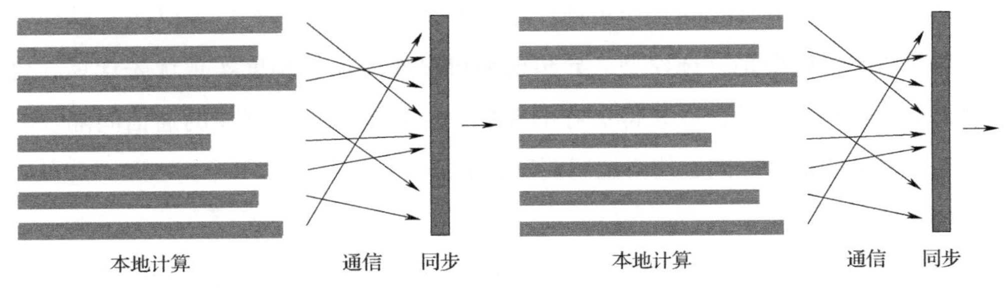

图 3.16 BSP 模型中超步的执行阶段

BSP 模型有如下几个特点。a）将整体计算划分为超步的迭代，可以避免读写冲突引起的死锁。b）将计算任务和通信任务分离。c）采用屏障同步的方式，通过硬件实现全局同步。

图 3.17 所示为基于 BSP 模型计算图中与顶点连通的最大顶点示例。其中每个顶点上的值代表当前获取的最大值，实线代表图之间的连接边，虚线代表消息的传递，白色顶点代表活跃顶点，灰色顶点代表非活跃顶点。每一次超步顶点将基于其邻居信息更新自身标签，并通过同步屏障将自身属性同步至不同分区中的副本。在第一次超步中，顶点 6 的一跳邻居顶点收到了最大值，同理第二次超步迭代，顶点 6 的二跳邻居完成了更新，直到所有顶点完成更新，算法停止，算法总共迭代的次数等于最大值顶点与其他所有顶点距离的最大值。

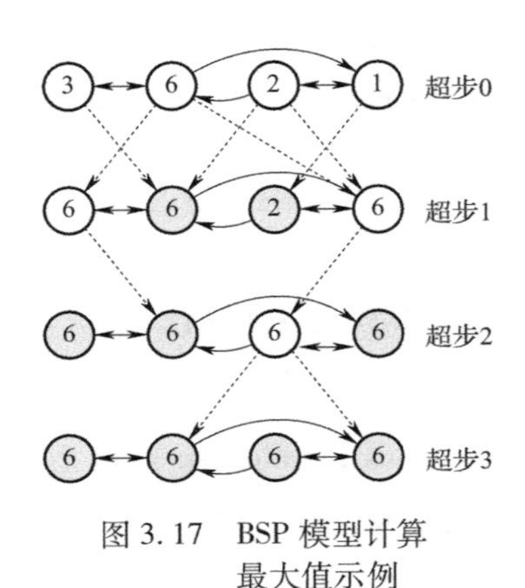

图 3.17 BSP 模型计算最大值示例

（2）GAS 模型

GAS 是 PowerGraph[17] 引入的以顶点为中心的分布式计算模型。GAS 沿用了超步的概念，每一次超步迭代分为 3 个阶段。a）信息收集（Gather）阶段，顶点通过边从邻接顶点和自身收集数据，执行用户定义的汇总函数将消息汇总到主顶点。b）应用（Apply）阶段，主顶点汇总所有镜像顶点的数据并结合上一步的顶点数据进行计算，更新主顶点的顶点数据，并同步给镜像顶点。c）分发（Scatter）阶段，主顶点和镜像顶点各自更新邻接边和邻接顶点的状态。GAS 通过将高度数的顶点划分为主顶点和镜像顶点实现了顶点内的并行性，即一个顶点内部的信息收集和分发并行执行，降低了同步开销，提升了计算的并行性。GAS 模型计算流程如图 3.18 所示。

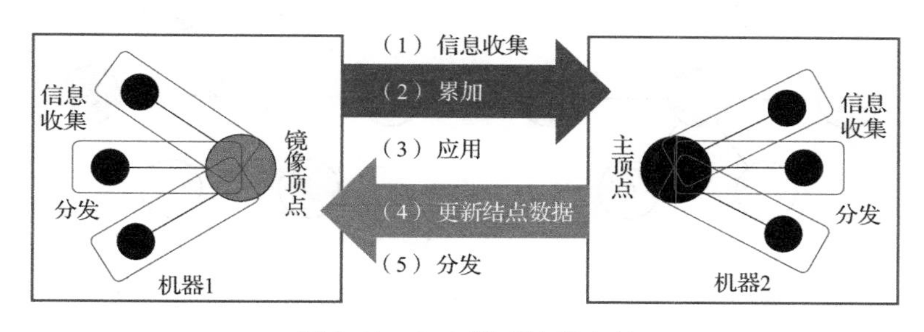

图 3.18　GAS 模型计算流程

3.2.5　图划分

在分布式图计算框架中，图划分是必不可少的阶段。图划分是一种将图数据划分为具有特定属性的若干子图的方法[152]。在理想的图划分当中，不同分区的工作负载基本相同，不同分区之间的通信量最小。最优的图划分是一个 NP 完全问题[152]。常见图划分的分类如图 3.19 所示。基于作用范围不同可分为静态图划分与动态图划分，基于分割方式不同可分为点划分和边划分，基于数据类型不同可分为流式图划分与批量图划分。本小节将对各种图划分算法的基本原理以及对应的优缺点进行详细介绍。

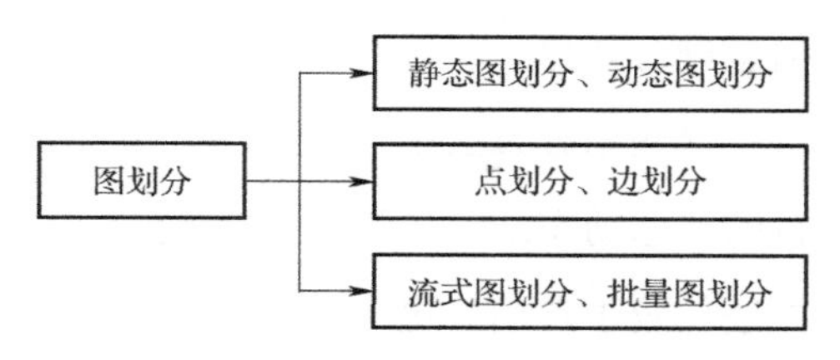

图 3.19　分布式图计算框架图划分分类

静态图划分假设图数据本身以及图计算的环境在计算过程中保持不变[153]，因此系统可以预测不同分区之间 I/O 带宽、延迟等，通过一次性静态图划分的方法实现负载均衡。动态图划分假设算法的运行时行为和处理环境是可变的，根据系统和算法在给定时间点的行为重新划分图的当前状态，并将其分配给可用的计算单元重新实现分区之间的负载均衡。

点划分通过切割边将图中的点均匀地划分给不同分区，保证不同分区之间的边最少。边划分通过切割顶点将图中的边均匀地分配给不同分区，保证不同分区之间顶点的副本最小。点划分与边划分如图 3. 20 所示。

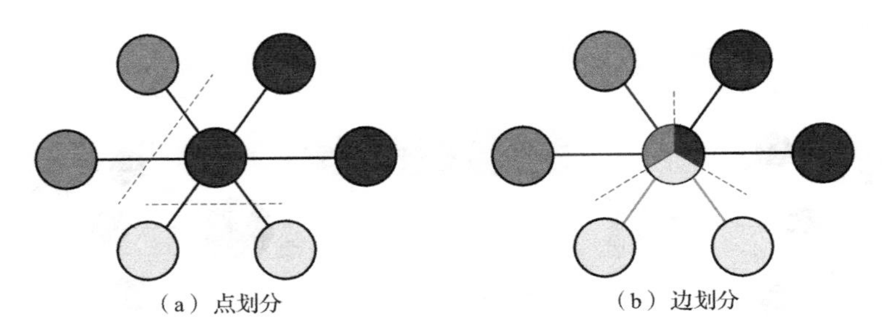

图 3. 20　点划分与边划分

流式图划分是指通过顺序读取图数据，将顺序进入系统中的点或边通过哈希等方法映射到不同的图分区中。批量图划分是一次性读取全部图数据，基于全局信息进行划分。

这些划分方法中，动态图划分相较于静态图划分的优势是，可以根据算法执行的状态动态地对图进行二次划分，但也引入了重新划分的时间开销。边划分的方法相较于点划分更有利于实现系统的负载均衡，可以很好地平衡各个分区的边数量，更加适用于现实世界中具有幂律分布的图数据。流式图划分不需要存储完整图数据即可进行划分，因而具有时间复杂度低、可以处理流式数据等优势，但是由于缺乏完整图数据，图划分的效果略差。

3. 3 经典分布式图计算框架

本节将首先根据分布式图计算框架中编程模型、通信模型、执行模型及计算模型核心组件的不同，对目前流行的分布式图计算框架进行分类，如表 3. 2 所示。

其中，编程模型包含以顶点为中心（V）、以边为中心（E）、以图为中心（C）的模型，通信模型包含消息传递（MP）模型、分布式共享内存（DSM）模型和Push/Pull模型，执行模型包含同步模型、异步模型及混合模型，计算模型包含BSP模型以及GAS模型。然后将选择4个具有代表性的分布式图计算框架——Pregel、GraphLab、GraphX和Gemini进行详细阐述。

表3.2　常见的分布式图计算框架分类

分布式图计算框架	编程模型			通信模型			执行模型			计算模型		硬件支持		
	V	E	C	MP	DSM	Push/Pull	同步	异步	混合	BSP	GAS	CPU	GPU	FPGA
Pregel	√			√			√			√		√		
Giraph	√			√			√			√		√		
Distributed GraphLab	√				√				√		√	√		
PowerGraph		√			√				√		√	√		
Giraph++			√	√	√				√		√	√		
GiraphX	√				√			√		√		√		
GraphX		√				√	√				√	√		
Chaos		√		√			√				√	√		
Lux		√				√	√				√		√	
GraVF	√			√			√				√			√

3.3.1　Pregel

Pregel[11] 是由Google提出的以顶点为中心（V）的大规模可扩展图计算框架，采用BSP的计算模型。Pregel将每一轮迭代定义为在单个顶点上的计算过程，用户通过自己设定的顶点程序完成计算。如图3.21所示，Pregel对所有顶点维持活跃和非活跃两种状态，只有活跃顶点需要在每轮迭代中进行计算。Pregel使用消息传递（MP）的通信模型在顶点之间通信：用户可以在顶点程序中让一个顶点向其他顶点（通常是邻居）发送消息，顶点可以根据收到的消息更新自己的状态并进行相应的计算。

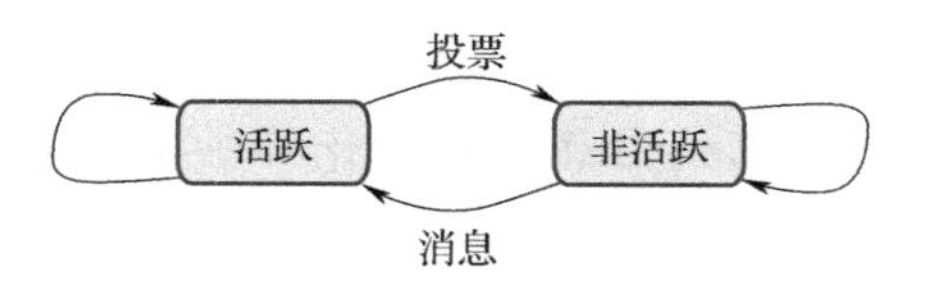

图3.21　Pregel顶点计算状态机制

Pregel 首先对图数据进行输入初始化，在输入处理完毕后，Pregel 进行多次超步迭代直到整个计算结束并输出结果。在每一次超步迭代中，顶点并行执行用户定义的 compute 函数，每一次超步执行将从前序超步结果中接收消息，并修改顶点自身的属性信息或相关边的状态信息，进而产生新的消息传递给后续超步。Pregel 的计算机制如图 3.21 所示，有的顶点初始化为活跃状态，活跃状态的顶点会在之后的某一次超步迭代中被计算，计算完成后，该顶点通过设置自身状态使得自身进入非活跃状态，非活跃的顶点可以通过其他超步传送的消息重新激活。在所有活跃顶点执行完 compute 函数之后，当前迭代结束并进入下一次迭代。如果系统中所有点都处于非活跃状态且没有任何新的消息，算法结束。

Pregel 采用主从架构，运行一个 Master 进程和几个 Slave 进程。每个 Slave 根据所采用的分区策略将输入图的不同分区发送到相对应的计算机。运行阶段，Master 会等待所有机器完成当前的超步，所有计算机完成计算后进行消息同步，同步之后 Master 允许 Slave 开始下一超步的迭代。Pregel 中所有计算机通过检查点以精确的间隔持续存储实现容错，一旦 Slave 停止响应，Master 将选择另一台计算机从最新检查点开始执行。

3.3.2 GraphLab

GraphLab 是卡耐基梅隆大学推出的图计算框架，主要用于数据挖掘和图分析任务。GraphLab 更关注高效的锁和内存并行访问，而不是消息传递和机器间的数据同步问题。GraphLab 中图计算模块共有 3 个版本，分别为单机版本 GraphLab、分布式版本 GraphLab（Distributed GraphLab）和 PowerGraph。以下介绍的 GraphLab 为集成了 PowerGraph 的最新版本。

GraphLab 通过优化 C++执行引擎，在大量多线程操作和同步 I/O 操作之间达到了很好的平衡，并且内置对 HDFS 的支持，能够直接从 HDFS 中读取数据或者将计算结果写入 HDFS 中。另外，GraphLab 实现了大量开箱即用的算法，包括：1）主题建模（Topic Modeling），包含 LDA 算法，可以用来集聚文档并提取主题表示；2）图分析（Graph Analytics），包含 PageRank 和三角形计数等算法；3）聚类（Clustering），包含常用的聚类算法，如 k-means 算法；4）协同过滤（Collaborative Filtering），包含一组算法，用于对用户兴趣进行预测和大矩阵分解；5）概率图模型（Graphical Model），包含对相关随机变量集合进行联合预测的算法；6）计算机视觉（Computer Vision），包含一组用于图像推理的算法[154]。GraphLab 的整体框架如图 3. 22 所示。

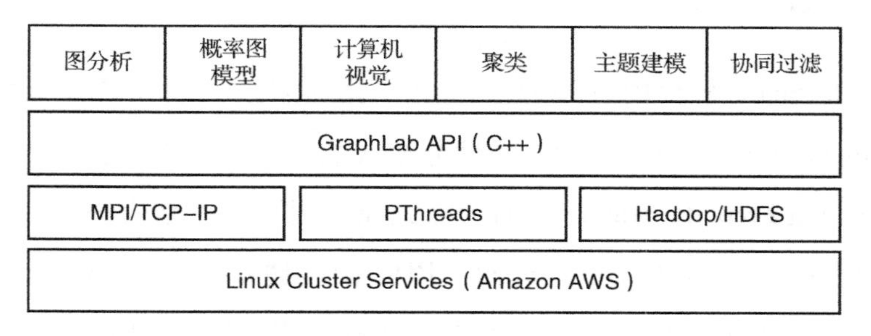

图 3. 22　GraphLab 整体架构

GraphLab 采用以边为中心的编程模型，基于 GAS 计算模型进行计算与信息同步，从而消除了以顶点为中心编程模型的顶点度依赖，减小了图数据幂律分布带来的影响。GraphLab 使用边划分的方式划分图数据。某个被切割的顶点，会被部署到多台机器上。而一条边，则会唯一分布在某一台机器上。边划分只对边界的顶点进行多份存储，解决了边数据量大造成的负载不均衡问题。GraphLab 中一台机器上的顶点会作为主顶点，其余机器上的顶点会作为镜像顶点。主顶点会管理所有的镜像顶点，向所有的镜像顶点分发具体的计算任务。镜像顶点会定期与主顶点进行数据同步，作为主顶点的代理在不同机器上进行计算。

GraphLab 中使用一个全局的调度器，各个机器从该调度器获取活跃的顶点进行计算，正在计算的顶点可以将其邻居加入调度器中。当调度器中没有活跃顶点时算法终止。这种全局调度器使 GraphLab 可以同时支持同步和异步的执行模式，在同步执行中每一次迭代都需要等待上次迭代中的计算任务全部完成，异步执行能够马上感知点或边的更新从而执行下一次迭代运算。异步计算中，GraphLab 还允许用户通过选择完全一致（fully consistent）、顶点一致（vertex consistent）或边一致（edge consistent）模型来定义并行执行。GraphLab 中每台机器上的所有顶点和边构成一个本地子图，并且维持一份本地图顶点 id 到全局图顶点 id 的映射。在并行计算中，所有线程共享一个进程上的顶点，分摊进程中所有顶点的信息收集、应用和分发操作。

3.3.3 GraphX

GraphX 是 Spark 平台内置的分布式图计算框架。GraphX 通过继承 Spark 中 RDD（Resilient Distributed Dataset，弹性分布式数据集）数据结构引入 RDG（Resilient Distributed Property Graph，弹性分布式属性图）数据结构——一种点和边都带有属性的有向多重图（Multi-Graph）。RDG 同时拥有 Table 和 Graph 两种视图，两种视图共享一份物理存储却包含自己独有的操作符，因此 RDG 数据结构拥有灵活的操作和较高的执行效率。和 RDD 一样，RDG 是不可变的、分布式的、容错的。图的属性值或者结构的改变需要通过生成一个新图来实现。原始图中不受影响的部分都可以在新图中重用，用来减少存储的成本。

GraphX 使用的是点分割方式存储图，GraphX 中点分割存储实现如图 3.23 所示，用 3 个 RDD 存储图数据信息：VertexRDD（id，data），其中 id 为顶点标识，data 为顶点属性；EdgeRDD(pid，src，dst，data)，其中 pid 为分区标识，src 为源顶点 id，dst 为目的顶点 id，data 为边属性；RoutingRDD(id，pid)。GraphX 中提供了大量基本算子，例如 join、map 和 group-by 等，可以让用户以较低的开发成本完成绝大多数图计算任务。

GraphX 的整体架构如图 3.24 所示，可以分为 4 个部分。1）底部为 Spark，GraphX 通过引入弹性分布式属性图扩展了 Spark RDD。2）GraphX 图数据存储和图分析原语层：图数据存储中含有 VertexRDD、EdgeRDD 和 RDD［EdgeTriplet］等数据抽象。图分析原语中 Graph 类是图计算的核心类，GraphOps 类包含一系列操作符，GraphImpl 是 Graph 类的子类，实现了图操作。3）Pregel 接口层：在图数据存储和分析原语的基础之上实现 Pregel 计算接口。4）算法层：基于 Pregel 接口和图分析原语实现了常用的图算法，包含 PageRank、SVDPlus、Triangle Count、Connected Components、Strongly Connected Components 等。

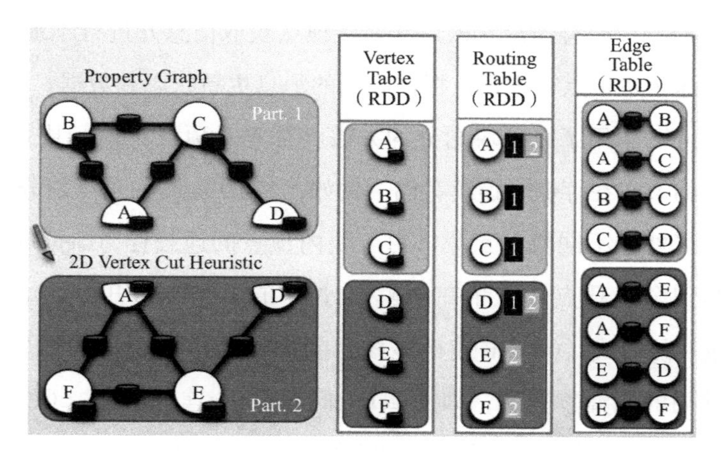

图 3.23　GraphX 点分割划分实现

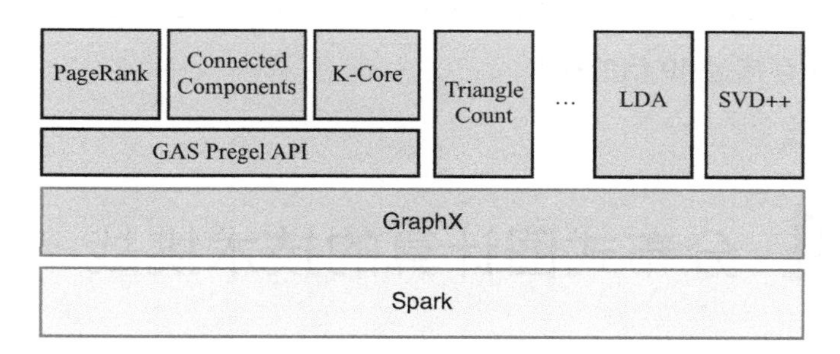

图 3.24　GraphX 整体架构

3.3.4　Gemini

Gemini[18] 是由清华大学提出的以计算为核心优化目标的分布式图计算框架。Gemini 在单机内存图计算框架和分布式内存图计算框架之间寻求平衡，减小分布式通信开销并优化本地计算。它的贡献之一是将 Push/Pull 模型从单机分布式内存拓展到分布式环境中。在 Gemini 中，将计算而非通信作为主要关注点，避免分布式带来的开销。Gemini 中 Push 和 Pull 两种模式下的计算过程可细分成发送端和接收端两个部分，从而将分布式系统的通信从计算中剥离出来。Gemini 将顶点分为主顶点和镜像顶点。使用 Push 模式时，每个主顶点先向所有镜像顶点广播传递需要的消息，各个镜像顶点在接收到消息后，沿着出边更新邻接顶点的状态和数据；使用 Pull 模式时，所有镜像沿着入边从邻接顶点获取信息并进行本地的局部计算，然后将消息发送至主顶点，主顶点根据收到的消息更新状态和数据。

另外，Gemini 采用了一种块划分的方法。首先对顶点集进行块划分，块划分要求每个块内的节点在存储时连续存储。例如，将 ID 连续的顶点划分到一个块中。不同的机器负责处理不同块的点集。由于块内顶点的连续性，Gemini 不需要维护本地顶点编号到全局顶点的映射，能够减小分布式存储的开销。结合工作偷取（work stealing）的方式，Gemini 使得多核之间的负载尽可能地均衡。Gemini 目前集成了 5 个常用的图计算算法，即 PageRank（PR）、连通分量（CC）、单源最短路径（SSSP）、广度优先搜索（BFS）和介数中心度（BC）。性能方面，Gemini 运行于单机时的效率接近甚至超过现有最佳性能的单机系统，而在分布式条件下相较于 PowerLyra 有接近 40 倍的提升。

3.4 分布式图计算的技术挑战

随着互联网、通信等行业的蓬勃发展，图数据种类日益丰富，图数据规模飞速增长。在大数据时代背景下，面对海量的关系数据与极其复杂的图数据分析需求，要基于通用的分布式平台实现高价值的图分析任务，从而达成企业的商业价值，分布式图计算技术面临着诸多挑战。

1）并行难度高。图数据具有内部关联性强、耦合性高的特性，从数据拓扑结构上难以高效地实现数据并行。另外，分布式图分析算法自身逻辑复杂、算法复杂度高，需要用户有丰富的分布式算法设计与开发经验。因此，克服图数据本身的特性问题、提升分布式图分析算法的并行性极具挑战。

2）存储开销大。图数据具有数据规模大、类型复杂且局部性差的特性，而基于分布式计算进行图划分的点边冗余存储会导致内存膨胀。另外，图分析技术具有存算比高的特性，大量中间结果的存储和交互导致高额的内存占用和通信代价。因此，克服图数据和图分析技术本身的特性问题、降低分布式图分析算法的内存开销极具挑战。

3）负载均衡难。图分析技术具备访存数据规模大、迭代收敛周期长的特性，这导致图计算任务划分显著影响系统的性能。任务负载不均将引发性能的短板效应，造成计算资源因等待而浪费。因此，克服图技术本身的计算特性、实现分布式图分析系统的负载均衡极具挑战。

4）通信规模大。分布式图计算任务需要节点协同计算，而图数据的结构复杂特性导致分布式节点间高额的通信开销。因此，提高图计算任务的协同执行效率、有效降低各分布式计算节点间的通信开销极具挑战。

第4章 鲲鹏BoostKit图分析算法加速库

本章将会介绍鲲鹏芯片、鲲鹏应用使能套件 BoostKit 及图分析算法加速库，以帮助读者快速了解图分析算法加速库依赖的高性能软件生态，并借此设计企业级图分析应用解决方案。华为鲲鹏 BoostKit 图分析算法加速库根据鲲鹏芯片的特点对图分析算法进行了有针对性的性能优化，有效提升了数据应用场景下的计算性能。本章将重点介绍加速库的组成、特点及使用指南，不会详细阐述鲲鹏芯片的架构。关于鲲鹏芯片的详细资料，建议读者阅读《鲲鹏处理器：架构与编程》一书。关于鲲鹏 BoostKit 图分析算法加速库的详细安装与使用方法，请参考鲲鹏开发者社区相关文档：https://support.huawei.com/enterprise/zh/kunpeng-computing/kunpeng-boostkit-pid-253662285。

4.1 鲲鹏芯片

自 1991 年至今，华为已经开展自研芯片业务三十余年。在最初，华为设立了集成电路设计中心，为其交换机设备开发芯片，从此踏上自研芯片之路。到 2004 年华为以其集成电路设计中心为基础成立海思半导体公司，专门进行芯片的设计与研发，标志着华为的芯片事业进入新的阶段。经历三十余年辛苦耕耘，华为旗下已有众多系列芯片，麒麟芯片为手机 SoC 芯片、昇腾芯片为商用 AI 芯片、巴龙与天罡芯片分别用于基带、基站，打造 5G 布局，而鲲鹏芯片则是专为高性能分布式服务器所设计的芯片。随着万物互联时代数据量的爆发式增长，客户对 IT 基础架构的计算能力提出了更高的要求，为满足新算力的需求，华为针对鲲鹏系列芯片进行了一系列改进与优化。本节的主要内容围绕鲲鹏 920 芯片展开，介绍了鲲鹏芯片的发展历程、鲲鹏 920 芯片的架构及特性。

4.1.1 鲲鹏芯片的发展历程

鲲鹏系列芯片起源于十余年前华为开发的嵌入式 CPU Hi1380。在此基础上，华为分别于2014年和2016年推出了鲲鹏912、鲲鹏916两代14nm工艺的芯片，并于2019年推出了基于ARM架构、采用7nm工艺的鲲鹏920芯片（见图4.1）。围绕鲲鹏芯片发展出了一系列配套的基础软硬件设施、行业应用及服务，涵盖从底层硬件、基础软件到上层应用的全产业链条。底层硬件方面，围绕鲲鹏芯片，涵盖昇腾AI芯片、智能网卡芯片、基板管理控制器（BMC）芯片、固态硬盘（SSD）等部件以及个人计算机、服务器等整机产品。基础软件方面，涵盖操作系统、虚拟化软件、数据库、大数据平台、数据保护与云服务等基础软件及计算平台。上层应用方面，鲲鹏计算产业生态覆盖金融、电信、能源等各大行业的应用，为其提供全面、完整、一体化的信息化解决方案。

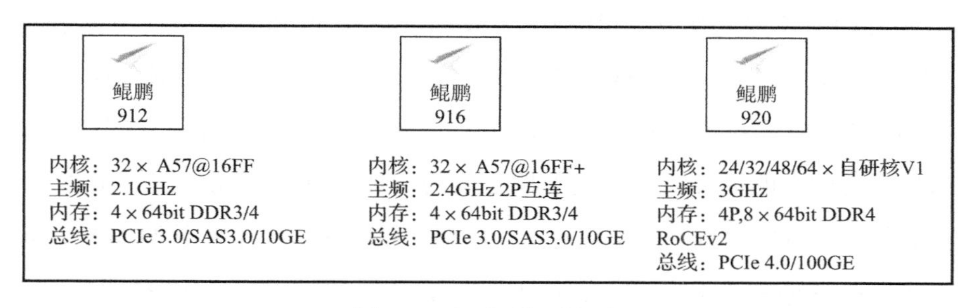

图4.1　各系列鲲鹏芯片

4.1.2　鲲鹏芯片的架构

与Intel、AMD的采用CISC（复杂指令集）的x86 CPU不同，鲲鹏920芯片基于ARM架构，是一种RISC（精简指令集）处理器。相比于x86封闭的、不对外开放的生态系统，ARM架构具有生态开放、指令精简、采用多核架构、能耗均衡等优点，目前移动终端的处理器90%以上采用ARM架构[155]。鲲鹏920芯片兼容64位的ARMv8.2指令集，并且实现了ARMv8.3、ARMv8.4、ARMv8.5指令集的部分特性。该芯片的指令执行过程采用5级流水线，将指令的执行拆分为取指令（fetch）、译码（decode）、执行（execute）、缓冲/数据（buffer/data）与写回（write-back）五个阶段。一般来说，CPU架构的流水线越多，处理过程越细，处理能力越强，可控制的情况也更多，表明该体系结构越强大。在此基础上，鲲鹏920芯片还内置了包括 SSL（安全套接字层）加速引擎、加解密加速引擎、压缩/解压缩加速引擎等在内的加速器，极大地提高了相关处理的执行效率。

与传统 CPU 相比，鲲鹏 920 芯片的集成度更高，除了包含 CPU 芯片，还将 RoCE 网卡、SAS 控制器、南桥等多个芯片功能合一，并支持多种数据加解密、压缩/解压缩机制，有效地提高了处理器的集成度。鲲鹏 920 内置了 16 个 SAS 3.0 控制器、2 个 SATA 3.0 控制器、2 个 RoCE v2 引擎、8 个或 4 个 DDR4 内存通道（内存带宽提升 60%）以及 PCIe 4.0（I/O 带宽提升 66%），支持 100GE 标准网络接口控制器（网络带宽提升 4 倍），使得其存储速度与网络访问速度更加适合分布式大数据环境下的计算。

传统的 CPU 多核心方案采用 SMP（Symmetric Multi-Processing，对称多处理）架构[156]，如图 4.2 所示。在 SMP 架构下，每个处理器地位平等，对内存的使用权限也相同，在操作系统的支持下，可以达到非常好的负载均衡，使整个系统的性能、吞吐量有较大的提升。但是随着核心数的增加，总线将成为性能瓶颈，制约系统的拓展性与性能提升。为了应对这一问题，鲲鹏 920 芯片采用 NUMA（Non-Uniform Memory Access，非统一内存访问）架构，很好地解决了 SMP 技术对 CPU 核心数拓展的限制。如图 4.3 所示，NUMA 架构将多个 CPU 核心结成一个节点，每个节点相当于一个对称多处理器，在一个 CPU 节点内部通过片上网络（On-Chip Network）通信，不同的 CPU 节点之间通过 Hydra 接口实现高带宽、低时延的片间通信，从而获得更强的多核心拓展能力与更灵活的计算能力。

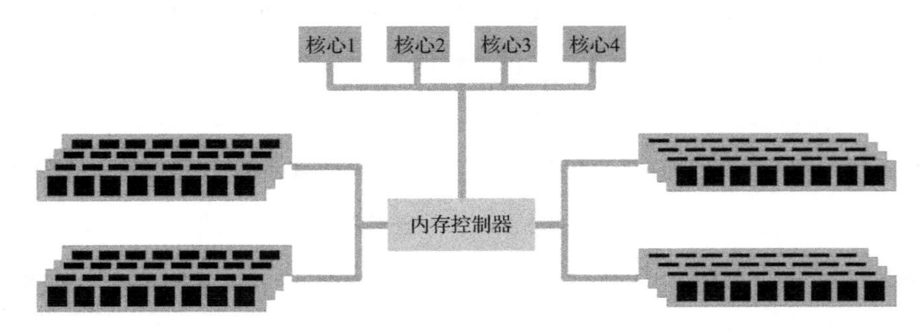

图 4.2　SMP 架构

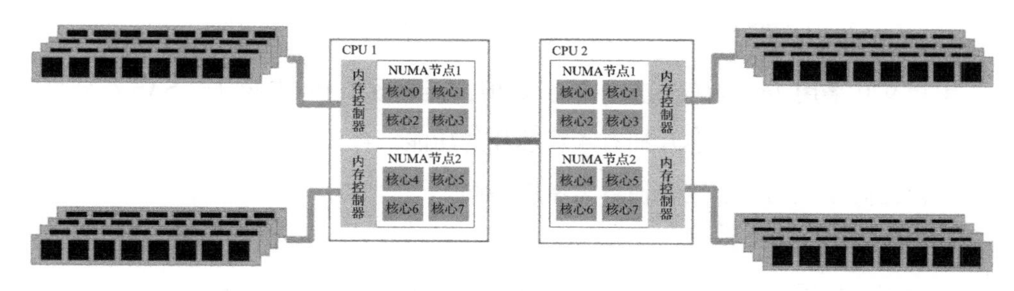

图 4.3　NUMA 架构

4.1.3　鲲鹏 920 的特性

鲲鹏 920 芯片是华为在 2019 年 1 月发布的高性能处理器，由华为自主研发设计，旨在满足数据中心多样性计算、绿色计算的需求。鲲鹏 920 芯片具有高性能、低功耗、高集成、高吞吐四大特性，其各版本参数见表 4.1。

表 4.1　鲲鹏 920 芯片各版本参数

芯片型号	超级核心集群数量	单个超级核心集群中的核心集群数量	单个核心集群中的核心数量	核心总数	ARM 架构版本
华为鲲鹏 920 3210	1	6	4	24	ARMv8.2
华为鲲鹏 920 5220	1	8	4	32	ARMv8.2
华为鲲鹏 920 5255/5250	2	6	4	48	ARMv8.2
华为鲲鹏 920 7260/7265	2	8	4	64	ARMv8.2

（1）高性能

鲲鹏 920 采用多核架构，单芯片可以集成 64 核心，主频为 2.6GHz。其业界标准 Benchmark SPEC 评分超过 930，超越业界主流 CPU，相较于上一代鲲鹏 916 性能纪录提升了 25%，创造计算性能新纪录。单处理器整型计算性能相比上一代提升了 2.9 倍。

（2）低功耗

鲲鹏 920 采用 ARM 架构，在创造计算性能新纪录的同时，兼具了 ARM 架构低功耗的特点，能效比超过主流 CPU 30%。在大规模数据中心业务实践中，每万台服务器每年可以省电一千万度，减少碳排放一万吨。

（3）高集成

鲲鹏 920 采用 7nm 制程工艺，除了 CPU，还集成了 RoCE 网卡、SAS 存储控制器和南桥 3 种芯片，单颗芯片拥有 4 颗芯片的功能，释放出更多槽位来扩展更多功能，大幅提高系统的集成度，使算力密度更高。

（4）高吞吐

鲲鹏 920 采用了芯片封装、单板 PCB（印制电路板）联合优化设计，攻克芯片超大封装的可靠性及单板可靠性难题。成功将 DDR4 的通道数从当前主流的 6 个提升至 8 个，将 DDR4 的主频从 2666MHz 提升至 2933MHz，内存带宽高出主流芯片 60%，保证了鲲鹏 920 超强算力的高效输出。

同时，鲲鹏 920 集成了 PCIe 4.0、CCIX 等高速接口，单槽位接口速率为业界主流速率的 2 倍，使鲲鹏 920 可以更高效地和外设或其他异构计算单元通信，有效提升存储及各类加速器的性能。此外，它还集成了 2 个 100Gb/s RoCE 端口，网络带宽从主流的 25GE 提升到 100GE，速率提升 3 倍。

4.2 鲲鹏 BoostKit 概述

互联网时代带来数据的爆发式增长，对数据的分布式存储和并行技术提出了更高的要求，大数据技术因此兴起。大数据对高算力的集群硬件需求更为急迫，需要有更适配大数据技术特征的计算硬件来提供更高的计算能力。4.2.1 小节介绍华为鲲鹏应用使能套件 BoostKit，提供基于硬件、基础软件和应用软件的全栈优化，目的是使各种场景下的应用性能达到极致。4.2.2 小节介绍鲲鹏 BoostKit 大数据使能套件，针对大数据组件优化数据处理流程，提升大数据分析效率，充分发挥鲲鹏系列芯片的并发能力。

4.2.1 鲲鹏应用使能套件 BoostKit

华为鲲鹏应用使能套件 BoostKit（以下简称“鲲鹏 BoostKit”），是华为基于鲲鹏芯片提供的一套开源组件与软件包，包括基于硬件、基础软件和应用软件的全栈优化，使得鲲鹏八大场景化应用性能达到极致。鲲鹏 BoostKit 在软件开发体系中所处的位置如图 4.4 所示。在搭载了鲲鹏芯片的服务器上，可以利用鲲鹏 BoostKit 所提供的高性能开源组件、基础加速软件包和应用加速软件包，为大数据、分布式存储、虚拟化等八大场景化应用提供性能优化。下面分别介绍各个场景化应用下鲲鹏 BoostKit 所提供的组件和优化方案。

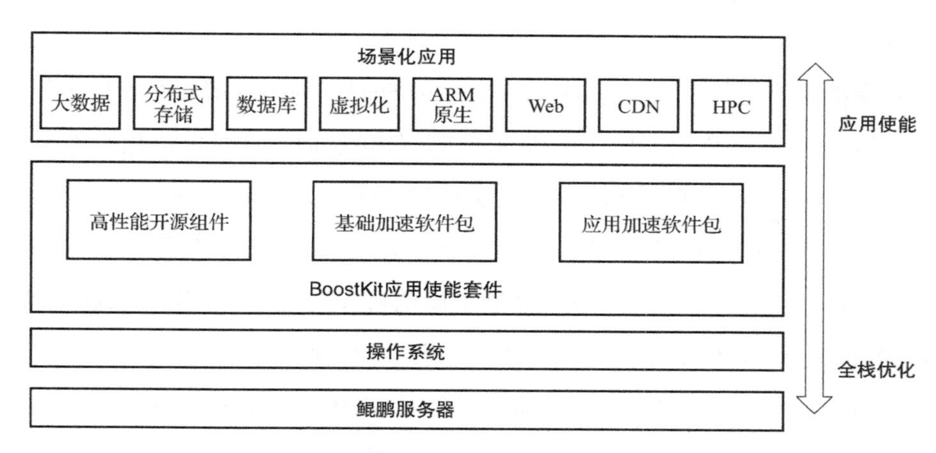

图 4.4　鲲鹏 BoostKit 与场景化应用

1）大数据使能套件。鲲鹏 BoostKit 为 Spark、Hadoop、Flink 等主流开源大数据组件提供了对于鲲鹏芯片的支持，同时为 HDFS、HBase 等大数据组件提供了基础优化软件包，还提供了基于鲲鹏芯片的机器学习算法、图分析算法等高性能软件包。4.2.2 小节将详细介绍鲲鹏 BoostKit 对于大数据场景的支持。

2）分布式存储使能套件。鲲鹏 BoostKit 分布式存储使能套件主要针对开源分布式文件系统 Ceph 提供优化。12.2.1 及之后版本的 Ceph 已经支持鲲鹏芯片。鲲鹏 BoostKit 在数据压缩和 I/O 读写两方面为 Ceph 提供基础加速软件包，在优化 Ceph 性能的同时降低存储成本。同时，基于 Ceph 架构开发了鲲鹏 BoostKit 分布式缓存系统，实现了构建在分布式存储系统之上的缓存池，提升分布式存储系统 IOPS 性能，降低访问时延。

3）数据库使能套件。鲲鹏 BoostKit 为 MySQL、PostgreSQL 等主流数据库提供了对于鲲鹏芯片的支持，对 MySQL 的并行查询和锁两个方面进行了性能优化。在并行查询方面，鲲鹏 BoostKit 基于鲲鹏芯片将查询任务分发到多个线程并行执行，使 MySQL 的并行查询性能得到倍数级的增长，并提供线程池，保证多线程时的性能稳定性。在锁优化方面，鲲鹏 BoostKit 为 MySQL 提供无锁哈希表维护事务单元，降低 DML 语句加锁的粒度，减少锁冲突，使得 MySQL 的 TPC-C 综合性能提升 10%左右。

4）虚拟化使能套件。鲲鹏 BoostKit 为 OpenStack、Docker 等多个虚拟化开源组件提供了对于鲲鹏芯片的支持。在基础加速软件包层面，针对虚拟化组件网络损耗大的问题进行改进，鲲鹏 BoostKit 实现 OVS（Open vSwitch）流表归一化方案，使得 OVS 软卸载包率性能提高 30%，实现 OVS 流表网卡加速，使得 OVS 网络转发效率提高 10 倍。同时鲲鹏 BoostKit 提供了虚拟机 V-Turbo，利用 CPU 超分特性，让虚拟机的每个逻辑核超分出两个线程，使得虚拟机性能提升 20%。

5）ARM 原生使能套件。鲲鹏 BoostKit 利用 ARM 指令集的优势，开发出 Kbox 云手机容器、指令流引擎、视频流引擎等，最终形成云手机 Turbo 套件。鲲鹏 BoostKit 提供的 AArch32 指令翻译软件，为华为 TaiShan 200 服务器提供 AArch32 特性，保证 AArch32 应用的完全兼容。同时，BoostKit 基于鲲鹏芯片和 H. 264/H. 265 硬件编解码卡，实现高效灵活的视频编解码方案，在云游戏方面取得优势。

6）Web 使能套件。鲲鹏 BoostKit 为 Nginx、Tomcat 等主流 Web 服务器提供了对于鲲鹏芯片的支持，使 Web 服务器能够利用鲲鹏芯片内置的 RSA 加速引擎提升 HTTPS 中 SSL/TLS 握手时的 RSA 非对称加解密运算速度。相比现有的 x86 SSL 加速卡方案，这种方案能使加解密性能提升约 35%，在提高 Web 网站安全性的同时提升 HTTPS 的用户体验。

7）CDN 使能套件。鲲鹏 BoostKit 针对 CDN 缓存节点吞吐量低、时延高等问题进行优化，同样利用了鲲鹏芯片的 RSA 加速引擎，加速 HTTPS 中的 SSL/TLS 握手阶段，同时提供了 NUMA 优化等手段，以充分发挥鲲鹏芯片多核的能力。

8）HPC 使能套件。鲲鹏 BoostKit 针对 HPC 资源调度效率低、应用性能优化难等关键挑战，提供了包括硬件平台、基础软件、集群管理与调度软件在内的一整套架构，实现了 HPC 的全栈优化，为教育、科研、气象、制造等多个行业提供支持。华为自研的多瑙管理平台和多瑙调度器为大规模集群提供管理和调度功能。Hyper MPI、毕昇编译器、鲲鹏数学库这三个 HPC 基础软件包为各个高性能计算场景提供性能优化。

2021 年，华为还推出了鲲鹏 BoostKit 2.0 来解决数据加载消耗大量算力的问题。BoostKit 2.0 提供了四类“数据亲和”加速组件，包括数据就近计算、数据加速传输、数据并行化处理、数据安全等，对数据全处理流程进行负载优化，从而大幅提升应用性能。

更多关于鲲鹏 BoostKit 使能套件的详细资料，参见鲲鹏社区 https://www.hikunpeng.com/developer/boostkit 及鲲鹏在线课程网站 https://www.hikunpeng.com/learn/courses。

4.2.2 大数据使能套件

鲲鹏 BoostKit 大数据使能套件（以下简称“鲲鹏 BoostKit 大数据”）聚焦数据查询效率低、组件性能优化难等关键挑战，提供大数据主流组件的开源使能和性能调优、I/O 智能预取和国密加解密等基础加速软件包、机器学习和图分析算法等应用加速软件包，开源 openLooKeng 跨源跨域查询引擎，提升大数据分析效率，充分发挥鲲鹏系列芯片的并发能力。

鲲鹏 BoostKit 大数据总体架构如图 4.5 所示，由硬件平台、操作系统、编译器、加速特性、大数据组件、大数据平台构成。其中每个部分的特性如下：1）硬件平台提供基于华为鲲鹏芯片的 TaiShan 服务器，高速缓存支持 SSD（Solid-State Drive，固态硬盘）加速；2）操作系统支持主流的商用、开源操作系统和国产化操作系统；3）编译器适配 JDK、GCC、LLVM 等常用的大数据编译器中间件；4）加速特性支持鲲鹏指令加速 Erasure Code 编解码，芯片自带加解密加速器，提供算法与指令优化的 KAL 机器学习加速库；5）大数据组件支持众多开源大数据组件，包括核心的 Hadoop、HBase、Spark、Hive、Flink、Elasticsearch 等；6）大数据平台支持华为自研的 FusionInsight 大数据平台以及开源的 Apache 大数据平台等。

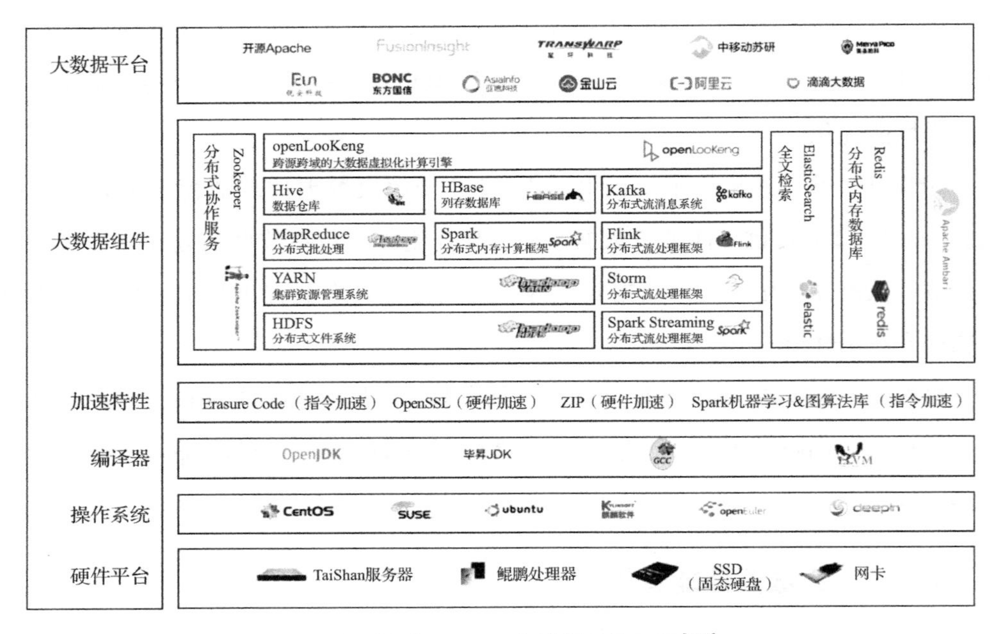

图 4.5 鲲鹏 BoostKit 大数据总体架构[157]

鲲鹏 BoostKit 大数据基于鲲鹏芯片，端到端打通硬件、操作系统、中间件、大数据软件的全堆栈，支持多个主流大数据平台，具有混合部署、国密加解密、HDFS EC 指令加速、HBase 锁优化、YARN NUMA-Aware、机器学习和图分析算法加速库、I/O 智能预取、存算分离加速、OmniData 算子下推、OmniOperator 算子加速、HBase 索引优化、Spark Shuffle 加速等特性。主要价值体现在：1）高性能，提升计算并行性，充分发挥华为鲲鹏芯片的多核能力；2）安全可靠，支持处理器内置加密硬件；3）开发生态，支持开源 Apache 组件，支持多个大数据平台以及大数据组件混合部署。

鲲鹏 BoostKit 大数据基于 Spark 提供原生的机器学习 MLlib 算法库和图分析 GraphX 算法库，在算法原理和鲲鹏芯片适应性上进行了深度优化，推出了鲲鹏

BoostKit 机器学习算法加速库和鲲鹏 BoostKit 图分析算法加速库。算法加速库使用简单，算法接口定义与 Spark 原生算法完全一致，使用者无须修改原有应用代码，可直接通过替换 Spark 原生算法库获得极致性能体验。算法库输出件包括 BoostKit-ML-Kernel 和 BoostKit-Graph-Kernel 核心算法实现二进制包，以及机器学习加速库对接原生 Spark 接口的 ML-API-Patch 代码和图分析加速库对接的 Graph-API-Patch 代码。算法加速库的部署模式如图 4.6 所示。

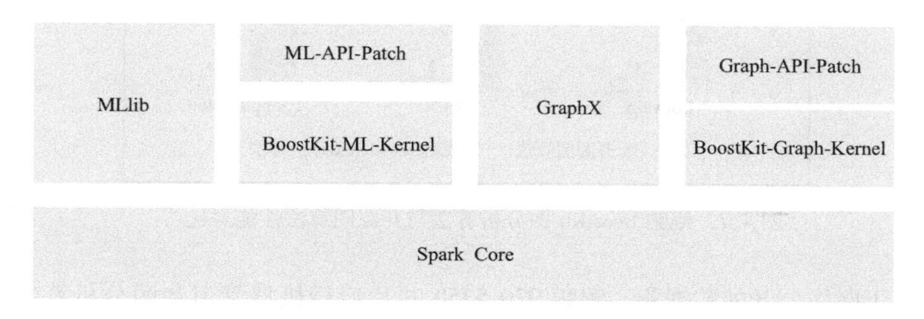

图 4.6　鲲鹏 BoostKit 大数据算法加速库部署模式[157]

（1）鲲鹏 BoostKit 机器学习算法加速库

鲲鹏 BoostKit 机器学习算法加速库对机器学习算法进行了性能优化，目前最新版本为 2.1.0。当前版本算法库提供的机器学习算法为：分类回归（Random Forest、GBDT、SVM、逻辑斯谛回归、线性回归、决策树、XGBoost、KNN）、聚类（K-means、DBSCAN、LDA）、特征工程（PCA、SPCA、SVD、Pearson、协方差、Spearman、IDF）、模式挖掘（ALS、PrefixSpan、SimRank）。

（2）鲲鹏 BoostKit 图分析算法加速库

鲲鹏 BoostKit 图分析算法加速库对图分析算法进行了性能优化，目前最新版本为 2.1.0。当前版本算法库提供的图分析算法有中心性分析（K-Core、PageRank、TrustRank、Personal PageRank、Closeness、Betweenness、Degree、Weighted PageRank、Incremental PageRank）、拓扑度量（TriangleCount、Modularity、Clustering Coefficient）、路径分析（MSSP、BFS、CD）、社区挖掘（WCE、MCE、SCC、Louvain、LPA、CC）、图表示学习（Node2Vec）、相似性分析（Subgraph Matching）。基于鲲鹏实现的 Louvain 算法、SCC 算法、TriangleCount 算法与开源图算法性能对比如图 4.7 所示。

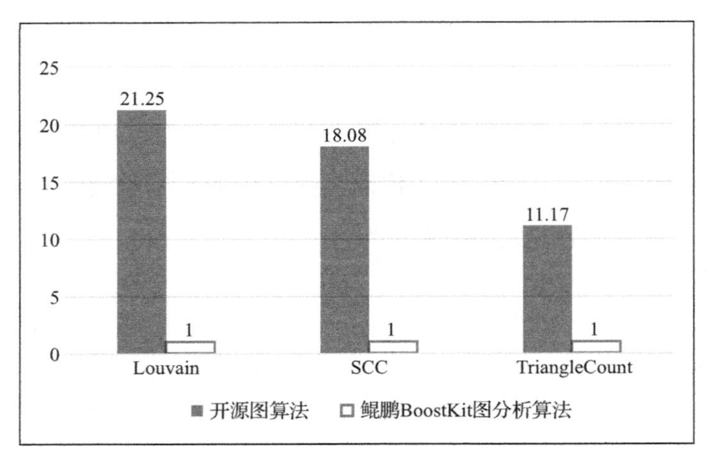

图 4.7 鲲鹏 BoostKit 图分析算法与开源图算法性能对比[157]

基于网络公开的数据集，鲲鹏 920 5250 芯片运行机器学习和图分析算法加速库，相比 Spark 原生算法（基于 x86）计算性能提升 50%以上。在具体数据集上它与原生 Spark 的计算性能对比如图 4.8 所示。

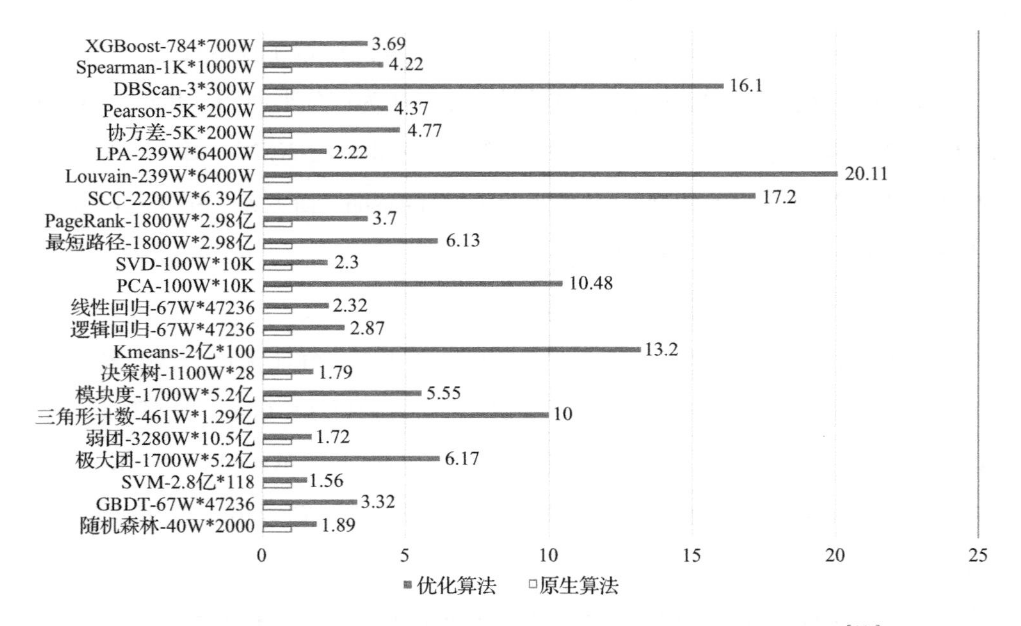

图 4.8 鲲鹏 BoostKit 大数据算法加速库与原生 Spark 计算性能对比[157]

4.3 鲲鹏 BoostKit 图分析算法加速库简介

面对分布式图计算存在的通信开销大、数据分布倾斜等挑战，鲲鹏 BoostKit 图分析算法加速库（简称“图分析算法加速库”或“图分析算法库”）通过算法原理创新和鲲鹏亲和性的极致性能优化，大幅提升了算法性能，不仅兼容 Spark 原生图算法 API，还支持更多经典图论算法。本节将详细介绍图分析算法加速库的优势与特性，同时将选取一个算法案例，从安装部署到开发调测来介绍图分析算法加速库如何使用。

4.3.1 算法库概述

鲲鹏 BoostKit 图分析算法加速库在算法原理创新和鲲鹏亲和性上进行了深度优化，大幅提升了算法性能。鲲鹏 BoostKit 图分析算法加速库兼容 Spark 原生图算法 API，使用简单，客户如果基于 Spark 原生算法开发了自己的业务应用，要使用 BoostKit 的算法库，不需要修改上层应用的任何代码，只要替换算法库就可以直接获得性能收益。

鲲鹏 BoostKit 图分析算法加速库提供了相较于 Spark GraphX 更丰富的算法，根据实际使用场景一般分为路径分析算法、社区挖掘算法、中心性分析算法、相似性分析算法、拓扑度量算法、图表示学习算法六大类，后续版本会持续更新增加算法。表 4.2~表 4.7 按类型列出了图分析算法加速库 2.1.0 已发布的 6 种类型算法以及算法的简单说明。

表 4.2　路径分析算法

算法名称	算法简介	BoostKit	SparkGraphX
MSSP（Multiple Sources Shortest Path，多源最短路径）算法	用于在给定图数据集和指定部分顶点的情况下，计算图中所有顶点到给定顶点的最短路径距离	√	√

（续）

算法名称	算法简介	BoostKit	SparkGraphX
BFS 算法	通过广度优先的方式对图进行搜索遍历，直到达到最大搜索深度或访问完所有可达顶点	√	×
CD（Cycle Detection，环路检测）算法	通常用于在有向图中枚举出满足需求的所有环路。通过指定的约束条件，如环路长度约束、环路中边权重的约束，求解对应的环路信息	√	×

表 4.3　社区挖掘算法

算法名称	算法简介	BoostKit	SparkGraphX
WCE（Weak Clique Enumeration，弱团枚举）算法	可用于重叠社区挖掘	√	×
MCE（Maximal Clique Enumeration，极大团枚举）算法	由 Coen Bron 等人提出，可用于在大规模图数据中精确求解所有的极大团	√	×
SCC（Strongly Connected Components，强联通分量）算法	是指在有向图中两两可达的节点集合	√	√
Louvain	以最大化模块度（Modularity）数值为目标函数的一种非重叠社区检测方法。用于计算社区划分结果在模块度评价指标上的最优解	√	×
LPA（Label Propagation Algorithm，标签传播）算法	图分析领域的经典算法，可利用邻居的标签信息在网络图中传播进行非重叠社区划分	√	√
CC（Connected Components，连通分量）算法	图计算领域的基础算法，用于求解无向图的所有连通分量。本算法基于 Spark 计算引擎，精确求解所有连通分量	√	√

表 4.4　中心性分析算法

算法名称	算法简介	BoostKit	SparkGraphX
Betweenness（介数中心性）算法	可用于衡量图中每一个顶点与其他顶点之间的互动程度，其原理是经过顶点的最短路径数越多，该顶点的介数中心性值越大，顶点在图中的重要性也就越高	√	×
PageRank（网页排名）算法	由 Google 创始人 Larry Page 等人提出，体现网页的相关性和重要性，本质上是一种以网页之间的超链接个数和质量作为主要因素粗略地分析网页的重要性的算法。其基本假设是：更重要的页面往往更多地被其他页面引用	√	√

（续）

算法名称	算法简介	BoostKit	SparkGraphX
K-Core（K-Core Decomposition，K核心分解）算法	根据用户输入的图数据，精确求解图中各个顶点的 Coreness 值	√	×
TrustRank（信任指数）算法	PageRank 算法的变种，可提高网站的检索质量，检测垃圾作弊网站。它基于以下理论假设：优质网站很少会链接到垃圾网站，反之则不成立	√	×
Personal PageRank（个性化网页排名）算法	图计算及推荐领域的基础算法，是指给定一份关系数据和源顶点，计算该顶点对网络中其他顶点的影响程度	√	√
Closeness（紧密中心性）算法	紧密中心性计算的目的是衡量图中每个顶点与其他顶点之间的接近程度，顶点与其他顶点的平均距离越短，则顶点的紧密中心性值越大，顶点在图中的重要性也就越高	√	×
Degree（度中心性）算法	用于统计顶点具有的关系数，计算图中每个顶点的度中心性值，支持无向图和有向图	√	√
Weighted PageRank（有权网页排名）算法	实际业务场景中，网络往往带有权重，有权网页排名算法基于经典 PageRank 算法改进，是一种利用网页之间链接权重和质量作为主要因素分析网页重要性的算法	√	×
Incremental PageRank（增量网页排名）算法	对于不断膨胀的网络，网络增量部分相比存量图数量是很小的，该算法可以重复利用存量结果，避免将整个网络进行重新计算，从而在保证一定精度的情况下，大幅降低计算量，提升计算性能	√	×

表 4.5 相似性分析算法

算法名称	算法简介	BoostKit	SparkGraphX
Subgraph Matching（子图匹配）算法	根据查询图的结构在目标数据图中搜索和匹配与查询图结构相同的子图。可应用在图模式挖掘、图数据库查询等研究领域，也能够支持社区挖掘、团伙识别、商品推荐等应用场景	√	×

表 4.6 拓扑度量算法

算法名称	算法简介	BoostKit	SparkGraphX
TriangleCount（三角形计数）算法	社交网络分析的基本算法，用于计算图网络中每个顶点与其余顶点形成的三角形个数	√	√

（续）

算法名称	算法简介	BoostKit	SparkGraphX
Modularity（模块度）算法	用于衡量对应社区划分在指定图上的质量，本质是衡量图中的边在社区内的分布与在整个图中分布的差异，越多比例的边分布在社区内部，对应社区划分在图上的模块度值就越大，社区划分的质量也就越高	√	×
ClusteringCoefficient（集聚系数）算法	用来描述一个图中的顶点之间集聚成团程度的系数。全局集聚系数可以给出一个图中全局的集聚程度的评估，而局部集聚系数则可以测量图中每一个顶点附近的集聚程度，平均集聚系数则在局部集聚系数基础上给出整个图的集聚平均值	√	×

表 4.7　图表示学习算法

算法名称	算法简介	BoostKit	SparkGraphX
Node2Vec 算法	目的是将图中每一个顶点映射成一个 d 维向量。Node2Vec 算法生成的顶点向量描述了图中每个顶点与其他顶点的临近程度，即在图中相近顶点的向量更相似	√	×

鲲鹏 BoostKit 大数据算法加速库在算法原理、工程实现、图划分等方面做了多层优化，使得图分析算法性能倍增，它具有以下特性。

1）高性能：相比开源算法，性能实现成倍提升，支持更大规模数据集。

MCE 算法。相比开源算法性能提升 5 倍，算法精度 100%，最高支持亿级点、十亿级边；支持数据规模较开源算法提升 10 倍（开源算法仅支持亿级边规模数据）。

Louvain 算法。相比开源算法性能提升 10~30 倍，支持绝对收敛，可支持千万级点、亿级边；数据规模相比开源算法提升 2 倍。

PageRank 算法。相比开源算法性能提升 1.1~4.8 倍，精度 100%，可支持亿级点、十亿级边（与开源算法支持数据规模相同）。

Betweenness 算法。相比开源算法性能提升 10 倍，精度达到 98%以上（开源精度不足 70%），最高支持千万级点、亿级边；数据规模相比开源算法提升 5 倍。

Subgraph Matching 算法。相比开源算法性能提升 2~40 倍，精度 100%，最高支持百万级点、亿级边；支持数据规模较开源算法提升 2 倍。

2）覆盖全：覆盖中心性分析算法、拓扑度量算法、路径分析算法、社区挖掘算法、图表示学习算法、相似性分析算法等常用算法类型。

3）易部署：与原生 Spark 算法保持完全一致的类和接口定义，无须上层应用做任何修改。

4.3.2 算法加速库安装部署

图分析算法加速库提供了与原生 Spark GraphX 相同的接口，算法库由 Boostkit-Graph-Kernel 核心算法实现包，以及对接原生 Spark 接口的 Graph-API-Patch 代码组成。

如图 4.9 所示，以兼容 Spark 2.3.2 版本的 BoostKit 2.1.0 算法包为例，Graph-API-Patch 对应由图分析算法加速库开源 patch 部分编译的 boostkit-graph-acc_2.11-2.1.0-spark2.3.2.jar、boostkit-graph-core_2.11-2.1.0-spark2.3.2.jar、boostkit-graph-kernel-client_2.11-2.1.0-spark2.3.2.jar，BoostKit-Graph-Kernel 对应图分析算法加速库包 boostkit-graph-kernel-2.11-2.1.0-spark2.3.2-aarch64.jar。

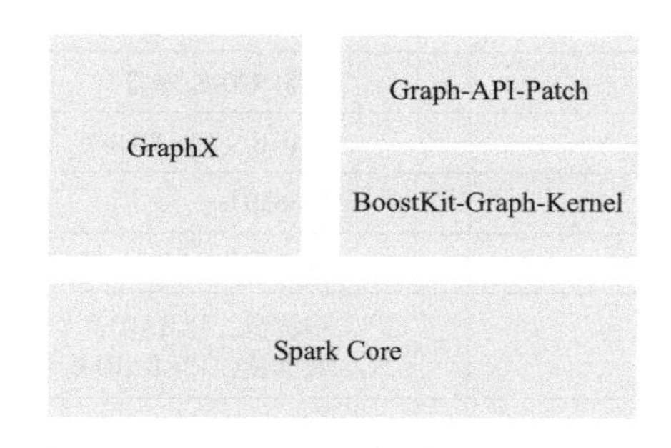

图 4.9 鲲鹏 BoostKit 图分析算法加速库

1. 集群环境

示例集群环境由客户端（1 台）、控制节点（1 台）、计算节点（3 台）组成，组网图如图 4.10 所示。其中控制节点作为大数据集群的 server 端，计算节点分别是大数据集群的 agent1、agent2 和 agent3。客户端可部署在控制节点上。

集群环境硬件推荐配置和集群软件推荐配置分别如表 4.8 和表 4.9 所示。

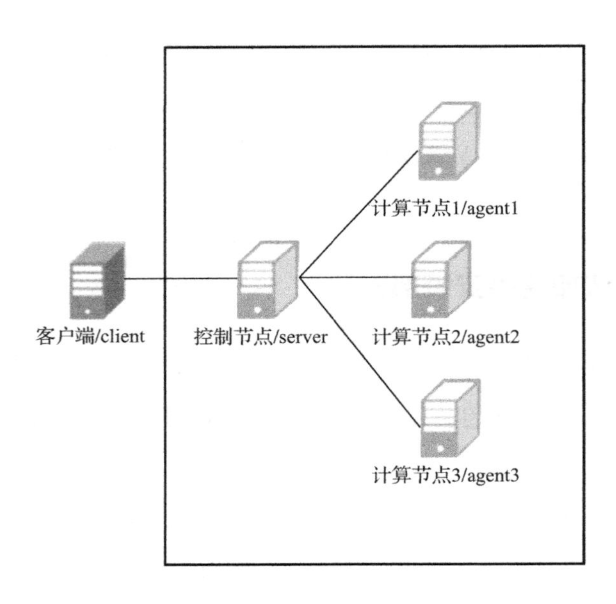

图 4. 10　组网图

表 4. 8　集群环境硬件推荐配置

项目	要求
服务器名称	TaiShan 服务器
处理器	鲲鹏 920 处理器
内存大小	384GB（12×32GB）
内存频率	2666MHz
网卡	业务网络 10GE，管理网络 1GE
硬盘	系统盘：1×RAID 0（1×1. 2TB SAS HDD） 数据盘：12×RAID 0（1×4TB SATA HDD）
RAID 卡	LSI SAS3508

表 4. 9　集群环境软件推荐配置

项目	节点类型	要求
OS	所有节点	openEuler-20. 03-LTS-SP1
JDK	所有节点	BiSheng JDK 1. 8. 0_262
ZooKeeper	计算节点	3. 6. 2
Hadoop	所有节点	3. 1. 1
Spark	所有节点	2. 3. 2、2. 4. 5、2. 4. 6 或 3. 1. 1

2. 软件包下载与验证

鲲鹏 BoostKit 图分析算法加速库需要获取算法库的适配代码 Spark-graph-algo-lib 以及核心算法库 JAR 包。图分析算法加速库提供了已编译完成的 Spark-graph-algo-lib，用户可直接获取，本节不介绍代码编译方法。而图分析算法加速库核心 JAR 包的压缩包 BoostKit-graph_2. 1. 0. zip 可从华为企业业务网站上获得，网址为 https://support. huawei. com/enterprise/zh/index. html。软件包具体获取步骤如下。

（1）获取图分析算法加速库适配包 Spark-graph-algo-lib

Spark-graph-algo-lib 中软件包和下载地址如表 4. 10 所示。其中，前两个 JAR 包为算法运行所需，而后一个为开发打包所需，不需要安装和部署在 Spark 算法运行集群，仅在开发阶段编译时使用。

表 4. 10 适配包中 JAR 包及下载地址

软件包名称	下载地址
boostkit-graph-acc_2. 11-2. 1. 0-spark2. 3. 2. jar	https://gitee. com/kunpengcompute/Spark-graph-algo-lib/releases/download/v2. 1. 0-spark2. 3. 2/boostkit-graph-acc_2. 11-2. 1. 0-spark2. 3. 2. jar
boostkit-graph-core_2. 11-2. 1. 0-spark2. 3. 2. jar	https://gitee. com/kunpengcompute/Spark-graph-algo-lib/releases/download/v2. 1. 0-spark2. 3. 2/boostkit-graph-core_2. 11-2. 1. 0-spark2. 3. 2. jar
boostkit-graph-kernel-client_2. 11-2. 1. 0-spark2. 3. 2. jar	https://gitee. com/kunpengcompute/Spark-graph-algo-lib/releases/download/v2. 1. 0-spark2. 3. 2/boostkit-graph-kernel-client_2. 11-2. 1. 0-spark2. 3. 2. jar

（2）获取图分析算法加速库的核心 JAR 包

在华为企业业务网站上可直接获得 BoostKit-graph_2. 1. 0. zip，该压缩包内含有的 JAR 包如表 4. 11 所示。

表 4. 11 BoostKit-graph_2. 1. 0. zip 内含有的 JAR 包

软件包名称
boostkit-graph-kernel-2. 11-2. 1. 0-spark2. 3. 2-aarch64. jar
boostkit-graph-kernel-2. 11-2. 1. 0-spark2. 4. 6-aarch64. jar

之后，将该压缩包放在"/opt/"目录下，并按下述步骤解压得到 boostkit-graph-kernel-2. 11-2. 1. 0-spark2. 3. 2-aarch64. jar。

1）解压压缩包 BoostKit-graph_2. 1. 0. zip。

```
cd /opt/
unzip BoostKit-graph_2.1.0.zip
```

2）创建 lib 目录。

```
mkdir -p /home/test/boostkit/lib
```

3）复制 boostkit-graph-kernel-2. 11-2. 1. 0-spark2. 3. 2-aarch64. jar 并放入“/home/test/boostkit/lib/”目录下。

```
cd Boostkit-graph_2.1.0
cp boostkit-graph-kernel-2.11-2.1.0-spark2.3.2-aarch64.jar /home/
test/boostkit/lib/
```

需要注意的是，对于 BoostKit-graph_2. 1. 0. zip，下载软件包后需要进行校验，确保它与华为企业业务网站上的原始软件包一致，校验方法如下。

1）获取软件数字证书和软件。

2）在如下链接中获取校验工具和校验方法：

https://support. huawei. com/enterprise/zh/tool/pgp-verify-TL1000000054

3）参见上述链接下载的《OpenPGP 签名验证指南》进行软件包完整性检查。

3. 安装部署

（1）将获得的软件包移动到如表 4. 12 所示的安装目录，其中根目录“/home/test/boostkit/”仅为举例，请关注安装目录相对路径。

表 4. 12　客户端组件安装目录

安装目录	安装组件
/home/test/boostkit/lib/	boostkit-graph-acc_2. 11-2. 1. 0-spark2. 3. 2. jar boostkit-graph-core_2. 11-2. 1. 0-spark2. 3. 2. jar boostkit-graph-kernel-2. 11-2. 1. 0-spark2. 3. 2-aarch64. jar 依赖的第三方开源加速库 fastutil-8. 3. 1. jar
/home/test/boostkit/	测试 JAR 包 任务提交 shell 脚本

（2）在客户端节点上，以大数据组件的授权用户登录服务器，将算法依赖的

第三方开源加速库 fastutil-8. 3. 1. jar 安装到对应目录，软件 JAR 包设置文件权限为 750。

1）进入“/home/test/boostkit/lib/”的目录。

```
cd /home/test/boostkit/lib
```

2）下载第三方依赖包。

```
wget https://repo1.maven.org/maven2/it/unimi/dsi/fastutil/8.3.1/fas-
tutil-8.3.1.jar
```

3）更改 JAR 包权限。

```
chmod 750 fastutil-8.3.1.jar
```

（3）将图分析算法加速库的适配包复制到客户端的“/home/test/boostkit/lib/”目录，软件 JAR 包设置文件权限为 750。

```
cp /opt/Spark-graph-algo-lib-2.1.0-spark2.3.2/graph-accelerator/tar-
get/boostkit-graph-acc_2.11-2.1.0-spark2.3.2.jar /home/test/boostkit/
libcp /opt/Spark-graph-algo-lib-2.1.0-spark2.3.2/graph-accelerator/
target/boostkit-graph-core_2.11-2.1.0-spark2.3.2.jar /home/test/
boostkit/libchmod 750 /home/test/boostkit/lib/boostkit-*
```

（4）将算法的测试工具（需要自行开发）打包成的 JAR 包（如 graph-test. jar）放入客户端的库算法包上层目录“/home/test/boostkit/”下。

（5）任务 shell 脚本内容可参考以下内容（yarn-client 模式和 yarn-cluster 模式二选一即可）。

1）修改 shell 脚本为 755 的可执行权限，并放入客户端与测试 JAR 包相同目录的“/home/test/boostkit/”下，使用 yarn-client 模式启动 Spark 作业。shell 脚本内容示例如下：

```
#!/bin/bash

spark-submit \
--class com.bigdata.graph.WCEMain \
```

```
--master yarn \
--deploy-mode client \
--driver-cores 36 \
--driver-memory 50g \
--jars "lib/fastutil-8.3.1.jar,lib/boostkit-graph-acc_2.11-2.1.0-spark2.3.2.jar,lib/boostkit-graph-kernel-2.11-2.1.0-spark2.3.2-aarch64.jar,lib/boostkit-graph-core_2.11-2.1.0-spark2.3.2.jar" \
--driver-class-path "lib/graph-test.jar:lib/fastutil-8.3.1.jar:lib/snakeyaml-1.17.jar:lib/boostkit-graph-acc_2.11-2.1.0-spark2.3.2.jar:lib/boostkit-graph-kernel-2.11-2.1.0-spark2.3.2-aarch64.jar:lib/boostkit-graph-core_2.11-2.1.0-spark2.3.2.jar" \
--conf "spark.executor.extraClassPath=fastutil-8.3.1.jar:boostkit-graph-acc_2.11-2.1.0-spark2.3.2.jar:boostkit-graph-kernel-2.11-2.1.0-spark2.3.2-aarch64.jar:boostkit-graph-core_2.11-2.1.0-spark2.3.2.jar" \
./graph-test.jar
```

2）将提交任务 shell 脚本放入客户端与测试 JAR 包相同目录的“/home/test/boostkit/”下，使用 yarn-cluster 模式启动 Spark 作业。shell 脚本内容示例如下：

```
#!/bin/bash

spark-submit \
--class com.bigdata.graph.WCEMain \
--master yarn \
--deploy-mode cluster \
--driver-cores 36 \
--driver-memory 50g \
--jars "lib/fastutil-8.3.1.jar,lib/boostkit-graph-acc_2.11-2.1.0-spark2.3.2.jar,lib/boostkit-graph-kernel-2.11-2.1.0-spark2.3.2-aarch64.jar,lib/boostkit-graph-core_2.11-2.1.0-spark2.3.2.jar" \
--driver-class-path "graph-test.jar:fastutil-8.3.1.jar:snakeyaml-1.17.jar:boostkit-graph-acc_2.11-2.1.0-spark2.3.2.jar:boostkit-graph-kernel-2.11-2.1.0-spark2.3.2-aarch64.jar:boostkit-graph-core_2.11-2.1.0-spark2.3.2.jar" \
--conf "spark.yarn.cluster.driver.extraClassPath=graph-test.jar:snakeyaml-1.17.jar:boostkit-graph-kernel-2.11-2.1.0-spark2.3.2-aarch64.jar:boostkit-graph-acc_2.11-2.1.0-spark2.3.2.jar:boostkit-graph-core_2.11-2.1.0-spark2.3.2.jar" \
```

```
--conf "spark.executor.extraClassPath=fastutil-8.3.1.jar:boostkit-graph-acc_2.11-2.1.0-spark2.3.2.jar:boostkit-graph-kernel-2.11-2.1.0-spark2.3.2-aarch64.jar:boostkit-graph-core_2.11-2.1.0-spark2.3.2.jar" \
./graph-test.jar
```

4.3.3 算法库集成开发

图分析算法加速库开发流程包括准备开发环境、新建工程、开发程序、编译打包。

1. 准备开发环境

图分析算法加速库支持使用 Scala、Java 进行开发。本节以 Scala 为例，使用 IntelliJ IDEA 工具，完成开发环境的配置。

客户端开发环境要求如表 4.13 所示。

表 4.13 客户端开发环境要求

项目	版本
操作系统	开发环境：Windows 系统，推荐 Windows 7 及以上版本
安装 JDK	安装 OpenJDK，版本要求：1.8
安装和配置开发工具	开发工具建议使用 Eclipse 和 IntelliJ IDEA，本文以 IntelliJ IDEA（2018.2）为例进行开发
安装 Scala	Scala 开发环境的基本配置。对于 Spark 2.3.2、Spark 2.4.5、Spark 2.4.6，推荐版本 2.11.8；对于 Spark 3.1.1，推荐版本 2.12.11
安装 Maven	项目编译出包，推荐版本 3.6.3

2. 新建工程

新建开发工程环境主要分为 4 步：配置 JDK、安装 Scala 插件、配置 Maven 以及新建工程。

（1）安装 IntelliJ IDEA 和 JDK 工具后，在 IntelliJ IDEA 中配置 JDK，如图 4.11 所示。

（2）使用 Scala 开发环境，在 IntelliJ IDEA 中安装 Scala 插件，如图 4.12 所示。

（3）配置 Maven，如图 4.13 所示。

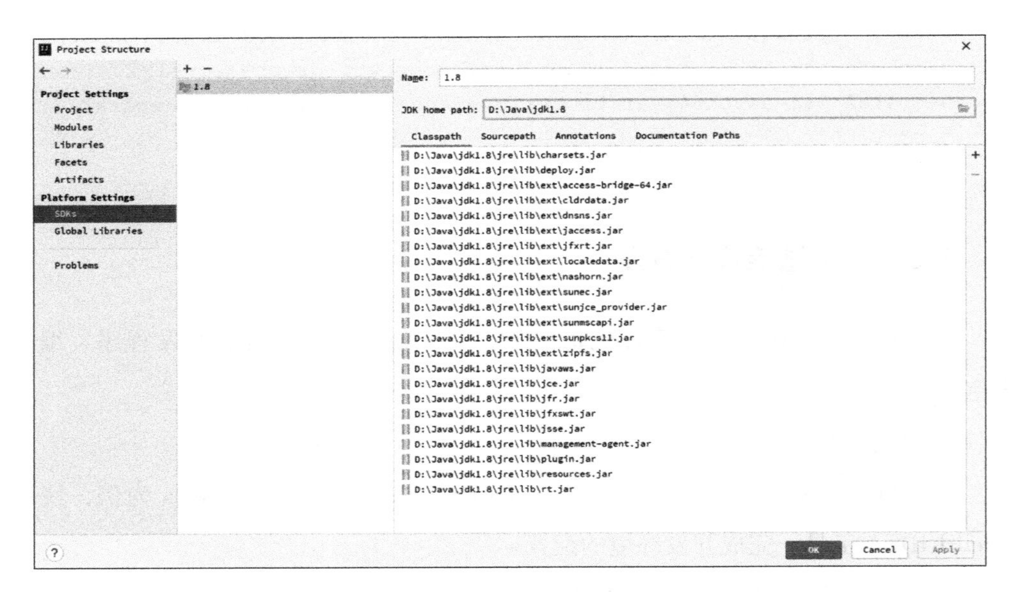

图 4.11　配置 JDK

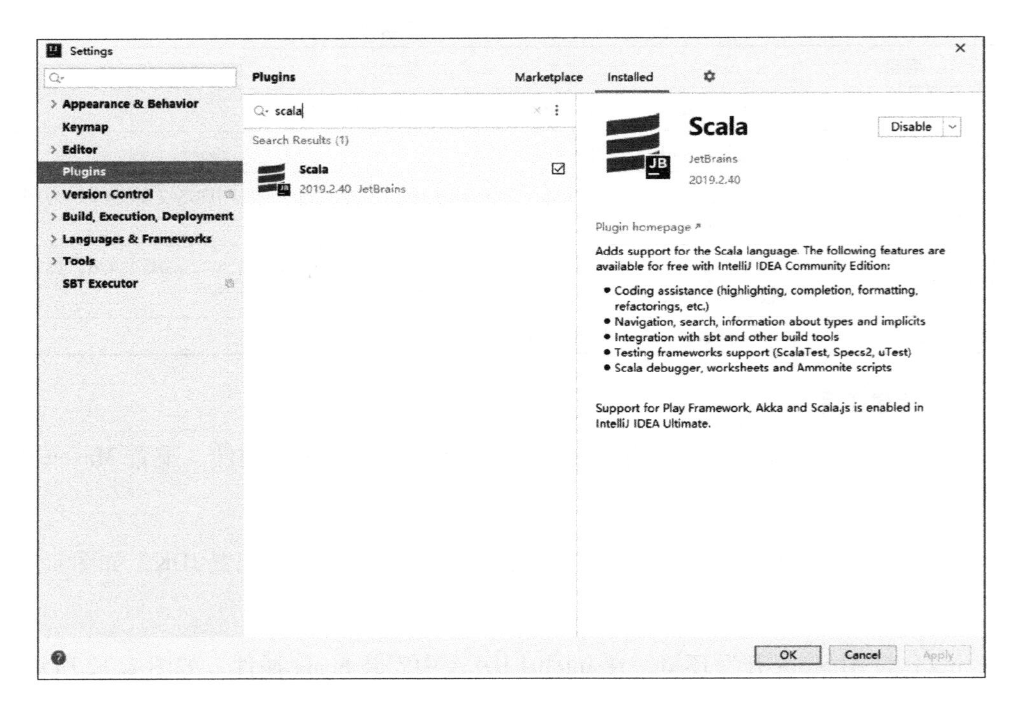

图 4.12　安装 Scala 插件

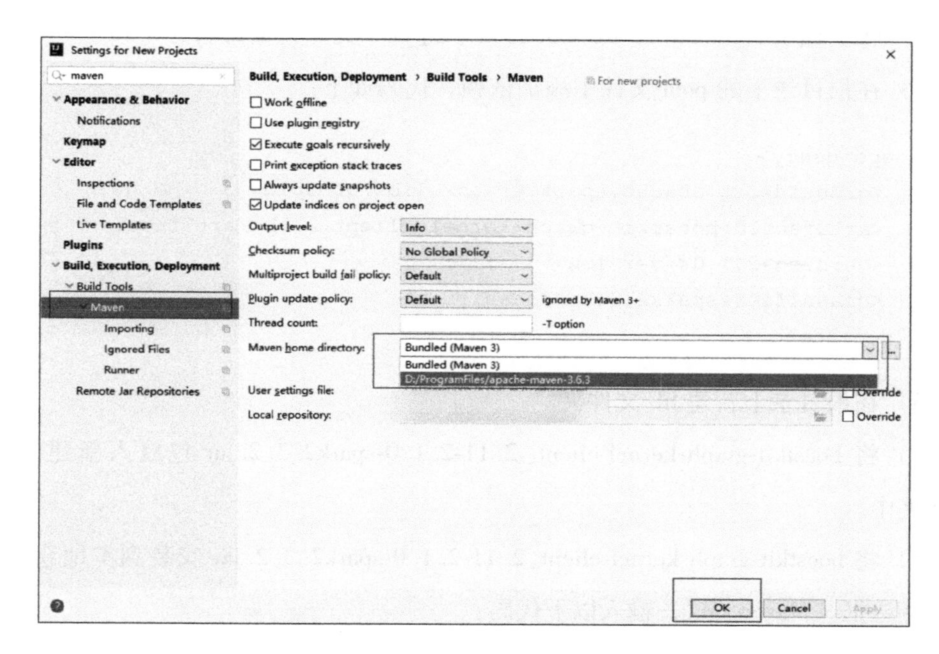

图 4.13 配置 Maven

（4）新建工程，IntelliJ IDEA 主页显示的新建工程目录如图 4.14 所示。

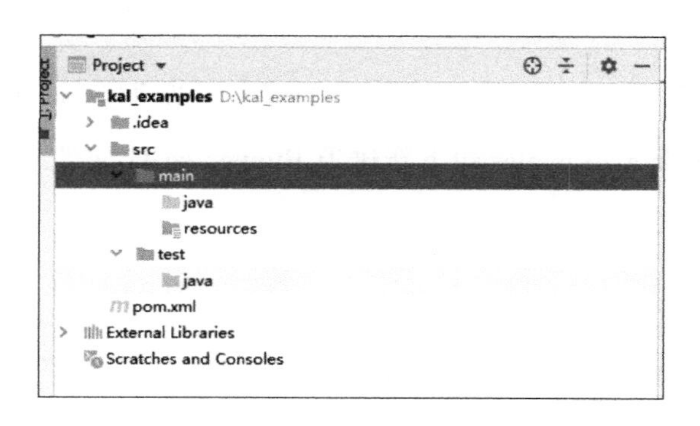

图 4.14 新建工程

3. 开发程序

用户可以根据自己的业务场景选择合适的图分析算法进行开发，本小节以图分析算法加速库中的 Triangle Count 算法为例，展示一个开发应用程序案例。

1）将工程中 src/main 和 src/test 目录下的 java 文件夹重命名为 scala。

2）在根目录下的 pom 文件中添加依赖，代码如下：

```
<dependency>
   <groupId>org.apache.spark.graphx.lib</groupId>
   <artifactId>boostkit-graph-kernel-client_2.11</artifactId>
   <version>2.1.0</version>
   <classifier>spark2.3.2</classifier>
</dependency>
```

3）在根目录下新建 lib 文件夹。

4）将 boostkit-graph-kernel-client_2. 11-2. 1. 0-spark2. 3. 2. jar 包放入新建的 lib 文件夹中。

5）将 boostkit-graph-kernel-client_2. 11-2. 1. 0-spark2. 3. 2. jar 安装到本地仓，单击右侧边框“Maven>M”，输入以下代码：

```
install:install-file -DgroupId=org.apache.spark.graphx.lib -Dartifac-
tId=boostkit-graph-kernel-client_2.11 -Dversion=2.1.0 -Dfile=lib/
boostkit-graph-kernel-client_2.11-2.1.0-spark2.3.2.jar -Dpackaging
=jar
```

6）在新建工程中的“src/main/scala/”目录下，新建包 com. bigdata. examples。

7）在 com. bigdata. examples 包下新建 TCRunner. scala 文件。TCRunner. scala 文件主要包含以下几部分代码。

初始化上下文：

```
val sparkConf = new SparkConf().setAppName(s"TC").setMaster("yarn")
val sc = new SparkContext(sparkConf)
```

读取图数据：

```
val inputData = sc.textFile("hdfs:///tmp/graph_data/graph500-23.e",
numPartitions)
              .map(line => {val arr = line.split("\t"); (arr(0).toLong,
              arr(1). toLong)})
```

构图并调用 TC 算法：

```
val graph = Graph.fromEdgeTuples(inputData, 0)
val result = TriangleCount.run(graph).vertices
```

保存结果：

```
result.map(f => s"${f._1}, ${f._2}")
      .saveAsTextFile("hdfs:///tmp/graph_result/graph500-23-result ")
```

算法的完整接口说明请查看

https://www.hikunpeng.com/document/detail/zh/kunpengbds/appAccelFeatures/algorithmaccelf_ga/kunpengbdssparkgraph_16_0049.html。

4. 编译打包

单击右侧边框“Maven>M”，输入 package，进行项目打包，在“target\”目录中生成 kal_examples_2.11-0.1.jar，如图 4.15 所示。

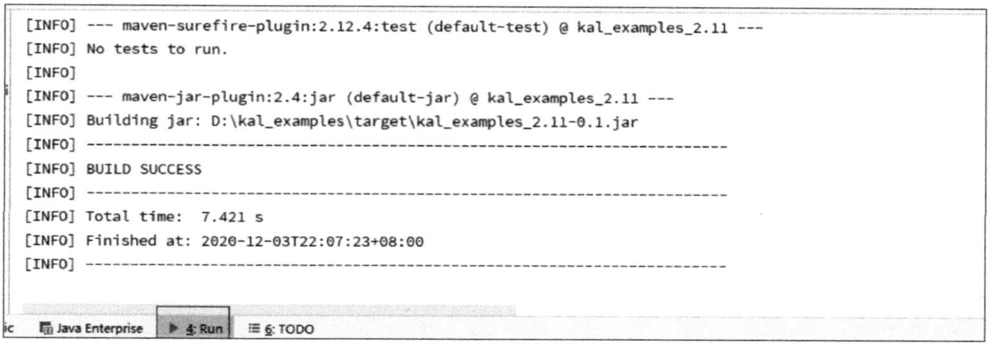

```
[INFO] --- maven-surefire-plugin:2.12.4:test (default-test) @ kal_examples_2.11 ---
[INFO] No tests to run.
[INFO]
[INFO] --- maven-jar-plugin:2.4:jar (default-jar) @ kal_examples_2.11 ---
[INFO] Building jar: D:\kal_examples\target\kal_examples_2.11-0.1.jar
[INFO] ------------------------------------------------------------------------
[INFO] BUILD SUCCESS
[INFO] ------------------------------------------------------------------------
[INFO] Total time:  7.421 s
[INFO] Finished at: 2020-12-03T22:07:23+08:00
[INFO] ------------------------------------------------------------------------
```

ic　Java Enterprise　▶ 4: Run　6: TODO

图 4.15　编译打包

4.3.4　算法库调测样例

在客户端下载并解压 4.3.3 节样例代码中对应的数据集到“/tmp/data/epsilon”目录，并执行任务，具体步骤如下。

1）进入“/tmp/data”目录。

```
cd /tmp/data
```

2）获取公开数据集（如 graph500-23. zip）并将其上传到 HDFS 上。

```
hadoop fs -put /tmp/data/graph500-23.zip/tmp/graph_data
```

3）将编译打包步骤中生成的 kal_examples_2. 11-0. 1. jar 和 run_tc. sh 放入客户端“/home/test/boostkit/”目录，并在目录下执行 . /run_tc. sh。运行脚本 run_tc. sh 的内容如下：

```
spark-submit \--class com.bigdata.examples.TCRunner \
--driver-class-path "./lib/* " \
--jars "./lib/boostkit-graph-kernel-2.11-2.1.0-spark2.3.2-aarch64.
jar" \
--conf "spark.executor.extraClassPath=boostkit-graph-kernel-2.11-2.
1.0-spark2.3.2-aarch64.jar" \
--master yarn \
--deploy-mode client \
--driver-cores 36 \
--driver-memory 50g \
--executor-cores 4 --num-executors 72 --executor-memory 12g \
./kal_examples_2.11-0.1.jar
```

4）执行任务。

```
sh run_tc.sh
```

5）查看结果，结果如图 4. 16 所示。

```
hdfs dfs -ls graph_data/graph500-23-result
```

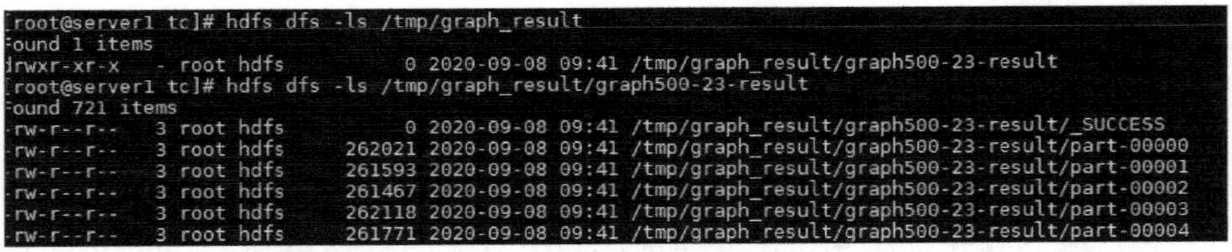

```
[root@server1 tc]# hdfs dfs -ls /tmp/graph_result
Found 1 items
drwxr-xr-x   - root hdfs          0 2020-09-08 09:41 /tmp/graph_result/graph500-23-result
[root@server1 tc]# hdfs dfs -ls /tmp/graph_result/graph500-23-result
Found 721 items
-rw-r--r--   3 root hdfs          0 2020-09-08 09:41 /tmp/graph_result/graph500-23-result/_SUCCESS
-rw-r--r--   3 root hdfs     262021 2020-09-08 09:41 /tmp/graph_result/graph500-23-result/part-00000
-rw-r--r--   3 root hdfs     261593 2020-09-08 09:41 /tmp/graph_result/graph500-23-result/part-00001
-rw-r--r--   3 root hdfs     261467 2020-09-08 09:41 /tmp/graph_result/graph500-23-result/part-00002
-rw-r--r--   3 root hdfs     262118 2020-09-08 09:41 /tmp/graph_result/graph500-23-result/part-00003
-rw-r--r--   3 root hdfs     261771 2020-09-08 09:41 /tmp/graph_result/graph500-23-result/part-00004
```

图 4. 16　调测结果

6）正确性校验。将上述算法加速库运行结果与开源算法运行结果进行对比，进行正确性验证。

4.4 鲲鹏 BoostKit 图分析算法加速库调优指南

性能调优是使用算法库时绕不开的话题，在既定硬件环境下，用户可以通过对平台、算法、资源的调整来最大化计算效率、硬件利用率，提升算法性能。在性能调优时，需要遵循一定的原则。首先，性能分析要多方面思考系统资源瓶颈所在，如 CPU 利用率达到 100%时，也需要考虑内存容量限制导致 CPU 忙于处理内存调度的情况。其次，一次只对一个性能指标参数进行调整，以免混淆影响性能的具体指标。最后，分析工具本身运行可能会带来资源损耗，导致系统某方面的资源瓶颈情况更加严重，应挑选相应轻量化工具来避免或降低影响。

基于以上调优原则，针对华为鲲鹏 BoostKit 图分析算法加速库，本节从平台侧、算法侧、资源侧三方面阐述其调优方法。本节提出的调优方法仅供参考，尤其是 OS 参数调优，请读者结合实际业务与软硬件配置情况谨慎调测。

4.4.1 平台侧调优

平台侧调优指通过调组件配置、优化平台组合、调节系统和组件参数等方法提高平台的整体效率与性能。基于 ARM 架构特性，大数据平台组件可进行针对性调优，以充分利用鲲鹏芯片的多核算力与高吞吐能力。

1. 组件配置调优

与华为鲲鹏 BoostKit 图分析算法加速库配合使用的平台主要有 YARN、HDFS、Spark、Ceph，上述组件的配置会影响平台性能，进而影响算法库性能，故调优上述组件配置十分必要。

YARN 组件配置。修改 GC 引擎为 G1GC，G1GC 更适合多核 CPU 场景。修改 JVM 内存大小，保证内存水平较高，减少 GC 的频率。可分配给 Container 的 CPU 核心数与实际数据节点物理核心数相等。可分配给 Container 的内存与实际数据节点物理内存总量相等。开启 NodeManager 启动 Container 时的 NUMA 感知和 NUMA 拓扑自动感知。

HDFS 组件配置。修改 GC 引擎为 G1GC，G1GC 更适合多核 CPU 场景。修改 JVM 内存大小，保证内存水平较高，减少 GC 的频率。DataNode 服务线程数（推荐 512）可适量增加。NameNode RPC 服务端监听客户端请求的线程数（推荐 512）可适量增加。NameNode RPC 服务端监听 DataNode 和其他请求的线程数（推荐 128）可适量增加。

Spark 客户端配置。RDD、Shuffle 输出等内部数据的编解码器使用 snappy，因为它速度较快且内存和 CPU 占用小。序列化器使用 KryoSerializer，因为它比 JavaSerializer 效率更高。开启 shuffle. service 可提高 Shuffle 性能，它是长期存在于 NodeManager 中的辅助服务。开启动态资源分配。多用户推荐用 FAIR 的调度模式。使用推测执行机制，较慢的 Task 会被重启，会带来额外的 CPU 开销。（该参数可以关闭也可以打开，视 Task 时间分布而定。）

并发度方面。针对相同 Task 数量的 Stage，Stage 的并发度与 Executor 的数量相关，并发度等于 Num_executor * Executor_core。由于鲲鹏服务器的 Numa 特性与 YARN 的 Numa 感知功能实现，所以最好能让 Executor 的数量刚好均衡分配在 CPU 的所有 Numa 节点上，同时考虑计算节点的个数，进而确定 Executor 的数量。

2. 高效第三方库——FastUtil 库

FastUtil 是扩展了 Java 标准集合框架（Map、List、Set；HashMap、ArrayList、HashSet）的类库，提供特殊类型的 Map、List、Set 和 Queue。

FastUtil 能够提供更小的内存占用和更快的存取速度。可以使用 FastUtil 提供的集合类来替代 JDK 原生的 Map、List、Set 集合类型，以减小运行时内存占用，获取更快的存取速度。

3. OS 参数调优

操作系统（Operation System，OS）控制与管理整个计算机系统的硬件和软件资源，并合理地组织与调度计算机的工作和资源分配，以提供给用户与其他软件方便的接口和环境，它是计算机系统中最基本的系统软件。对于 OS 参数，我们可以通过以下方式进行调节。

1）修改核心 block 层 I/O 调度算法为 mq-deadline 调度器，mq-deadline 调度器将 I/O 分为 read 和 write 两种类型，对于这每种类型的 I/O 有一棵红黑树和一个 FIFO 队列，红黑树用于将 I/O 按照其访问的 LBA 排列，方便查找合并，FIFO 队列则记录了 I/O 进入 mq-deadline 调度器的顺序，以提供超时期限的保障。

执行命令：

```
# echo mq-deadline > /sys/class/block/sdb/queue/scheduler
```

此处以“/dev/sdb”为例，对所有服务器上的所有数据盘进行修改。

2）修改核心 block 层队列深度 queue_depth 为建议值 256。

```
# echo 256 > /sys/class/block/sdb/device/queue_depth
```

此处以“/dev/sdb”为例，对所有服务器上的所有数据盘进行修改。更多关于大数据图分析算法加速库调优指南的介绍，请参考鲲鹏社区网站 https://www.hikunpeng.com/document/detail/zh/kunpengbds/appAccelFeatures/algorithmaccelf_ga/kunpengbdsgraph_05_0002.html。

4.4.2 资源侧调优

资源侧调优指通过修改系统设置、调节参数等方法来提高计算机 CPU、内存、磁盘、网络等资源性能及利用率。

1. CPU 性能调优

CPU 性能可通过设置 BIOS 相关参数进行调优，如切换性能模式、关闭额外功能设置等。

将 BIOS 功耗模式设置为性能模式是提高 CPU 主频、提升性能的常见方法。在 BIOS 中依次找到 Advanced→Performance Config→Power Policy，将 Power Policy 修改为 Performance。

此外，还可以通过关闭额外功能设置来减少不必要的开销以提升算法运行效率，提高性能。

关闭 SMMU 以消除虚拟化开销：SMMU（System Memory Management Unit）是 ARM 架构中实现虚拟化扩展（Virtualization Extension）的重要组件，无虚拟化任务时可以关闭该组件以减轻 CPU 开销，提升 CPU 利用率。在 BIOS 中，依次选择 Advanced→MISC Config→Support Smmu，将 Support Smmu 修改为 Disabled。

调整 CPU 预存取设置：CPU 将内存中的数据读到 CPU 的高速缓存 Cache 时，根据局部性原理，如果在一次数据读取中预取本次数据的周边数据到 Cache 中，则可能对性能造成影响。如果预取的数据是下次要访问的数据，那么性能会提升。如果预取的数据不是下次要取的数据，那么会浪费内存带宽。故对于数据集中的场景，若预取有高的命中率，则适合打开该设置，反之需要关闭。在 BIOS 中，依次选择 Advanced→MISC Config→CPU Prefetching Configuration，将 CPU Prefetching Configuration 根据算法数据集中的情况设置为 Disabled 或 Enabled。

2. 内存性能调优

TLB（Translation Lookaside Buffer）是在 CPU 内部存放虚拟地址与物理地址映射关系的高速缓存。TLB 的命中率越高，查询性能就越好，内存性能越强。TLB 的一行为一个页的映射关系，TLB 管理的内存大小等于 TLB 行数乘以内存的页大小。同一个 CPU 的 TLB 行数固定，因此内存页越大，管理的内存越大，相同业务场景下的 TLB 命中率就越高。

基于以上分析，可以通过修改页大小来提高 TLB 命中率，进而提高内存性能。修改核心内存页大小需要修改内核编译选项，在执行 make menuconfig 操作时，选择 PAGESIZE 为相应值再进行编译与内核安装可指定内存页大小。在一些性能要求严苛的应用场景，页需要被设置得非常大，针对这种情况，自 Linux Kernel 2.6 起，引入了 huge page（大页）的概念，可以通过修改 hugepages（启动时内核中配置的内存大页的数量）、hugepagesz（定义启动时在内核中配置的内存大页的大小）、default_hugepagesz（定义启动时在内核中配置的内存大页的默认大小）等参数进行内存大页设置，并通过命令在运行时设置大页数量。例如，以下命令设置 2MB 大页数量为 20。

```
# echo 20 > /sys/devices/system/node/node0/hugepages/hugepages-2048kB/
  nr_hugepages
```

此外，调整内存频率也是提高内存性能的方法之一。DRAM 中使用电容来存储数据，电容会自然漏电，因此需要不断充电来保持数据。充放电的过程称为一次刷新，刷新频率越高，内存响应时间越低，性能越强。因此，在 BIOS 中找到 Advanced→Memory Config→Custom Refresh Rate 项并将其改为 32ms 能够提高内存性能。

3. 磁盘性能调优

磁盘性能调优可以从磁盘管理模式修改、I/O 调度方式调整、内核参数修改等方面出发。磁盘管理模式确定磁盘的不同存写逻辑与数据在磁盘中的存储形式。在 Hadoop 等基本为单盘做数据盘的环境中有两种磁盘管理模式——JBOD 和单盘 RAID0。针对此类情况，若使用的是 LSI 3108/3408/3508 系列 RAID 卡，可选择单盘 RAID0 以利用专有 Cache 来提高读写速率。

在 I/O 调度策略方面，在数据盘为 HDD 的情况下，推荐使用 deadline 策略。可使用以下命令修改调度策略并查看修改结果。

```
# echo deadline > /sys/block/sdx/queue/scheduler
# cat /sys/block/sdx/queue/scheduler
```

在内核参数方面，在 I/O 顺序读较多的场景下，可调节预读大小（16384 仅为示例，实际大小需要根据实际情况调节以获取最佳效果）。

```
# echo 16384 > /sys/block/sdx/queue/read_ahead_kb
```

在 I/O 写入较多的场景下，可通过调节 dirty 相关参数来提高脏数据刷新频率，避免触发同步下刷机制。

```
# echo 500 > /proc/sys/vm/dirty_expire_centisecs
# echo 100 > /proc/sys/vm/dirty_writeback_centisecs
# echo 90 > /proc/sys/vm/dirty_ratio
```

```
# echo 5 > /proc/sys/vm/dirty_background_ratio
```

4. 网卡性能调优

在收到大量请求时，网卡会通知核心调用中断处理程序，将数据从网卡复制至内存。若网卡仅通过单一队列处理网络请求，则同一时间只能由单一核心处理数据包复制任务，在任务量过大时这会造成请求响应不及时。为了发挥多核处理器优势，可以通过引入网卡多队列机制将请求分配给不同核心并行处理以提高吞吐量。在网卡开启多队列时，操作系统通过 irqbalance 服务来确定网卡队列中的网络数据包交由哪个 CPU 核心处理，但是当处理中断的 CPU 核心和网卡不在一个 NUMA 上时，会触发跨 NUMA 访问内存。因此，我们可以将处理网卡中断的 CPU 核心设置在网卡所在的 NUMA 上，从而减少跨 NUMA 的内存访问所带来的额外开销，提升网络处理性能。具体步骤如下。

1）停止 irqbalance。

```
# systemctl stop irqbalance.service
# systemctl disable irqbalance.service
```

2）设置网卡队列个数为 CPU 的核心数。

```
# ethtool -L ethx combined 48
```

3）查询中断号。

```
# cat /proc/interrupts |grep $eth |awk -F ':' '{print $1}'
```

4）根据中断号，将每个中断分别绑定在一个核心上。

```
# echo $cpuNumber > /proc/irq/$irq/smp_affinity_list
```

4.4.3 算法侧调优

算法侧调优指通过修改模型与算法参数来加快模型的收敛速度、提高模型精度，从而提升算法的性能。算法在不同场景下有不同的样本空间，对于不同的参数，其性能表现也有所差异，用户可以根据不同场景调节模型的一些参数来加快收敛速度、提高精度，进而提升算法的性能。对于鲲鹏 BoostKit 图分析算法加速库，设置合理的 Spark 分区数量为通用算法侧调优方法。对于 Spark 分区数量，分区过多会增加调度耗时，分区太少会增大分区处理的数据量，加大 agent 节点内存占用，同时会导致一些节点没有分配到任务，造成资源浪费。因此可以将 numPartitions 设置为总核心数的 0.5~1.5 倍（建议为 1 倍），以减少调度开销，平衡算力，提高算法效率。

除了 Spark 分区数量参数之外，下面以图分析算法中群体分析与社区挖掘算法 Node2Vec 为例来说明算法侧参数调优方法。

Node2Vec 算法是一种经典的图表示学习算法，该算法通过从目标节点开始改进随机游走方法（混合 BFS、DFS，由回退概率 p 与前进概率 q 决定）来学习图中节点的低维表示，对应得到长度为 walkLength 的节点序列，将所有生成序列输入 Word2Vec 模型（关键参数为滑动窗口大小 window）得到节点对应维度为 dim 的向量表示。Node2Vec 参数说明见表 4.14。

表 4.14　图表示学习算法 Node2Vec 参数说明

参数	说明	建议
p	回退概率	1.0
q	前进概率	1.0
walkLength	路径长度	80
iter	迭代轮数	10
window	滑动窗口大小	20
dim	向量维度	128

以上算法参数建议仅供参考，并不代表最优参数，生产环境中请根据实际情况进行调整。更多关于图分析算法加速库调优指南的介绍可参考鲲鹏社区网站 https://www.hikunpeng.com/document/detail/zh/kunpengbds/appAccelFeatures/algorithmaccelf_ga/kunpengbdsgraph_05_0002.html。

第 5 章 基于鲲鹏的分布式图分析算法优化实战

本章将结合鲲鹏 BoostKit 图分析算法加速库的优化经验，从已有的开源分布式实现出发，介绍算法在 Spark GraphX 框架中的分布式处理流程和具体步骤，分析该算法分布式设计的难点并结合鲲鹏硬件特点给出算法优化建议。读者可通过本章了解并学习更加亲和鲲鹏硬件的分布式图分析算法的设计思想与优化技巧，进而快速从开源算法出发进行优化实战。最后，本章将介绍鲲鹏 BoostKit 图分析算法加速库的算法接口说明和使用示例，读者可参照样例快速开发分布式图分析算法应用程序，获得性能倍增体验。

本章要求读者具备一定的 Spark GraphX 分布式程序开发基础并了解算法的基本原理，如不熟悉，建议回顾第 2、3 章。本章不关注算法实现细节，想要快速调用算法进行应用开发的读者可直接阅读 5.3.4 节。为了方便读者实现，本章介绍的所有算法均从已有的开源分布式实现出发，读者可在已有的实现基础上进行优化实战。若读者想要复现鲲鹏 BoostKit 图分析算法加速库的性能数据，建议直接通过接口调用进行算法集成，全部算法的调用方式请参考鲲鹏开发者社区。

5.1 环路检测算法

环路检测算法是图分析领域的基础算法。简单环路检测问题是指找到第一个顶点和最后一个顶点相同且其余顶点不重复出现的路径。在实际应用场景中，很大一部分环路信息是无用的，因此我们通常会指定约束条件，如环路长度、环路中边权重等约束，求解有特定价值的环路信息。这类问题就是带属性约束的环路检测问题。环路检测算法常应用于金融风控领域实现循环转账检测和反洗钱、网络路由中异常链接检测、企业担保圈贷款风险识别等。

如 2.1 节所述，经典的环路检测算法基于 DFS（深度优先搜索）算法思想实现环路检测，同时借助一些剪枝约束降低计算复杂度。然而 DFS 算法通过递归方式进行遍历，所以遍历过程中存在较强的依赖性，且本次遍历受限于上次遍历的结果。

因此，如何设计一种适用于大规模图数据的分布式环路检测算法是本节的重点。

Rodrigo Caetano Roch 等人提出了一种基于消息传递的分布式环路检测算法实现[159]，以尝试解决传统方法并行率低下的问题。基于该算法的设计思想，本节将以有向无权图为例，介绍一种基于 Spark 分布式计算框架的高效分布式实现方案。同时，结合鲲鹏硬件特点，本节将对关键步骤展开，详细介绍亲和鲲鹏硬件的实现与优化。

5.1.1 分布式实现

如图 5.1 所示，分布式环路检测算法的执行流程可分为 5 个步骤，其中：图分区步骤用于对输入的图数据进行重新划分，使分布式任务负载更均衡；环路检测步骤包含核心的环路检测流程，实现中通过多轮迭代进行消息通信和环路检测。

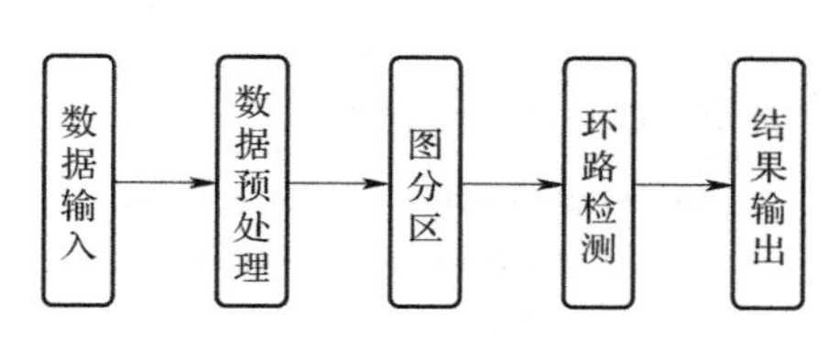

图 5.1 分布式环路检测算法的执行流程

Spark 框架支持从 HDFS、HBase、Hive 等数据源读取数据。以 HDFS 为例，图数据在 HDFS 中通常以 COO 格式存储，即文件中一行数据对应存储一条边信息。数据输入阶段会基于文件分块数或预设的分区数读取数据，每个分区包含多条边信息；数据预处理阶段将对图数据进行预处理，主要包括去除重复边、自环边等操作；图分区阶段将图数据分割成多个子图，Spark 将各个子图分配到不同的计算节点上；最后，将实现基于消息传递的分布式环路检测流程并将结果落盘。若某顶点在前一次迭代中没有收到任何消息，则停止自身活动。当所有顶点都停止时，算法终止，并输出环路结果。

分布式环路检测算法的具体实现如算法 5.1 所示，该算法以分布式图 G 和分区数 P 为输入，顶点 v 的属性为 Q，顶点 v 接收到的消息计为 $M(v)$，还没有结束计算的顶点为活跃顶点，包含在 active 中，当 active 为空时，算法结束。

1）第 1~6 行：初始化每个顶点的属性，即当前顶点的索引，从每个顶点 v 出发，将自己的索引发给下一跳邻居，代表一条从 v 出发的路径。

2）第 9、10 行：接收上一跳邻居发来的消息，若消息为空，则顶点 v 结束。

3）第 13~15 行：若收到的路径包含顶点自身的索引，且路径第一个索引、路径中索引的最小值都为 v，则标记该环路。

4）第 15~17 行：若收到的路径中不包含自己的索引，说明暂时未检测到环路，则将自己的索引添加至路径末尾，并将此路径发送给下一跳邻居，继续进行检测。

算法 5.1　分布式环路检测算法

输入：分布式图 $G=(V,E)$，分区数为 P
输出：被标记为环路的路径

```
1.  distributed for p=1,2,⋯,P do:
2.      for each v ∈ active then:
3.          Q=(v,[v])
4.          for each w ∈ N⁺(v) do:
5.              send [v] to w
6.  end distributed for
7.  while active≠∅ do:
8.      distributed for p=1,2,⋯,P do:
9.          if M(v)=∅ then:
10.             deactivate v and halt
11.         else:
12.             for each [v1,v2,⋯,vk] ∈ M(v) do:
13.                 if v1=v and min{v1,v2,⋯,vk}=v then:
14.                     mark [v1=v,v2,⋯,vk,vk+1=v]
15.                 else if v ∉ [v2, ⋯,vk] then:
16.                     for each w ∈ N⁺(v) do:
17.                         send [v1,v2,⋯,vk,v] to w
18.     end distributed for
```

图 5.2 为环路检测过程中消息传递的过程。简单来说，我们通过消息记录路径信息，迭代过程模拟图的遍历过程，如果某一次迭代处理的顶点在其消息的路径信息中存在，则说明检测到环路。

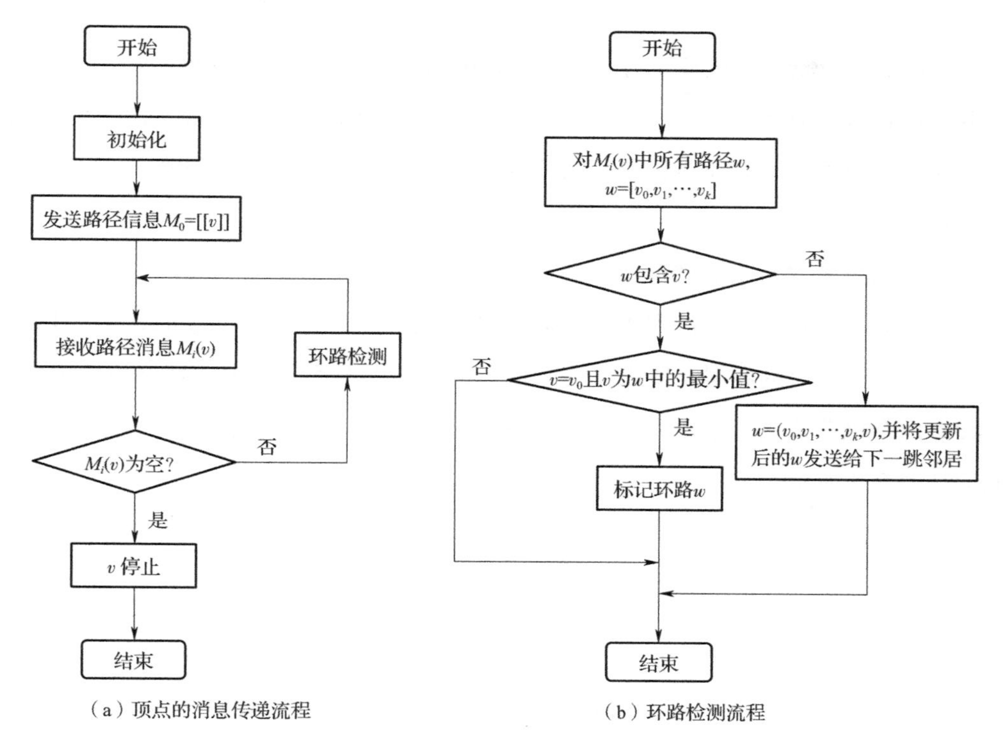

（a）顶点的消息传递流程　　（b）环路检测流程

图 5.2　面向顶点的分布式环路检测流程图

针对当前顶点 v，接收其上一跳邻居发送的信息 $M_i(v)$、更新自身的属性（路径信息表）并检测消息中的路径是否为环路。假设 w 为 $M_i(v)$ 中的一条路径，若 w 中包含 v，则 w 不会再发送给下一跳邻居顶点，且只有 w 中索引最小值及 w 的起点都恰好为 v 才标记该环路；若 w 中不包含 v，则将 v 添加到路径 w 的末尾，并将更新后的路径 w 发送给下一跳邻居。

5.1.2　难点分析

分布式环路检测算法实现中需通过消息记录所有路径信息，迭代过程中需要进行大量的信息同步。同时，在环路检测过程中需遍历所有路径来确定其中是否包含当前顶点，算法整体复杂度较高。具体分析如下。

（1）算法复杂度较高

目前业内流行的单机算法为 2.1.2 节介绍的 Johnson 算法，虽然其时间复杂度较低，但它基于 DFS 思想，无法在分布式集群上通过简单适配实现。而我们提出了上述基于消息传递的环路检测算法，这种算法基于 BFS 思想，可在分布式集群中实现环路检测。

（2）分布式系统下算法通信开销大

一方面，在超步运算过程中，不同图分区上顶点进行信息同步时，会大量拉取其他计算节点上的数据，造成算法通信开销大，以图 5.3 所示的环路检测为例，假设有两个机器节点，采用点切分的方式进行图分区，则节点间进行信息同步时通信如图 5.4 所示。

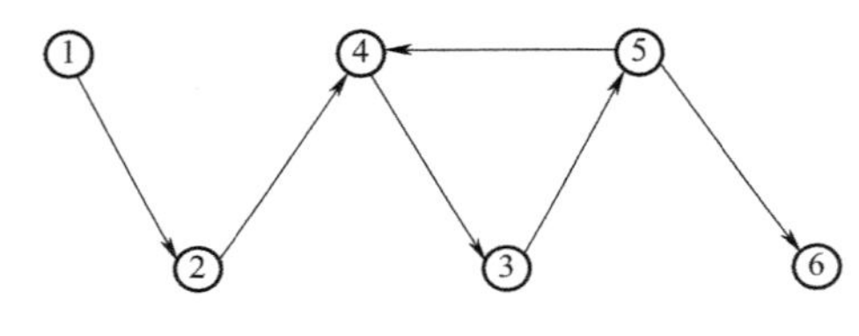

图 5.3　原始图数据结构

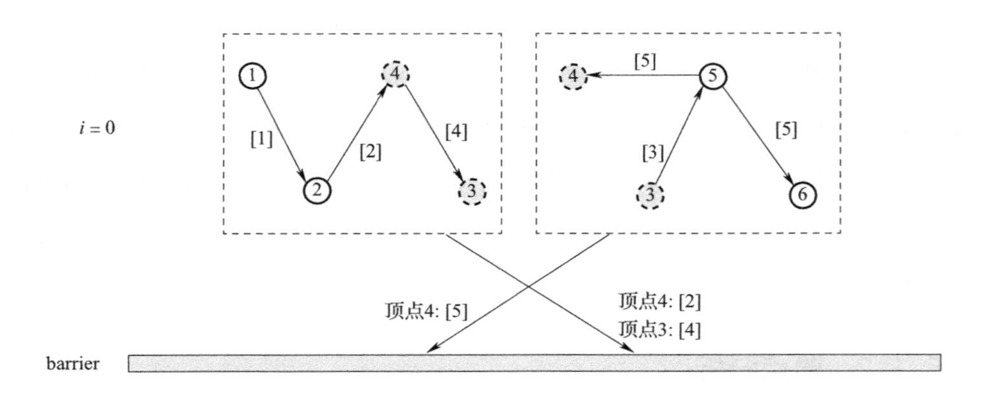

图 5.4　顶点同步时消息传递示例

另一方面，大规模图数据中，计算节点进行消息传递时交换的路径信息数据结构较复杂，且随着图数据规模增大和迭代次数增加，路径信息规模也会越来越大，给节点间通信带来巨大压力，如图 5.5 所示。

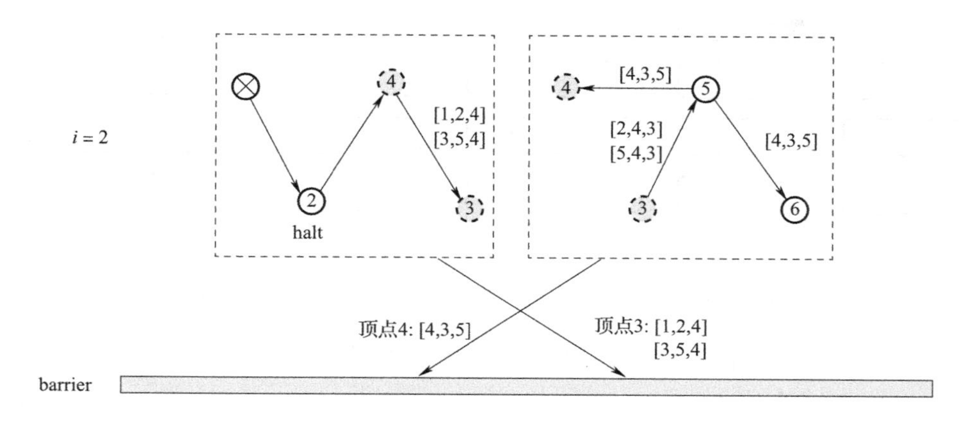

图 5.5　迭代次数增加时节点间传递的消息规模变大

5.1.3　关键步骤与优化点解析

1. 关键步骤

本节将基于上文介绍的在 Spark 分布式计算框架的高效分布式实现方案，结合鲲鹏硬件特点，对关键步骤进行解析，详细介绍亲和鲲鹏的实现与优化。

（1）图分区

在环路检测算法的分布式实现中，需要将原始的图数据进行分区，从而分发到不同的计算节点上进行并行计算。图分区策略会影响图计算的并行效果，不合理的图分区会导致拖尾问题，使计算并行度难以提升，如图 5.6 所示。鲲鹏 CPU 的核心数众多，优化图分区提高并行度可以充分发挥鲲鹏的多核算力优势，提高鲲鹏亲和性。

因此，我们不仅需考虑图数据在分布式系统的节点之间存储和通信开销的最小化，还需要考虑分布式框架中各分区计算的平衡问题。

GraphX 框架中内置了多个基于点割的图分区策略，如图 5.7 所示，通过对图中的顶点进行切割，在不同的计算节点上存储同一个顶点的数据，从而实现对图数据的划分。

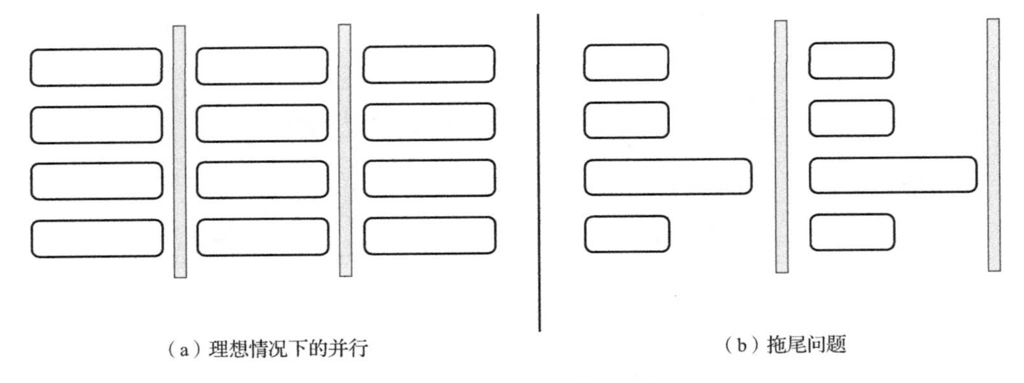

图 5.6　理想情况下的并行和拖尾时的并行比较

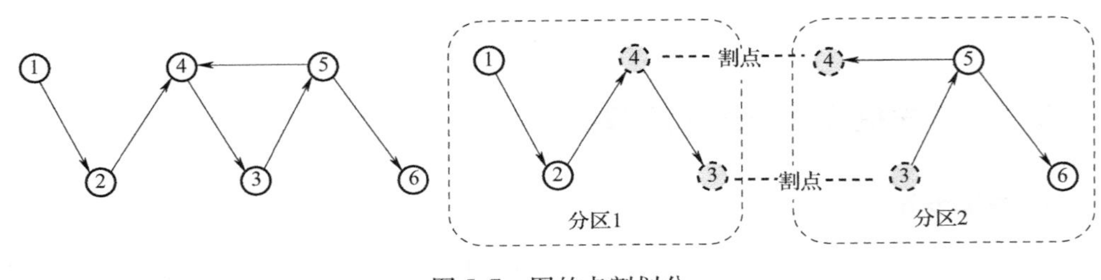

图 5.7　图的点割划分

分区完成后图以 Graph 对象存储，该对象包含一个边 RDD 和一个顶点 RDD。边 RDD 中存储了多个 EdgePartition 对象，单个 EdgePartition 对象表示一个边分区，即图 5.7 中单个分区内的边列表。顶点 RDD 保存了顶点属性表和顶点路由表，顶点属性表存储顶点 ID 及顶点属性，顶点路由表存储顶点与边分区的对应关系。在分布式环路检测算法中，顶点属性存储从当前顶点出发已检测到的环路路径及在上一次迭代接收到的路径信息，顶点发送的消息结构为元组，存储本次迭代传递的路径信息和顶点的同步信息。

（2）环路检测

以图 5.3 中的数据为例，迭代过程如图 5.8 所示。每一次迭代时，若顶点处于活跃状态，该顶点将自身属性（包含自身的路径列表信息）发送至其对端顶点，经 Spark GraphX 的聚合算子进行消息聚合。各顶点聚合了所有上一跳邻居发送来的路径列表信息并汇总为自身属性。顶点将自身 ID 添加在每一条路径末端，执行环路检测，若检测到路径中存在环路则标记所有环路信息。

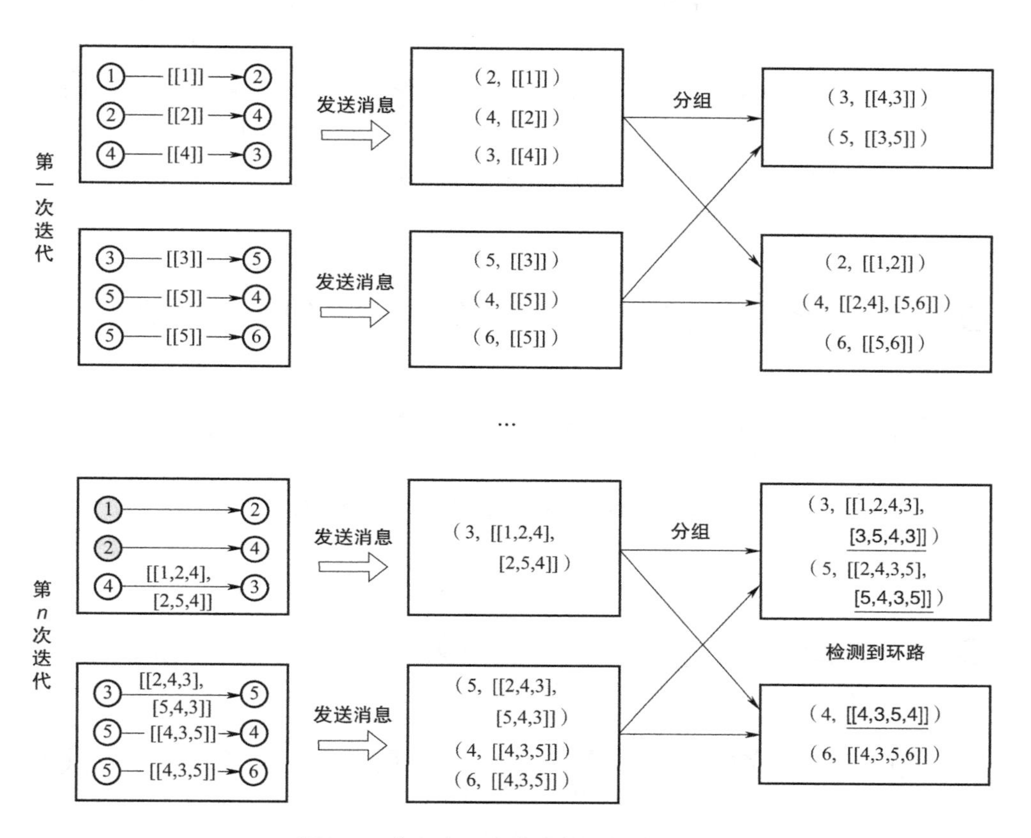

图 5.8　分布式环路检测方法的迭代过程

图 5.9~图 5.12 以完整的图示说明基于消息传递的环路检测过程。

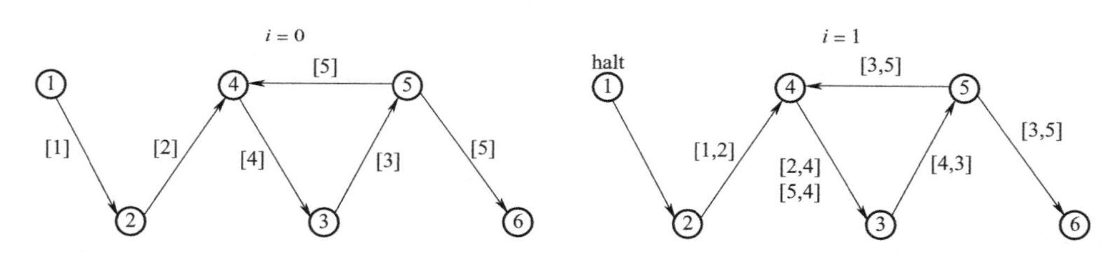

图 5.9　分布式环路检测流程实例

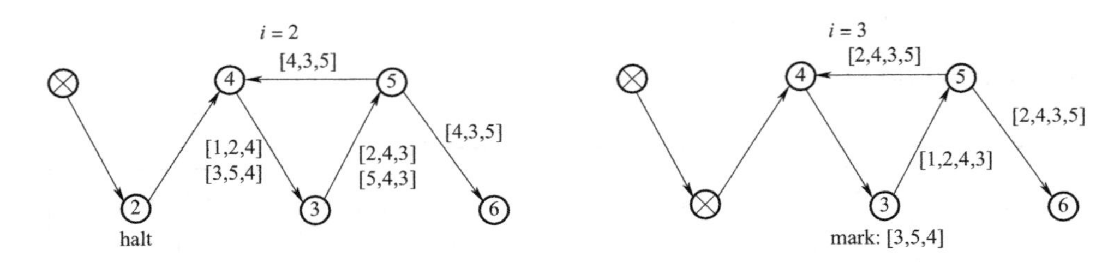

图 5.10　分布式环路检测流程实例过程补充 1

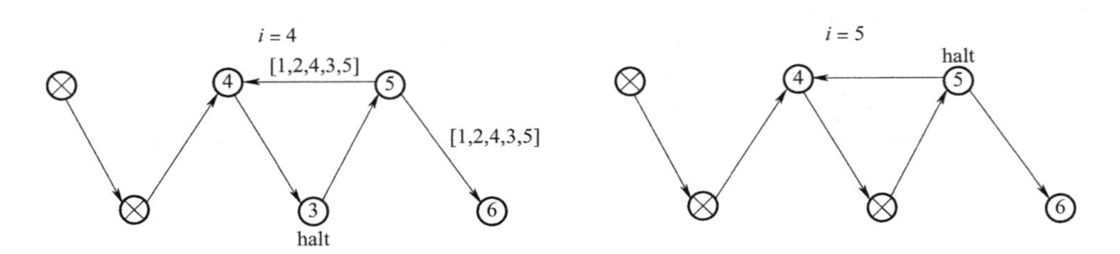

图 5.11　分布式环路检测流程实例过程补充 2

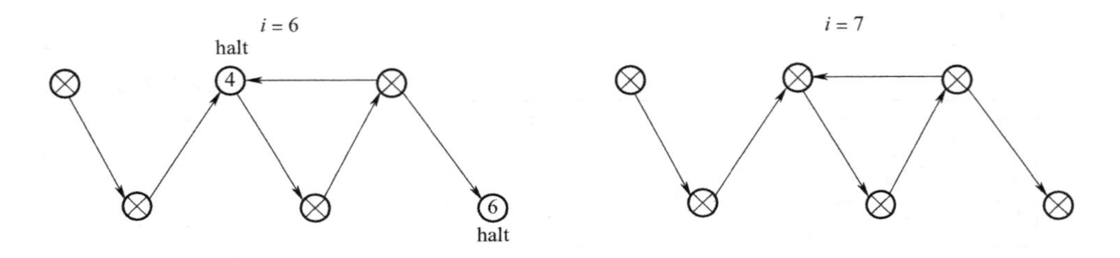

图 5.12　分布式环路检测流程实例过程补充 3

首先，每个顶点将自身索引发给邻居。接下来，每次迭代中顶点在自己收到的路径末尾加上自身的索引，并将更新后的路径发送给下一跳邻居。

每次迭代中没有收到路径的节点将被删除，例如 $i=2$ 中，索引为 1 的顶点已被删除。

每次接收到路径信息后，都要进行环路检测，即判断接收到的每条路径是否包含自己的索引。若某条路径包含自身的索引，则这条路径不会被继续传递。例如图 5.10 中，$i=3$ 中，顶点 5 在 $i=2$ 时接收到的［5,4,3］和顶点 4 在 $i=2$ 时接收到的［4,3,5］未被继续传递。此外，若自身索引为这条路径中索引的最小值以及路径起点，则标记该路径为环路，以便最后输出环路结果（例如 $i=3$ 中环路［3,5,4］被标记）。

2. 优化建议

（1）构图优化

一般来说，图数据的稀疏性通常会导致图数据的存储出现冗余。以图 5.13 中的矩阵为例，内存有效利用率仅为 56.25%。而这会导致传输过程中产生了不必要的通信开销。因此，我们一般会对数据进行压缩，以降低运行时的内存开销。图数据压缩的常用算法有 COO 压缩和 CSR 压缩，压缩示例如图 5.13 和图 5.14 所示。

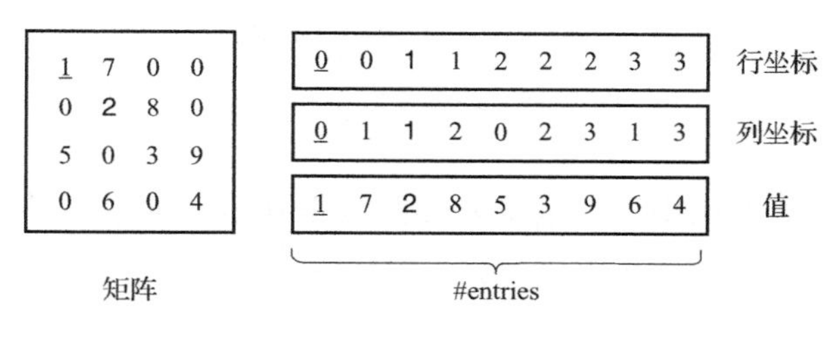

图 5.13　COO 压缩示例

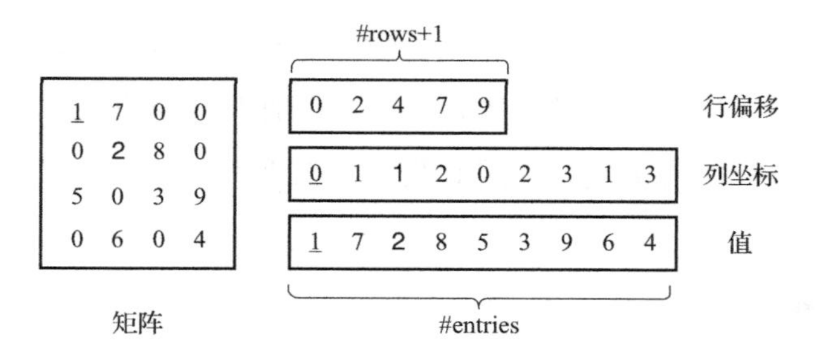

图 5.14　CSR 压缩示例

常规压缩算法使用 COO 方法，但在环路检测算法中，需要向下一跳节点发送信息，因此在消息更新时需要快速访问下一跳邻居信息。CSR 稀疏压缩结构不仅可以压缩图数据，而且由于其特殊的索引结构（适用于表示稀疏有向图），可以以 $O(1)$ 复杂度访问某个顶点的邻居信息，从而显著提升图遍历性能。

(2) 剪枝优化并利用多线程提高并行度

上文详细展示了采用消息传递进行环路检测的方法——基于 BFS 思想进行环路检测，但这种方法会使一个环以环上的每个点为起点各找一遍，造成重复检测的问题。例如在图 5.15 中，$i=3$ 时，同一个环分别以［3,5,4］、［4,3,5］、［5,4,3］三种形式被重复检测到。

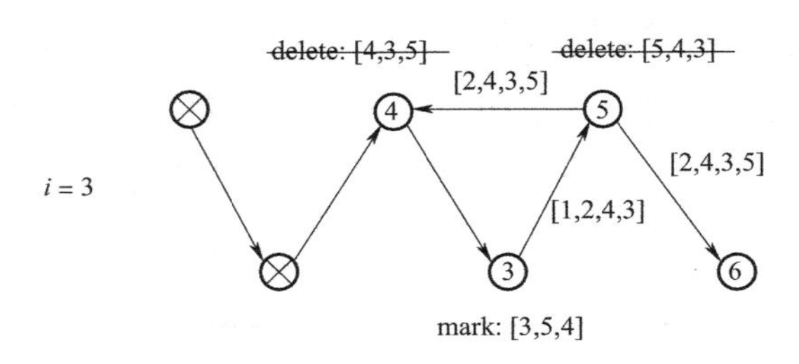

图 5.15　环路重复检测问题

在分布式图计算框架中，大量重复环路数据在节点通信时传输和存储，造成了不必要的开销。因此，避免环路重复检测是优化的一个重要方向。

3. 剪枝方案

对图顶点进行编码，依据编码进行剪枝优化，可滤除大量重复的环路信息，减缓网络传输压力，发挥鲲鹏高效算力。本小节将介绍 3 种剪枝方案，这 3 种剪枝方案可同时使用，多数情况下可以优化计算。但有时剪枝方案二中强连通分量等计算反而使计算过程变得更复杂，因此我们需根据不同数据规模或者编码方式择优选择。

(1) 方案一

假如点的出度或者入度为 0，则此点必不能成环，因此剪枝方案一可描述为：将出度或者入度为 0 的点从起点中去掉，而在去掉此点后会出现新的出度或入度为 0 的点，可以迭代地将此类点都去掉。因此图 5.4 中例子剪枝后起点如图 5.16 所示。

(2) 方案二

还可以借助强连通分量的性质提出第二种剪枝方案，如图 5.17 所示。由于环路只会出现在同一强连通分量中，因此先使用强连通分量算法将图进行拆分，在各子图内进行环路检测，不同强连通分量间不再进行检测。这样可以减少计算量，减缓网络传输压力，从而发挥鲲鹏的高效算力。

不同强连通分量的子图在环路检测计算时相互间不耦合，因而增加了算法并行化的可能。用多个线程分别计算每个子图的环路信息，可以充分释放 CPU 核心数众多的鲲鹏算力优势。

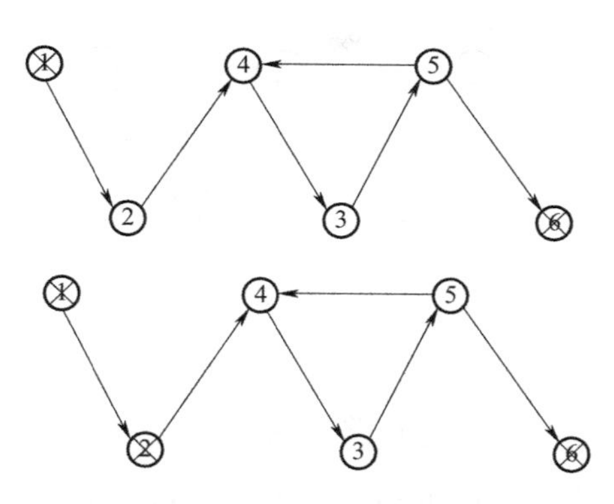

图 5.16　剪枝方案一示例

（3）方案三

剪枝方案三描述为：从起点出发，当迭代次数 $i>1$ 时，每传递到下一个顶点就判断起点索引是否比当前点索引小，如果不是，则将这条路径剪掉。按照这种方式，最后找到的环就会是此环上以索引最小的点为起点找到的环。需要特别注意的是，当 $i=1$ 时不可以进行剪枝，否则可能会使某些顶点提前结束，进而导致部分环路丢失。例如本例中，若如图 5.18 所示，[4,3] 被剪掉将导致索引为 5 的顶点提前结束，影响后续环路检测。

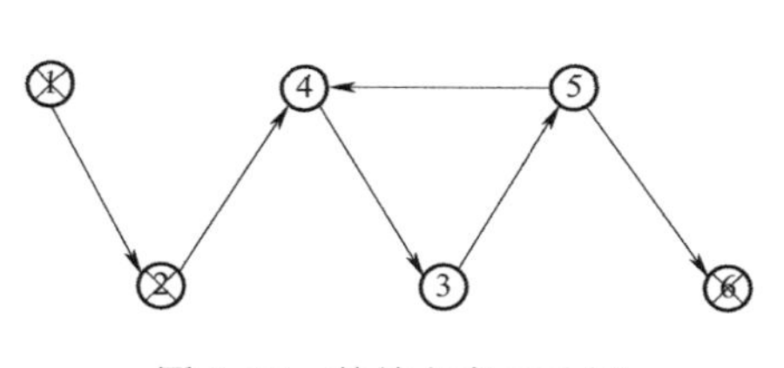

图 5.17　剪枝方案二示例

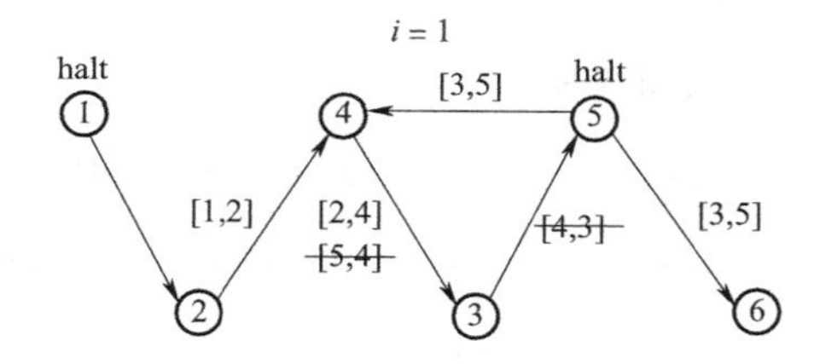

图 5.18　环路重复检测注意事项

因此以图 5.19 中的图数据为例，则正确剪枝方案如图 5.20 所示。

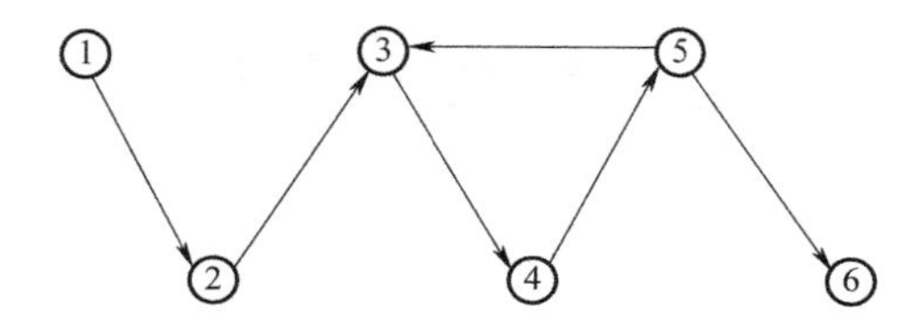

图 5.19　剪枝问题原始图数据结构

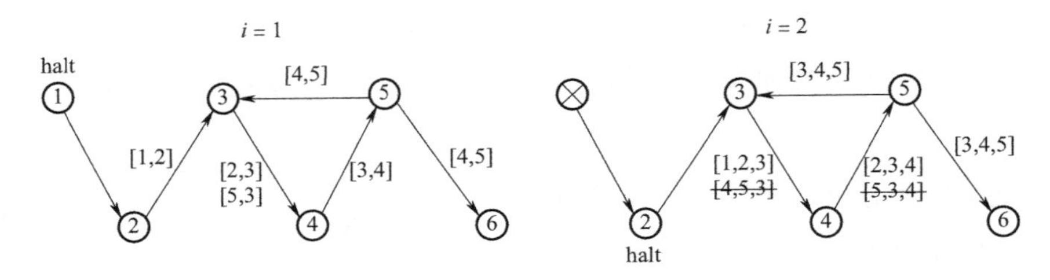

图 5.20　正确的剪枝方案三示例

在上述环路检测算法过程中，从不同顶点出发的环路检测计算相互间互不耦合，因此可利用多线程机制，用多个线程分别计算每个顶点的环路信息，提高并行度，从而充分发挥鲲鹏亲和性的优势。

5.1.4　鲲鹏 BoostKit 算法 API 介绍

鲲鹏 BoostKit 算法库中的环路检测算法在 CycleDetectionWithConstrains 类中实现，其核心是使用 run 方法，根据指定约束条件计算有向有权关系网络中的环路检测信息，即有向图中首尾相连的路径。输入 RDD 形式的带权边列表，输出 RDD 形式的环路信息。下文将介绍环路检测算法的接口说明和使用示例。

1. 接口说明

1）包名：package org. apache. spark. graphx. lib。

2）类名：CycleDetectionWithConstrains。

3）方法名：run。

4）输入：RDD[(Long,Long,Double)]，表示带权重的有向图边列表，详细算法参数如表 5.1 所示。

表 5.1　环路检测算法关键参数列表

参数名称	参数含义	取值类型
edgeInfo	带权重的有向图边数据	RDD[(Long, Long, Double)]，边权重为正数
part	计算时分区个数	Int 类型的正整数
minLoop	最小的环路长度	Int 类型的正整数，一般取值为 2 以上

（续）

参数名称	参数含义	取值类型
maxLoop	最大的环路长度	Int 类型的正整数，需大于或等于 minLoop，一般取值为 10 以下
minRate	最小的边权比（下一边/当前边）	Double 类型的正浮点数
maxRate	最大的边权比（下一边/当前边）	Double 类型的正浮点数，需大于或等于 minRate

5）输出：RDD[Array[Long]]，表示环路检测信息，每一条环路以顶点序列表示。

2. 使用示例

1）初始化上下文

```
val sparkConf = new SparkConf().setAppName(s"CDTest").setMaster("yarn")
val sc = new SparkContext(sparkConf)
```

2）读取图数据

```
val edgeInfo = sc.textFile("hdfs:///tmp/graph_data/datapath ", numPar-
titions)
.map(line => {val arr = line.split(" \t"); (arr(0).toLong, arr(1).
toLong, arr(2).toDouble)})
```

3）构图并调用环路检测算法

```
val result = CycleDetectionWithConstrains.run(edgeInfo, numPartitions,
minLoop, maxLoop, minRate, maxRate)
```

5.2 Louvain 算法

在社交网络中，拥有相近兴趣的用户会进行密切交流，逐渐聚合在一起，形成一个社区。社区挖掘算法用于在社交网络中挖掘这些具有内在联系的社区。Louvain 算法[119] 是一种被广泛使用的经典社区挖掘算法，其基于贪心策略计算顶点迁移后的模块度增益使顶点加入最佳社区，从而实现模块度的最大化以挖掘社区。

Louvain 算法被广泛地应用于各个领域。例如：在航空领域，可以使用 Louvain 算法对航线网络进行社区划分，为航线网络优化提供参考；在学术领域，可以使用 Louvain 算法研究不同作者间的关联紧密程度，为学科间的合作研究提供帮助。

本节将介绍一种基于 Spark GraphX 框架实现的分布式 Louvain 算法[160]，该算法通过两层循环挖掘图中的社区结构，内部循环基于贪心思想进行顶点迁移最大化模块度增益，外部循环对图进行聚合，将属于同一社区的顶点聚合为新的顶点，逐层迭代完成社区挖掘任务。本节介绍的分布式 Louvain 算法基于无向有权图，有向图和无权图上的分布式 Louvain 算法与之类似，此处不详细展开。

5.2.1 分布式实现

分布式 Louvain 算法中使用顶点 RDD 记录顶点信息。某一顶点 i，包括 c、E_G、a_c，其中 c 代表顶点 i 的社区 ID，E_G 代表与顶点 i 相连的边的权重信息，$a_c=\sum_{i\in c}k_i$ 代表社区 c 内部 k_i 之和。边 RDD 记录边信息，包括边的起点、终点、权重。分布式 Louvain 算法的具体实现流程如图 5.21 所示。首先进行数据预处理，包括去除 Louvain 算法不会使用的重复边和自环边，对不连续的顶点 ID 进行排序等；之后进行图分区，将图分割为子图后分配给集群中各计算节点处理；最后在子图上并行地进行顶点迁移和图重构直到收敛。

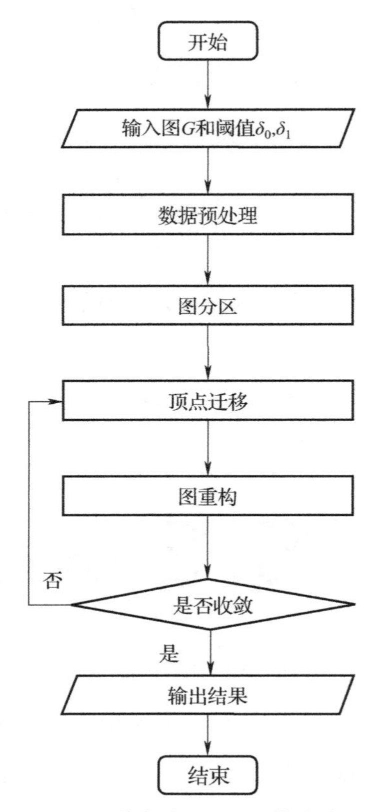

图 5.21　分布式 Louvain 算法流程

其中顶点迁移部分的具体流程如图 5.22 所示，每个顶点和邻居顶点互相交换顶点 RDD 信息，接收信息后将社区 ID 相同的数条信息聚合为一条信息，计算模块度增益，选择最优的顶点迁移策略。

在所有顶点迁移完成后，计算总模块度增益，若小于阈值 δ_1 则输出结果，否则继续迭代。

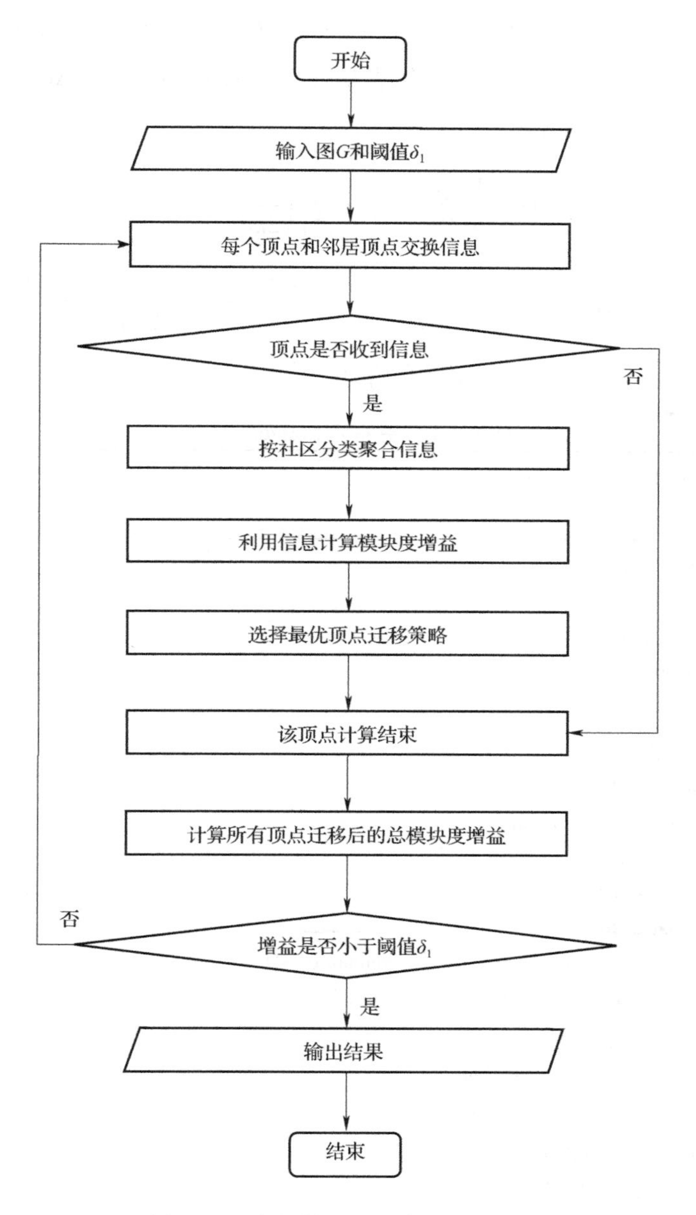

图 5.22　内层循环（顶点迁移）流程

算法 5.2 为分布式 Louvain 算法的伪代码实现，其中，输入的 δ_0、δ_1 为决定顶点迁移迭代和图重构迭代是否继续的两个阈值参数，P 代表分区总数，输出的 C_{set} 为社区集合，L 代表信息，Q 代表当前模块度，Q_0 代表上次顶点迁移后的模块度，Q_1 代表上次图重构后的模块度，l_k 代表从社区 k 收到的信息，ΔQ 代表模块度增益，Q 和 ΔQ 的计算公式分别为

$$Q=\frac{1}{2m}\sum_{i\in V}e_{i\to C(i)}-\sum_{C\in P}\left(\frac{a_C}{2m}\cdot\frac{a_C}{2m}\right) \tag{5-1}$$

$$\Delta Q_{i\to C(j)}=\frac{e_{i\to C(j)}-e_{i\to C(i)\setminus i}}{m}+\frac{2\cdot k_i\cdot a_{C(i)\setminus i}-2\cdot k_i\cdot a_{C(j)}}{(2m)^2} \tag{5-2}$$

原语 send 和 aggregate 用于发送和聚合信息。

算法 5.2　分布式 Louvain 算法

输入： 图 G，阈值 δ_0、δ_1，分区数量 P
输出： C_{set}

1. $Q\leftarrow 0$，$Q_0\leftarrow -\infty$，$Q_1\leftarrow -\infty$，
2. **repeat**:
3. 　　$C_{set}\leftarrow$initialize(G)
4. 　　$Q_1\leftarrow Q$;
5. 　　**repeat**:
6. 　　　　$Q_0\leftarrow Q$
7. 　　　　**distributed for** $p=1,2,\cdots,P$ **do**:
8. 　　　　　　**for** $(u,v)\in E$ **do**:
9. 　　　　　　　　send(u) to v
10. 　　　　　　　　send(v) to u
11. 　　　　**for** $u\in V$ **do**:
12. 　　　　　　　　$L\leftarrow$aggregate message by community ID
13. 　　　　　　　　$\{\Delta Q_{u\to 1},\cdots\Delta Q_{u\to k}\}\leftarrow$compute($L$)
14. 　　　　　　　　**target**$\leftarrow$argmax$_{t\in N(u)}$ $\Delta Q_{i\to t}$
15. 　　　　　　　　**if** $\Delta Q_{u\to \text{target}}>0$ **then**:
16. 　　　　　　　　　　$C_{set}[u]\leftarrow$target
17. 　　　　**end distributed for**
18. 　　　　$Q\leftarrow$compute(C_{set})
19. 　　　　$\Delta Q\leftarrow|Q-Q_0|$

```
20.         until ΔQ/Q<δ0
21.         G←newgraph(G,Cset)
22.         ΔQ←|Q-Q1|
23. until ΔQ/Q<δ1
```

伪代码的各行含义如下。

1）第 1 行：初始化 Q、Q_0、Q_1。

2）第 2~4 行：开始外层循环（图重构），初始化所有顶点的所属社区为仅包含顶点自身的社区，更新 Q_1。

3）第 5~6 行：开始内层循环（顶点迁移），更新 Q_0。

4）第 7~10 行：在 P 个分区上遍历所有边，使边的两个顶点互相交换顶点 RDD 信息。

5）第 11~17 行：所有顶点将接收的信息根据社区 ID 聚合，根据式（5-2）计算模块度增益，选择最优社区进行顶点迁移。

6）第 18~20 行：根据式（5-1）计算当前模块度，检验模块度改变比例是否小于 δ_0，若小于则停止内层循环。

7）第 21 行：图重构，具体细节见 5. 2. 3 节的关键步骤三。

8）第 22、23 行：检验模块度改变比例是否小于 δ_1，若小于则停止外层循环。

5. 2. 2　难点分析

分布式 Louvain 算法虽然性能相比串行 Louvain 算法有极大提高，但仍面临以下两个问题。

（1）算法收敛性无法保障

不同于单机算法中顶点顺序访问产生确定一致的更新结果，分布式场景下，多个顶点同时被访问进行并行化的顶点迁移更新操作，会造成社区信息更新结果与预期不一致，导致算法收敛速度降低甚至无法收敛。

如图 5. 23 所示，v_1 和 v_2 都属于仅包含自身的社区且属于不同的进程。当顶点迁移时，v_1 和 v_2 都选择加入对方所在社区，即交换了 v_1 和 v_2 的社区。本轮顶点迁移结束后，v_1 和 v_2 仍属于仅包含自身的社区。v_1 和 v_2 顶点迁移后的结果与预期中二者迁移到同一社区不一致，使得本轮顶点迁移对模块度无影响，阻碍了算法的收敛。

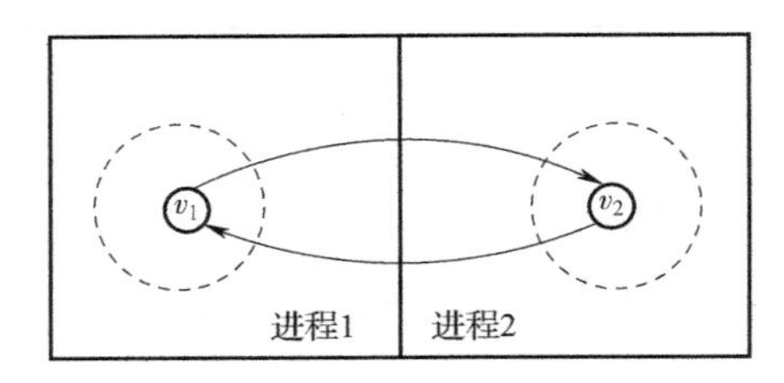

图 5.23　顶点交换示例

（2）算法计算效率低

算法计算过程需要遍历所有顶点的邻居，但实际运算过程中，一些重要顶点的迁移往往会比其他顶点带来更大的模块度增益值。此外，顶点在迁移到邻居社区的过程中，需要计算所有的可能迁移方式，但其中只有少量迁移方式能带来足够大的收益。上述两点导致大量低效的顶点迁移和无效的计算，使得算法整体计算效率降低。

不同顶点迁移的模块度增益如图 5.24 所示，其中，$\Delta Q_{i\to\text{target}}$ 代表顶点 i 按照贪心策略进行顶点迁移后的模块度增益，$\Delta Q_{v_1\to c(j)}$ 代表顶点 v_1 移向不同邻居顶点所在社区后的模块度增益。顶点 v_1 按照最优策略进行顶点迁移后的模块度增益远大于其他顶点，同时在顶点 v_1 的 6 种可能迁移方式中，移向顶点 v_2 和 v_4 所在社区的模块度增益远大于其他迁移方式带来的模块度增益。

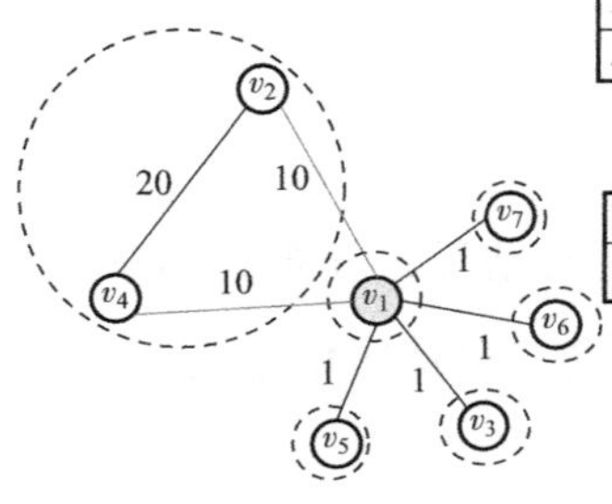

i	v_1	v_2	v_3	v_4	v_5	v_6	v_7
$\Delta Q_{i\to\text{target}}$	0.082	−0.180	0.033	−0.180	0.033	0.033	0.033

j	v_2	v_3	v_4	v_5	v_6	v_7
$\Delta Q_{v_1\to c(j)}$	0.082	0.033	0.082	0.033	0.033	0.033

图 5.24　不同顶点迁移的模块度增益

5.2.3 关键步骤与优化点解析

1. 关键步骤

（1）图分区

在分布式算法中，需要将图数据分割为不同分区并存储在不同机器中。图分区的目标是在保证各分区顶点数与边数大致相同的前提下尽量减少不同分区间的边数，从而降低算法运行时的通信开销和信息同步时间并提升算法的并行度，实现高效的分布式计算。

GraphX 使用点切分方式，其优点是可以大大减少图计算过程中的数据同步开销。在 GraphX 中，每个分区存储图的部分边，数据交换时，分区广播自身的数据。GraphX 维护一个路由表，它记录分区内顶点 RDD 与所有边 RDD 分区的关系。在边 RDD 需要顶点数据时（如构造边三元组时），顶点 RDD 所在分区会根据路由表把顶点属性数据发送至边 RDD 所在分区。

GraphX 定义了 4 种分区策略，分别是 1D 边分区（EdgePartition1D）、2D 边分区（EdgePartition2D）、随机点切割（RandomVertexCut）和正则随机点切割（CanonicalRandomVertexCut）。设边的起点 ID 为 srcID，终点 ID 为 dstID，分区数 k。上述 4 种分区策略的特点如下。

1）1D 边分区使相同起点的边会被分配到同一分区，降低了通信开销，但可能会导致不同分区的负载不均。

2）2D 边分区将图视为邻接矩阵，将邻接矩阵尽量均匀地切分为 k 个分区。相比 1D 边分区，2D 边分区能减少负载不均的问题。

3）随机点切割将边进行随机分区，可保证数据均衡性，但可能会导致很高的通信开销。

4）正则随机点切割是对随机点切割的扩展，它忽略了边的方向性，也就是说，两个顶点间不同方向的两条边会被分到同一分区。

上述 4 种分区策略各有优劣，在实际使用时可以根据具体场景进行选择。本小节中的分布式 Louvain 算法使用 GraphX 默认的 1D 边分区策略。

（2）顶点迁移

顶点迁移是分布式 Louvain 算法的核心环节，通过 GraphX 中的 AggregateMessages 图操作算子实现。

AggregateMessages 图操作算子的编程模型包含 sendMsg 函数和 mergeMsg 函数。sendMsg 函数向邻居顶点发送信息，mergeMsg 函数将收到的信息进行聚合。

具体实现中，定义 AggregateMessages 算子如下：将 sendMsg 函数定义为和邻居顶点交换计算模块度增益所需的所属社区序号、边权重等顶点 RDD 信息，mergeMsg 函数按社区 ID 聚合接收的信息。

每轮迭代中，所有顶点使用 AggregateMessages 算子和邻居顶点交换信息并聚合接收的信息，聚合完所有信息后，顶点计算不同社区的模块度增益并取最大值，若最大值大于 0，则更新顶点的社区归属。

每轮迭代结束后，汇总顶点属性计算当前模块度是否满足终止条件，若不满足则继续迭代。否则结束顶点迁移步骤。

如图 5.25 所示，顶点 v_1 和邻居顶点 v_2、v_3、v_4 使用 sendMsg 交换信息，之后使用 mergeMsg 聚合来自同一社区的信息，最后计算移向不同社区的模块度增益并选择顶点迁移策略。

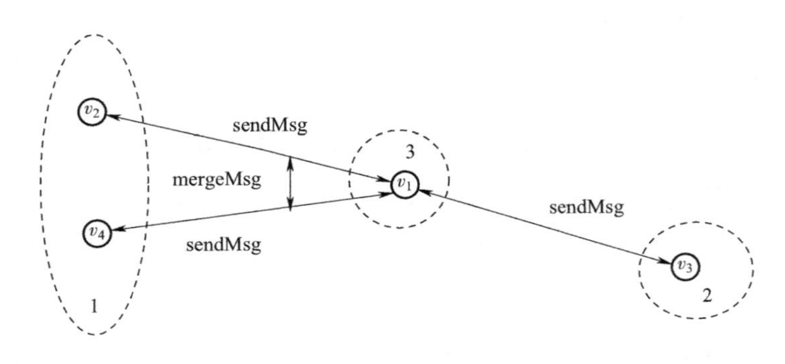

图 5.25　顶点迁移示意

针对顶点迁移步骤中算法收敛性无法保障的问题，有如下优化措施。

1）对顶点进行 distance-k 算法染色[162]，使相邻 k 跳顶点具有不同颜色，并在计算过程中每次仅迁移相同颜色的顶点，即可保证邻居顶点不会被同时操作，避免了前文所述的顶点交换问题。如图 5.26 所示，使用 distance-1 算法染色后，每个顶点均与其邻居顶点颜色不同。顶点迁移时，会先选择一种颜色的顶点进行迁移，待同种颜色的顶点全部迁移完成后，选择下一种颜色的顶点进行迁移。

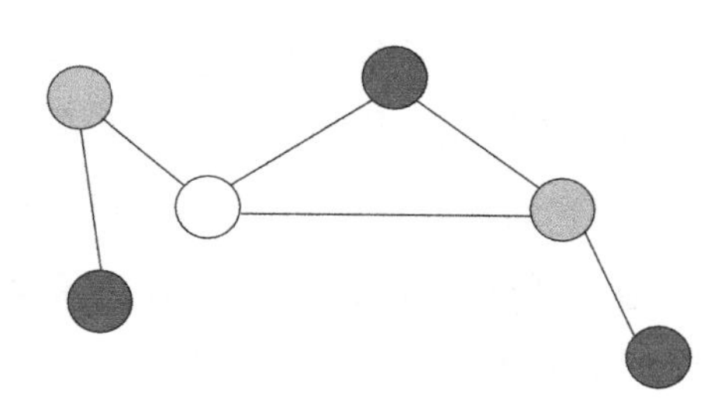

图 5.26　distance-1 算法染色

2）在每一轮迭代过程中约束顶点的迁移方向，以减少无效的顶点迁移[161]。可以利用一些约束策略解决顶点互换导致的收敛难问题。如图 5.27 所示，位于单个顶点社区的顶点如果决定加入社区 ID 小于自身的单顶点社区，那么这次加入将被阻止。如图 5.28 所示，如果顶点有多个模块度增益最大且相同的可选社区，则会选择 ID 最小的社区加入。

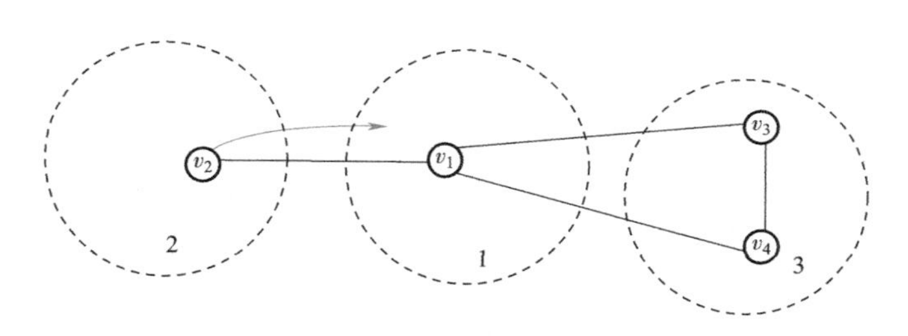

图 5.27　启发式约束策略示例一

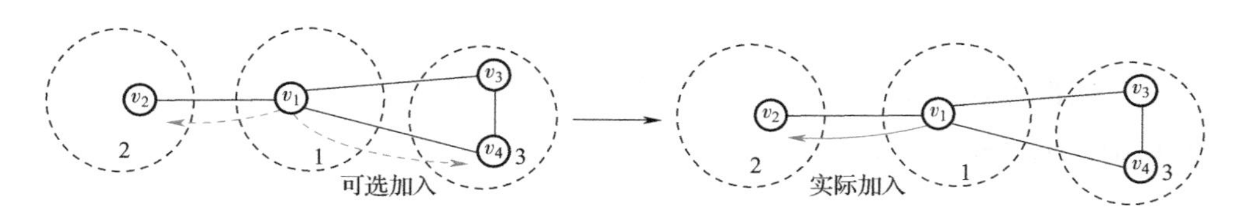

图 5.28　启发式约束策略示例二

针对顶点迁移步骤中算法计算效率低的问题，有如下优化措施。

1）基于顶点度进行排序[161]。在真实世界数据集上的实验表明，每轮迭代中从具有高度的顶点开始进行顶点迁移可以得到更高的模块度增益，这是因为高度顶点在网络中具有重要意义。因此可以基于顶点度对顶点进行排序，优化每个计算分区中顶点迁移的顺序，从重要性最高的顶点开始遍历计算。

2）对进行迁移的顶点进行启发式的剪枝操作[163]，仅进行最有可能产生正向收益的迁移，从而减少每个顶点需要访问的邻居个数，提高计算效率。

在每次迭代中，只有少量顶点会改变自身的社区，因此通过找出更有可能改变社区的顶点并仅对这些顶点进行操作可以大大减少计算量。具体而言，假设顶点 u 迁移到社区 c，那么 u 不在 c 中的邻居顶点将加入下一轮迭代的候选顶点集中，不在候选顶点集中的顶点将不会参与下一轮迭代。

如图 5.29 所示，顶点 v_1 决定迁移到社区 1 中，则 v_1 不在社区 1 中的邻居顶点 v_4 和 v_5 将参与到下一轮迭代中，而其余顶点则不会参与下一轮迭代。

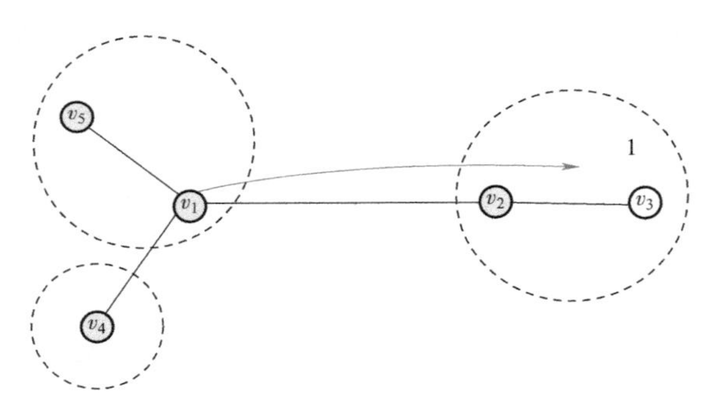

图 5.29　剪枝示例

3）对多次迭代未改变社区 ID 信息的顶点提前停止迭代，减少计算量[164]。

在真实世界数据集上的实验表明，顶点往往会在前几次迭代中保持活跃而在此之后则不再迁移。基于上述观察，可以采用启发式规则，对多次迭代未改变社区 ID 信息的顶点提前停止迭代，减少计算量。

4）对顶点的邻居进行随机采样而非选取最优邻居社区以减少计算量[165]。在顶点迁移环节，顶点会随机选择一个邻居顶点所在社区并计算模块度增益，若增益大于 0，则加入该社区。

相比选择最佳邻居，随机选择一个邻居顶点所在社区加入具有两个优点：首先，具有更多邻居顶点的社区更容易被选取，这意味着模块度增益可能更大；其次，具有高度的中心顶点更容易被选择，加快了收敛速度。

基于以上两点，相较计算最优邻居社区，随机加入邻居社区只额外增加了少量迭代次数，却将每轮迭代的时间复杂度从 $O(m)$ 降低为 $O(n\log k)$，其中 m 为图的边数，n 为图的顶点数，k 为图中顶点的平均度数。

（3）图重构

在完成顶点迁移步骤后，计算迁移前后的模块度差值，若差值小于设定的阈值，则算法终止，否则按照划分的社区结果重构图。

属于同一个社区的顶点被压缩成一个新顶点。按边的两个顶点归属社区是否相同将边分类。若顶点归属社区相同的边为同一社区内部的边，其权重转化为新顶点的权重；若顶点归属社区不同的边为社区间的边，其权重转化为新顶点间的边权重。

完成重构后，分区可能不再平衡，同时可能会产生跨越不同分区的边，需要对图进行重新分区。

如图 5.30 所示，在图重构后各分区的顶点数和边数不再平衡，且产生跨越不同分区的边，我们可以重新进行图分区以解决上述问题。

2. 优化建议

结合鲲鹏 920 芯片特性，还可以在工程实现上进行如下优化。

（1）算法并行度亲和优化

鲲鹏 CPU 的关键优势是核心数众多，因此在 Louvain 算法计算过程中可以进行如下优化。

1）将每个顶点的迁移操作分发到多核上进行，提升算法的并行度，减少算法运行时间。

2）减少使用 Scala 中的 collect 操作。collect 操作会将分布在各计算节点上的数据汇集到一个计算节点上，引发单顶点计算瓶颈。可以以 mapPartition/join 等效果

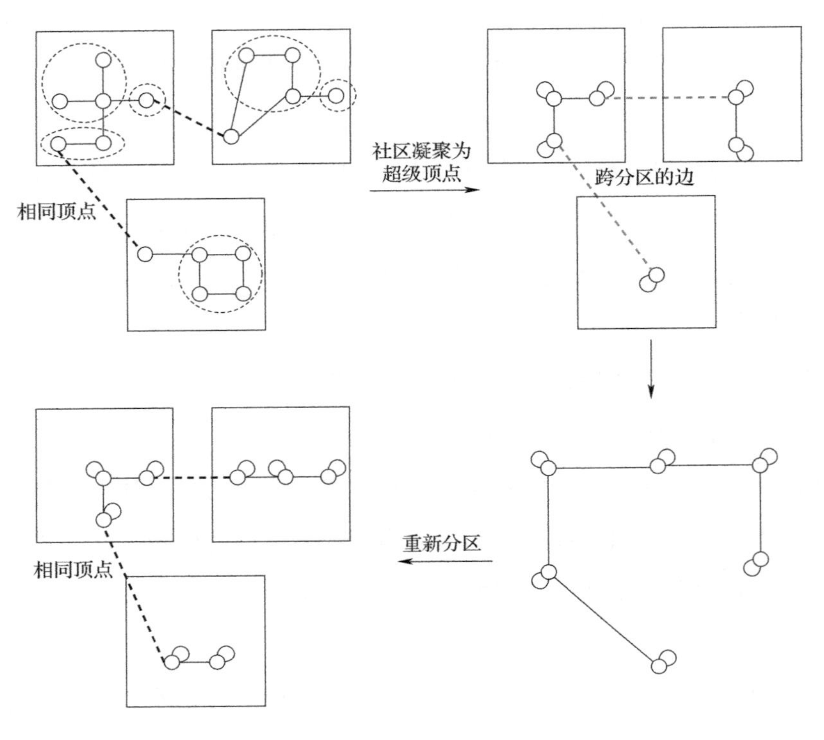

图 5.30　图重构示例

类似的并行化操作算子实现任务的高并发，提升性能。

（2）数据存储结构优化

鲲鹏 CPU 的另一关键特性是具有较大容量的 cache，因此可以采取压缩存储的方案。例如，使用如图 5.31 所示的行稀疏压缩格式（CSR）实现图数据的压缩存储，以在单位空间内实现更多数据的存储，提升大容量 cache 的利用率，进一步提升算法运算效率。

$$\begin{pmatrix} 1 & 7 & 0 & 0 \\ 0 & 2 & 8 & 0 \\ 5 & 0 & 3 & 9 \\ 0 & 6 & 4 & 0 \end{pmatrix}$$

矩阵

行转移	0	2	4	7	9				
列号	0	1	1	2	0	2	3	1	3
权重	1	7	2	8	5	3	9	6	4

CSR格式

图 5.31　CSR 表示结构示意

5.2.4　鲲鹏 BoostKit 算法 API 介绍

鲲鹏 BoostKit 图分析算法加速库中的 Louvain 算法在 Louvain 类中实现，其核心是使用 run 方法，根据输入的图检测其中的社区。输入 RDD 形式的带权边列表，输出 RDD 形式的社区划分结果与其对应的模块度值。下文将介绍 Louvain 算法的接口说明和使用示例。

1. 接口说明

1）包名：package org. apache. spark. graphx. lib。

2）类名：Louvain。

3）方法名：run。

4）输入。

a）edges：RDD[(long,long,Double)]，为图的边列表信息（权值大于 0）。

b）iterNum：Int，为迭代次数参数、大于 0 的整数，数值越大，算法越趋近于收敛。

c）isDirected：Boolean，图的属性信息，是否为有向图。

d）partitionNum：Int，并行化参数，分区数量，为大于 0 的整数。

5）输出。

a）Double：为最终社区划分的模块度数值。

b）RDD[(long,long)]：为算法给出的社区划分信息，包含顶点 ID 与对应社区的 ID。社区 ID 集合是顶点 ID 集合的子集。

Louvain 算法参数详情见表 5.2。

表 5.2　Louvain 算法参数详情

参数名称	参数含义	取值类型
edges	从文件读入的图边列表信息（权值大于 0）	RDD[(Long,Long,Double)]
iterNum	算法接受的迭代次数	Int，大于 0 的整数，经验值为 20
isDirected	图的属性信息，是否为有向图	Boolean
partitionNum	数据分区个数	Int，大于 0 的整数

2. 使用示例

1）初始化上下文

```
val sparkconf = new SparkConf().setAppName("louvain").setMaster(host)
val sc = new SparkContext(sparkconf)
```

2）读取图数据

```
val edgesRDD = sc.textFile("hdfs:///tmp/graph_data/datapath ", numPar-
titions)
.map(line => {val arr = line.split(" \t"); (arr(0).toLong, arr(1).
toLong, arr(2).toDouble)})
```

3）构图并调用 Louvain 算法

```
val (modQ, comm) = Louvain.run(edgesRDD, iterNum, isDirected, partition-
Num)
```

5.3 Betweenness 算法

在社交网络分析中，通常需要识别网络中最重要的一批顶点，而中心性能够有效评判图中每个顶点的重要性。Betweenness Centrality（介数中心性）是社交网络分析中常用的中心性之一，较高的介数中心性表示一个顶点位于较多的最短路径上，在图中具有较高的重要性。介数中心性被广泛地应用于各个领域，例如：在社交媒体领域，可以使用介数中心性寻找重要人物；在道路交通领域，可以使用介数中心性寻找交通枢纽。

2.3.1 节介绍了 Betweenness 算法的基础概念以及经典的精确求解方法与近似求解方法，其中，精确求解时依赖最短路径算法计算顶点间的最短路径长度与距离，之后进行后向传播计算各顶点的总配对依赖度 $\delta_{s\cdot}(v)$ 和介数中心性 $\mathrm{bc}(v)$，具体求解公式如下：

$$\mathrm{bc}(v)=\sum_{s\neq v\in V}\delta_{s\cdot}(v) \tag{5-3}$$

近似求解时通过路径采样，随机采样 k 条最短路径，枚举其中经过顶点 v 的路径条数 $p(v)$ 并估算近似介数中心性 $\widetilde{\mathrm{bc}}(v)$，具体求解公式为 $\widetilde{\mathrm{bc}}(v)=p(v)/k$。读者可通过回顾 2.3.1 节了解详细内容。

本节将以 Spark GraphX 框架为基础介绍精确求解场景下一种 Betweenness 算法的一种开源分布式实现[166]，并结合鲲鹏硬件特点，阐述亲和鲲鹏硬件特性的关键步骤实现及优化点分析。本节介绍的分布式 Betweenness 算法基于有向有权图，无向图和无权图上的分布式 Betweenness 算法与之类似，此处不详细展开。

5.3.1 分布式实现

Brandes 算法是经典的 Betweenness 精确求解算法，它能准确地计算图中所有顶点的介数中心性，关键步骤如下。

1）选择一个未被计算过的顶点 s，使用最短路径算法计算 s 到其他顶点的最短路径长度及数量。

2）反向传播计算各点的 $\delta_{s\cdot}(v)$，汇总得到介数中心性 $\mathrm{bc}(v)$。

本小节介绍的分布式 Betweenness 算法基于 Brandes 算法的核心思想，通过 Spark GraphX 实现。其流程如图 5.32 所示，对输入的图进行数据预处理，包括：去除 Betweenness 算法不使用的重复边等；将处理后的数据通过图分区进行数据划分后分配至各计算节点，之后在子图上并行地计算最短路径和后向传播。

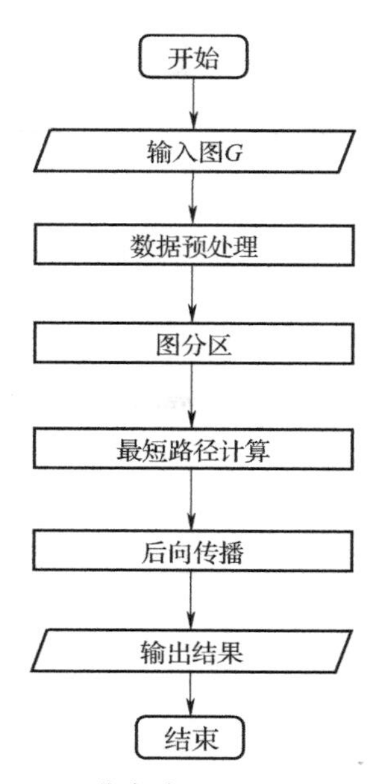

图 5.32　分布式 Betweenness 算法

其中，最短路径计算和后向传播的具体流程如图 5.33 所示。首先选择一个未被选择过的顶点并将所有顶点标记为活跃（若没有未选择过的顶点则输出结果），之后进行最短路径计算。具体地，对收到信息的顶点更新属性并在本轮迭代中将顶点标记为活跃（首轮迭代中所有顶点均记为活跃），活跃顶点计算自身到达邻居顶点的最短路径长度，与邻居顶点的当前最短路径长度比较，若不大于则向邻居顶点发送信息，迭代直到没有活跃顶点。

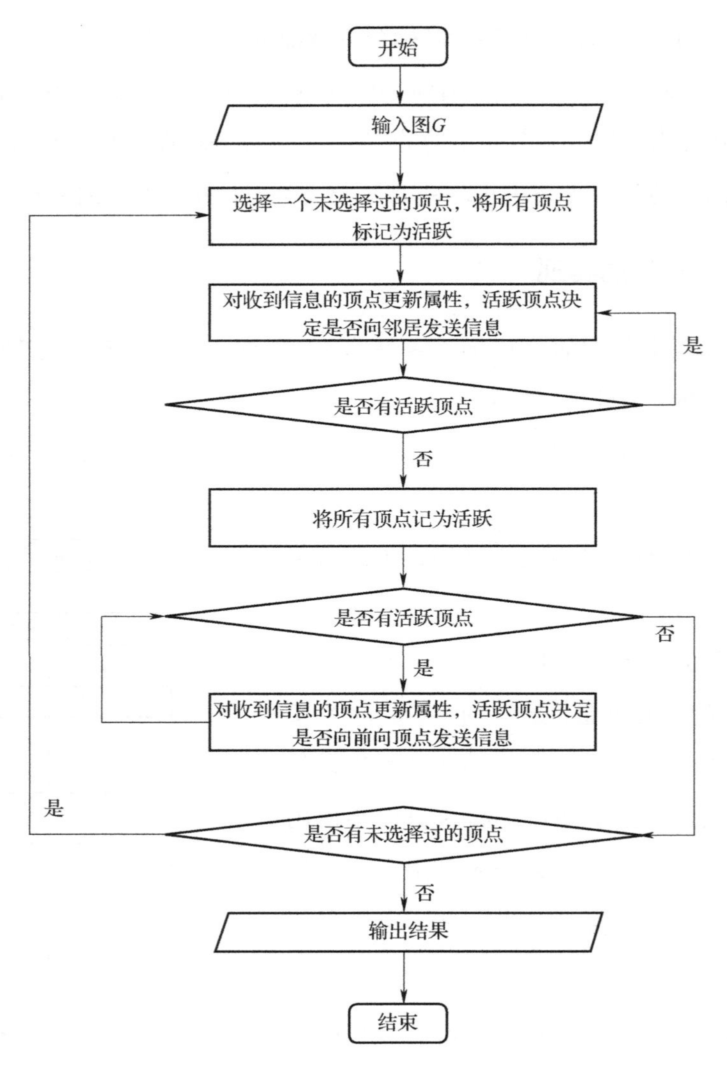

图 5.33　最短路径计算和后向传播

最短路径计算完成后开始后向传播，将所有顶点记为活跃，对收到信息的顶点更新属性并在本轮迭代中将顶点标记为活跃（首轮迭代中所有顶点均记为活跃），活跃顶点检查自身的后向顶点列表是否为空，若为空则说明自身的 $\delta_{s}.(v)$ 已经计算完成，向前向顶点发送信息，迭代直到没有活跃顶点。

后向顶点的定义如下：$\mathrm{Su}_s(u)$ 表示从源点 s 经过顶点 u 的所有最短路径上顶点 u 的后向顶点集合，记为式（5-4）。

$$\mathrm{Su}_s(u)=\{v\in V:(u,v)\in E,d(s,v)=d(s,u)+w(u,v)\} \tag{5-4}$$

分布式 Betweenness 算法在有向有权图上的伪代码见算法 5.3，其中，P 代表前向顶点列表，bc 代表介数中心性，σ 代表最短路径数量，δ 代表总配对依赖度，d 代表距离，Su 代表后向顶点列表，f 代表顶点激活状态。count 代表活跃顶点计数，L 代表信息。

算法 5.3 分布式 Betweenness 算法

输入： 图 $G=(V,E)$
输出： 所有顶点的介数中心性 bc(v)

```
1.  for u ∈ V do:
2.      u.bc←0
3.  for s ∈ V do:
4.      for v ∈ V do:
5.          v.Su←∅
6.          v.P←∅
7.          v.σ←0
8.          v.d←∞
9.          v.δ←0
10.         v.f←0
11.     s.σ←1
12.     s.d←0
13.     SSSP(G,s)
14.     SPREAD(G)
15.
16. function SSSP(G,s)
17.     count←1
18.     for u ∈ V do:
19.         u.f←1
```

```
20.     while count>0 do:
21.         count←0
22.         distributed for p=1,2,…,P do:
23.             for u∈V do:
24.                 L←aggregate message by d
25.                 if L! =∅ then:
26.                     u.f←1
27.                     L←min(L)
28.                     vprog(D,u.d,u.σ,u.P)
29.             for (u,v)∈E do:
30.                 if u.d+w(u,v)≤v.d && u.f! =0 && u.d! =∞ then:
31.                     send(u.d+w(u,v),u.σ) to v
32.             for u∈V do:
33.                 if u.f! =0 then:
34.                     count←1
35.                     u.f←0
36.         end distributed for
37.     Su←convert(P)
38. return G
39.
40. function SPREAD(G,s)
41.     for u∈V do:
42.         u.f←1
43.         count←1
44.     while count>0 do:
45.         count←0
46.         distributed for p=1,2,…,P do:
47.             for u∈V do:
48.                 if L! =∅ then:
49.                     u.f←1
50.                     vprog (L,u.δ,u.Su,u.bc)
51.             for (u,v)∈E do:
52.                 if v.f! =0 && v.Su=∅&& u∈v.P then:
53.                     send (v,v.σ,v.δ) to u
54.             for u∈V do:
55.                 if u.f! =0 then:
56.                     count←1
57.                     u.f←0
58.         end distributed for
```

函数 SSSP 进行分布式最短路径计算，函数 SPREAD 进行分布式反向传播，具体实现细节见 5.3.3 节。函数 convert 利用 P 计算 Su，函数 min 使 L 中仅留下 d 最小的信息。

伪代码的各行含义如下。

1）第 1~12 行：初始化变量。设源点为 s，s 的 d 初始值为 0，其余顶点的 d 初始值为∞；s 的 σ 初始值为 1，其余顶点的 σ 初始值为 0；所有顶点初始的 P 和 Su 为空集，bc 为 0，f 为 0。

2）第 13 行：计算最短路径。

3）第 14 行：后向传播。

4）第 16 行：最短路径计算函数。

5）第 17~19 行：初始化 count 为 1，所有顶点的 f 为 1。

6）第 20、21 行：开始迭代，结束条件为某轮迭代开始时 count 为 0，将 count 重置为 0。

7）第 22~36 行：在分区上顶点按距离将接收的信息聚合得到 L，若 L 不为空集则更新顶点属性并激活，满足条件的活跃顶点传递信息，具体细节见 5.3.3 节的关键步骤一。

8）第 37、38 行：遍历所有顶点的 P，计算所有顶点的 Su，返回图 G。

9）第 40 行：后向传播函数。

10）第 41~43 行：初始化 count 为 1，所有顶点的 f 为 1。

11）第 44、45 行：开始迭代，结束条件为某轮迭代开始时 count 为 0，将 count 重置为 0。

12）第 46~58 行：在分区上顶点接收信息得到 L，若 L 不为空集，则更新顶点属性并激活，满足条件的活跃顶点传递信息，具体细节见 5.3.3 节的关键步骤二。

5.3.2 难点分析

然而，分布式 Betweenness 算法仍面临许多挑战。

（1）算法复杂度高

Betweenness 算法的算法复杂度为 $O(n\Delta)$，其中 Δ 是单源点最短路径（SSSP）算法的复杂度。假设每个 SSSP 算法需要耗费数毫秒，在千万级数据上会耗费数万秒（约等于 1 天）以上时间求解。在大数据场景下，Betweenness 算法精确求解的时间开销极高。

（2）分布式场景下算法通信开销大

Betweenness 算法需要求解图中每一对顶点间的最短路径，分布式场景下，如图 5.34 所示顶点存放在不同的机器上，Betweenness 算法需要频繁跨机器访问顶点信息，导致算法通信开销大。

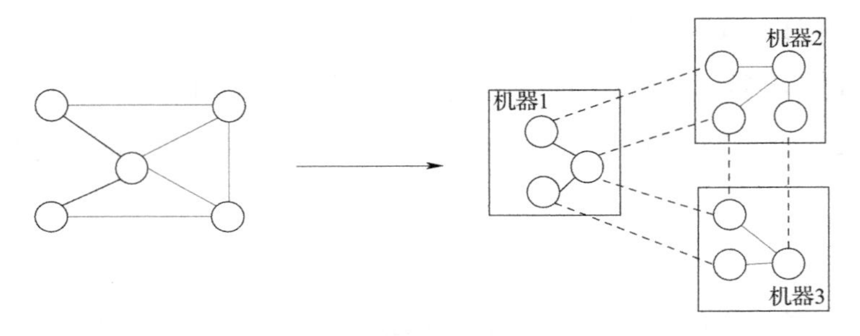

图 5.34　机器通信示例

（3）算法随机访存多

在 Betweenness 算法求解最短路径的过程中，对顶点的访问顺序是不连续的，导致随机访存多，访存效率低。

过往的研究表明，CPU 缓存未命中导致的延迟时间占图算法执行时间中的较大部分[167]。而在 Betweenness 算法计算最短路径的过程中，顶点的访问顺序通常是不连续的，其所读取的数据往往不在 CPU 缓存中（即 CPU 缓存未命中），这使 CPU 缓存不得不从主内存重新复制数据，增加了额外的计算耗时。

如图 5.35 所示，顶点 v_1 被访问后，位于顶点 v_1 内存位置附近（包括自身）的顶点 v_1 到顶点 v_{100} 均被存入 CPU 缓存，但接下来要访问的邻居顶点 v_{151} 和 v_{273} 却不在 CPU 缓存中，这使 CPU 缓存不得不从主内存重新复制顶点 v_{151} 和 v_{273} 的数据。

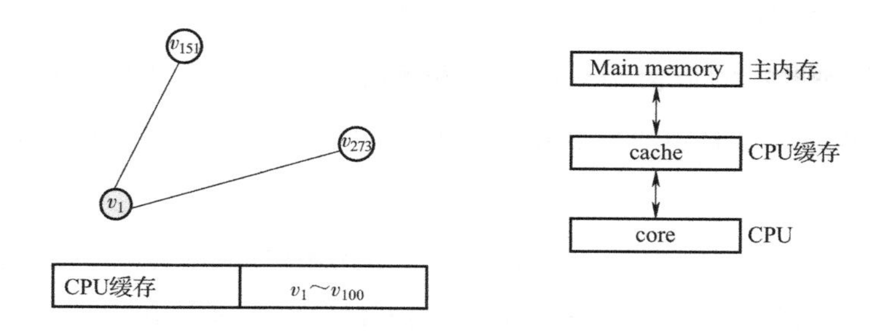

图 5.35　CPU 缓存未命中

5.3.3　关键步骤与优化点解析

分布式 Betweenness 算法的关键步骤包括图分区、最短路径计算和后向传播。其中图分区步骤与 5.2.3 小节分布式 Louvain 算法的图分区步骤相同，我们主要介绍最短路径计算和后向传播的详细步骤及优化点。

1. 关键步骤

（1）最短路径计算

最短路径计算是分布式 Betweenness 算法的核心环节，用于计算源点 s 到其他顶点的最短路径距离和条数，通过 GraphX 实现，主要使用 Pregel 接口中的 3 个函数：vprog、sendMsg 和 mergeMsg。sendMsg 是信息发送函数，只会在激活的边上生效。mergeMsg 是消息合并函数，基于预设规则聚合信息。vprog 用 mergeMsg 的结果更新顶点属性。

具体实现中，sendMsg 会将边 $e(u,v)$ 中的 $d(v)$ 与 $d(u)+w(u,v)$ 比较，若 $d(v) \geqslant d(u)+w(u,v)$，则将 u 的 σ 和 $d(u)+w(u,v)$ 传递给 v。mergeMsg 将距离相同的信息合并。若合并信息为空则不使用 vprog，否则使用 vprog 更新顶点属性。vprog 取出合并信息中 d 最小的信息，若该信息的 d 等于顶点的 d，则将顶点的 σ、P 加上信息的 σ、P，否则用信息中的属性值替代顶点的对应属性值。

首轮迭代时，图中的所有顶点初始化并激活所有顶点，边激活条件设为起点为活跃顶点。每轮迭代中收到信息的顶点将会用 mergeMsg 合并信息并使用

vprog 决定是否更新顶点属性，更新属性的顶点将会被激活，满足边激活条件（起点为活跃顶点）的边使用 sendMsg 传递信息。当所有顶点都不活跃时，迭代结束。最后遍历所有顶点，利用 P 计算顶点的 Su，对顶点 s 的最短路径计算完成。

如图 5.36 所示，源点为 v_1，下面以一轮迭代中的顶点 v_4 作为示例。顶点 v_4 从顶点 v_3、v_5 收到两条信息（$P=v_3, d=4$，$\sigma=1$）和（$P=v_5, d=4, \sigma=1$），二者的 d 相同，因此使用 mergeMsg 将两条信息合并为（$P=\{v_3, v_5\}, d=4, \sigma=1$）。使用 vprog 决定是否更新顶点 v_4 的属性。接收信息的 $d=4$ 小于顶点 v_4 的 $d=\infty$，因此决定更新 v_4 的属性为（$P=\{v_3, v_5\}, d=4, \sigma=1$）并激活 v_4。因为 v_4 被激活，所以以 v_4 为起点的边 $e(v_4, v_2)$ 也被激活，使用 sendMsg 从 v_4 向 v_2 发送信息（$P=v_4, d=d[v_4]+w(v_4, v_2)=7, \sigma=2$）。

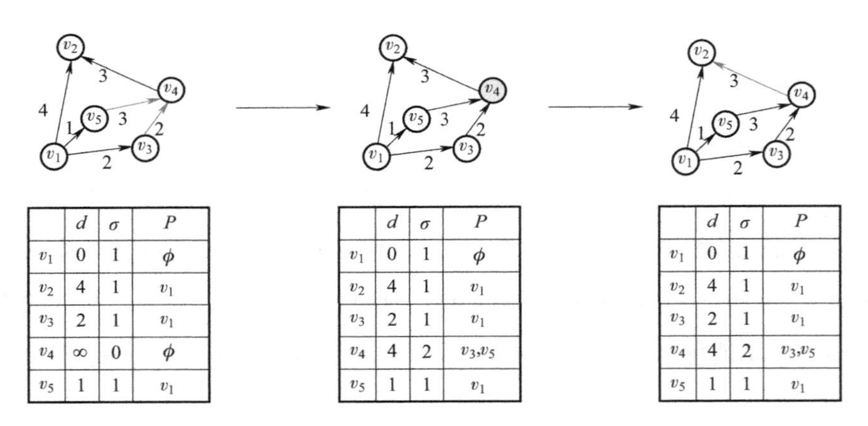

	d	σ	P
v_1	0	1	ϕ
v_2	4	1	v_1
v_3	2	1	v_1
v_4	∞	0	ϕ
v_5	1	1	v_1

	d	σ	P
v_1	0	1	ϕ
v_2	4	1	v_1
v_3	2	1	v_1
v_4	4	2	v_3,v_5
v_5	1	1	v_1

	d	σ	P
v_1	0	1	ϕ
v_2	4	1	v_1
v_3	2	1	v_1
v_4	4	2	v_3,v_5
v_5	1	1	v_1

图 5.36　最短路径计算

（2）后向传播

后向传播的实现方式与最短路径计算类似，使用 3 个函数：vprog、sendMsg 和 mergeMsg。对于边 $e(u, v)$，只有当 u 位于 v 的 P 中且 v 的 Su 为空时，sendMsg 才会生效，将 v 的顶点属性传递给 u。mergeMsg 对信息不做处理，即不使用 mergeMsg。vprog 按照式（2-13）和式（2-14）更新顶点的配对依赖度和介数中心性，并将收到信息所属的源点从 Su 中移除。

首轮迭代时，图中的所有顶点初始化距离并激活所有顶点，边激活条件设为终点为激活顶点。每轮迭代中收到信息的顶点使用 vprog 更新顶点属性，接收消息的顶点将会被激活，满足边激活条件的边使用 sendMsg 传递信息。当所有顶点都不活跃时，迭代结束。

如图 5.37 所示，源点为 v_1，下面以首轮迭代中的顶点 v_2 作为示例。顶点 v_2 没有收到信息，因此不使用 mergeMsg 合并信息且不使用 vprog 更新顶点 v_2 属性。由于为首轮迭代且 v_2 的 Su 为空集，因此将 v_2 激活。因为 v_2 被激活，所以以 v_4 为终点的边 $e(v_1,v_2)$ 也被激活，使用 sendMsg 从 v_2 向 v_1 发送信息（$\text{Su}=v_2,\sigma=1,\delta=0$）。

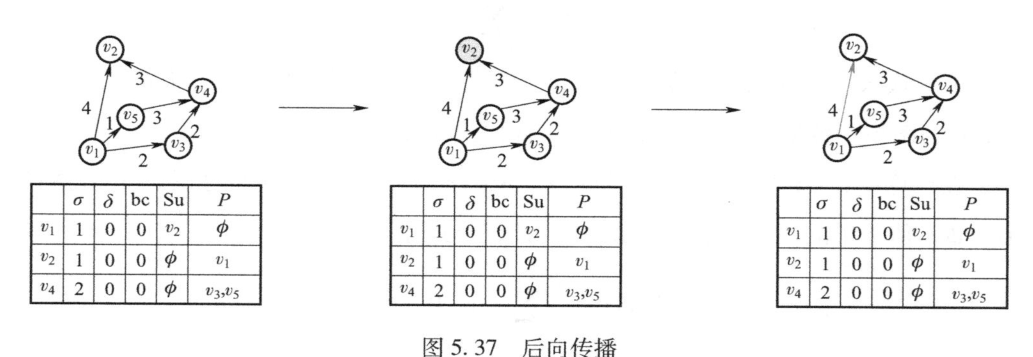

	σ	δ	bc	Su	P
v_1	1	0	0	v_2	φ
v_2	1	0	0	φ	v_1
v_4	2	0	0	φ	v_3,v_5

	σ	δ	bc	Su	P
v_1	1	0	0	v_2	φ
v_2	1	0	0	φ	v_1
v_4	2	0	0	φ	v_3,v_5

	σ	δ	bc	Su	P
v_1	1	0	0	v_2	φ
v_2	1	0	0	φ	v_1
v_4	2	0	0	φ	v_3,v_5

图 5.37　后向传播

2. 优化建议

（1）基于图节点重排的访存优化

针对算法随机访存多的问题，可以通过图顶点重排的方法减少随机访存。图顶点重排算法通过重新编码顶点 ID，使访存相关性较高的顶点 ID 排列在一起，从而减少访存。下面介绍经典的 Gorder 重排算法[167]。

Gorder 重排算法的核心思想是尽可能让访存相关性高的顶点被顺序编码，即顶点间的相关度得分 $S(u,v)$ 加和最大化。相关度得分的定义如下：

定义 5.1（相关度得分）：设图 $G=(V,E)$ 为简单有向图。则 u，$v\in V$，则 u，v 的相关度得分为 $S(u,v)$，其计算公式如下：

$$S(u,v)=S_s(u,v)+S_n(u,v) \tag{5-5}$$

上式代表不同顶点间的相关度，其中 $S_n(u,v)$ 代表 u 和 v 间的边数，$S_s(u,v)=|N_I(u)\cap N_I(v)|$代表相关度得分的邻居关系，$N_I(u)=\{v|(v,u)\in E\}$ 为 u 的内邻居顶点集合。

在大数据场景下，计算所有顶点间的相关度得分的时间开销过大，因此 Gorder 重排算法引入了滑动窗口的概念，只计算一定范围内的相关度得分之和。具体而言，Gorder 重排算法的目标是找出最佳编码方式 ϕ 使全局重编码目标函数 $F(\phi)$ 最大。$F(\phi)$ 定义如下：

$$F(\phi)=\sum_{0<\phi(v)-\phi(u)\leqslant w}S(u,v)=\sum_{i=1}^{n}\sum_{j=\max(1,i-w)}^{i-1}S(v_i,v_j) \tag{5-6}$$

上式代表所有顶点在滑动窗口的相关度得分之和，其中 w 为预设滑动窗口大小，n 为图顶点数量，$S(u,v)$ 为 u，v 的相关度得分。

在计算中，Gorder 重排算法使用贪心策略，每次从未编码的顶点中选择使 $\Delta F_v(\phi)$ 值最大的顶点 v 编码。$\Delta F(\phi)$ 计算公式如下：

$$\Delta F_v(\phi)=\sum_{j=\max(1,i-w)}^{i-1}S(P[j],v) \tag{5-7}$$

式（5-7）中 $P[j]$ 代表 ID 被重编码为 j 的顶点。

如图 5.39 所示，对图 5.38 中的有向无权图 G 使用 Gorder 重排算法，其流程如下：

1）设滑动窗口 $w=2$，随机选择一个顶点 v_2，将其 ID 编码为 1；

2）根据式（5-7）计算所有未被编码顶点的 $\Delta F_v(\phi)$，选择 $\Delta F_v(\phi)$ 值最大的顶点 v_1，将其 ID 编码为 2；

3）重复步骤 2，直到所有顶点都被编码。

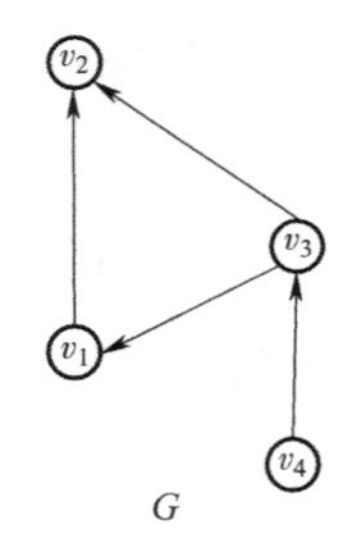

图 5.38　有向无权图 G

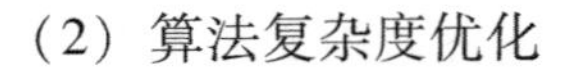
（2）算法复杂度优化

针对算法复杂度高的问题，可以通过使用近似介数中心性算法的方法减少开销。

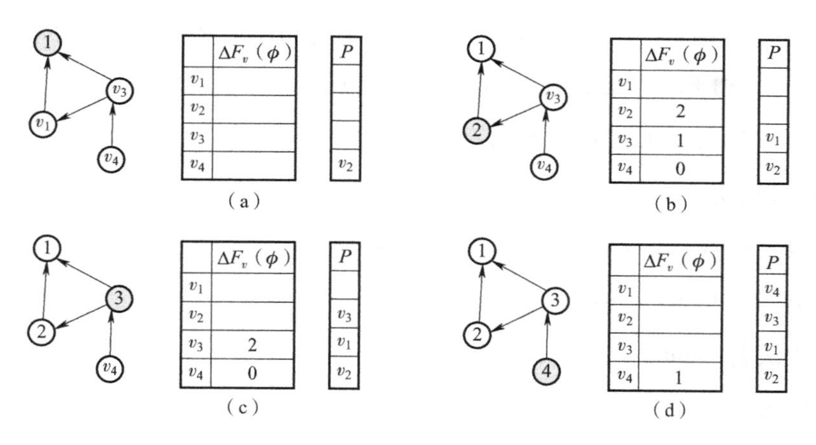

图 5.39 Gorder 重排算法示意

近似介数中心性是对准确介数中心性的一种逼近。相比准确介数中心性，近似介数中心性更易计算，可以降低时间开销。其中一种较为经典的近似介数中心性算法是 2.3.1 小节介绍的 KADABRA 采样算法，它具有精度高和收敛速度快的优点。

在 Betweenness 算法中，鲲鹏 BoostKit 图分析算法加速库针对鲲鹏芯片进行了两种亲和性优化。

（3）Neon 指令级优化

Neon 指令集是 ARM CPU 专用的底层指令集。在鲲鹏 BoostKit 图分析算法加速库的 Betweenness 算法中，顶点间的距离计算可以通过 Neon 指令加速，从而充分发挥鲲鹏芯片的算力优势。

（4）并行度优化

鲲鹏 CPU 的核心数众多，在 Betweenness 算法中，每个顶点的最短路径计算相互间不耦合，因此可利用 Scala 多线程机制，用多个线程分别计算每个顶点的最短路径，从而充分释放鲲鹏芯片的算力优势。

5.3.4 鲲鹏 BoostKit 算法 API 介绍

鲲鹏 BoostKit 图分析算法加速库中的 Betweenness 算法在 Betweenness 类中实

现，其核心是使用 run 方法，根据指定输入参数计算图中介数中心性值最大的 k 个顶点，输出 RDD 形式的 k 个顶点编号与每个顶点对应的介数中心性。下文将介绍 Betweenness 算法的接口说明和使用示例。

1. 接口说明

1）包名：package org. apache. spark. graphx. lib。

2）类名：Betweenness。

3）方法名：run。

4）输入。

a）edges：RDD[(long,long,Double)]，为图的边列表信息（权值大于 0）。

b）k：Int，为算法输出顶点数量，输入为-1 代表全部顶点。

c）p：Double，近似解精度，当 0<p<1 时，算法输出近似解，当 p≥1 时，算法输出精确解。

5）输出：RDD[(Long,Double)]，为图中介数中心性值最大的 k 个顶点编号，与每个顶点对应的介数中心性的值组成的列表。算法在相同环境、相同参数设定下，输出的结果是唯一确定的。

Betweenness 算法参数详情见表 5. 3。

表 5. 3　Betweenness 算法参数详情

参数名称	参数含义	取值类型
edgeRDD	从文件读入的图边列表信息（权值大于 0）	RDD[(Long,Long,Double)]
k	算法输出顶点数量，输入为-1 代表全部顶点	Int，大于 0 或等于-1 的整型数值
p	近似解精度，当 0<p<1 时，算法输出近似解，当 p≥1 时，算法输出精确解	Double，大于 0 的浮点型数值

2. 使用示例

1）初始化上下文

```
val sparkconf = new SparkConf().setAppName("TopkBetweennessCompute").
setMaster(host)
val sc = new SparkContext(sparkconf)
```

2）读取图数据

```
val edgesRDD = sc.textFile("hdfs:///tmp/graph_data/datapath ", numPar-
titions)
.map(line => {val arr = line.split("\t"); (arr(0).toLong, arr(1).
toLong, arr(2).toDouble)})
```

3）构图并调用 Betweenness 算法

```
val result = Betweenness.run(edgesRDD, k, p).collect()
```

5.4 PageRank 算法

PageRank（影响力排序）算法是由谷歌公司提出的一种以衡量集合范围内某一元素的相关重要性为目的的算法，用于对谷歌搜索引擎搜索结果中的网页进行排序。PageRank 算法被广泛应用于搜索引擎、论文检索等领域，例如向用户推荐与其当前浏览页面关联程度高的网页。PageRank 算法是经典的图分析算法之一，其基本假设是：在一个集合中更重要的元素往往与更多的其他元素互相作用。在实际应用中，PageRank 算法将万维网上的所有网页视作顶点，将各个网页之间的超链接视作有向边，并为每个顶点生成一个权重值，该值表示一个网页的重要程度，而所有指向该网页的超链接被称作“该网页的投票（a vote of support）”。每个网页的权重值根据所有链接到它的网页的权重值被递归地定义。其基本公式如下：

$$\mathrm{PR}(p_i)=\frac{\mathrm{resetProb}}{N}+(1-\mathrm{resetProb})\times\sum_{p_j\in N(p_i)}\frac{\mathrm{PR}(p_j)}{L(p_j)} \tag{5-8}$$

其中，resetProb 为重置系数，指的是用户通过直接输入网址（而非通过其他网页跳转）进入该网页的概率。（1−resetProb）则被称作阻尼系数，表示用户通过其他网页的链接跳转进入该网页的概率。N 为顶点数量，$N(p_i)$ 为顶点 p_i 的上一跳邻居的集合，而 $\mathrm{PR}(p_j)$ 则是上一轮迭代过程中顶点 p_j 的 PR 值，$L(p_j)$ 表示顶点 p_j 的出度。在第一次迭代时，所有顶点的 PR 值被初始化为 $1/N$。

分布式 PageRank 算法一般通过迭代求解的方式求解有向图中所有顶点的 PR 值。经过多轮迭代后，顶点的 PR 值会收敛至某个稳态，这时每个顶点的 PR 值表示在网页的有向图网络中采用随机游走算法时，最终停留到该顶点的概率。然而，在大规模图场景下，PageRank 算法的收敛检测需比较两轮迭代中所有顶点 PR 值的变化，这不仅增加了额外的内存开销，也带来了额外的通信和计算开销。Spark GraphX 开源实现中，PageRank 算法通过外部输入的迭代次数参数来控制计算，从而避免收敛检测，这种方式简化了整个计算流程，但需要极其专业的专家指导进行超参设置。本节基于包含收敛检测的分布式 PageRank 开源实现，完整地介绍分布式 PageRank 算法各个关键步骤及亲和鲲鹏硬件生态的优化实现。读者可以基于本节的实战内容构建包含收敛检测的分布式 PageRank 算法，也可以略过收敛检测步骤构建指定迭代次数的分布式 PageRank。

5.4.1 分布式实现

Spark GraphX 图分析算法库包含分布式 PageRank 的实现，其中含有收敛检测的基于残差迭代分支的实现方式[168]。如图 5.40 所示，残差迭代方式指的是在 PageRank 迭代过程中，每一个顶点向邻居顶点同时发送自身的 PR 值及残差信息，并对残差值进行收敛检测。若接收到的残差值小于阈值，则认为该顶点收敛，不再参与后续计算。该方式虽然增加了单个顶点的消息量，但随着算法收敛，大量顶点将不再参与计算与消息传播，从而减少了通信量。式（5-9）为基于残差迭代的 PR 值更新公式，其中 $\mathrm{PR}(p_i)$ 为上一次迭代时顶点 p_i 的 PR 值，resetProb

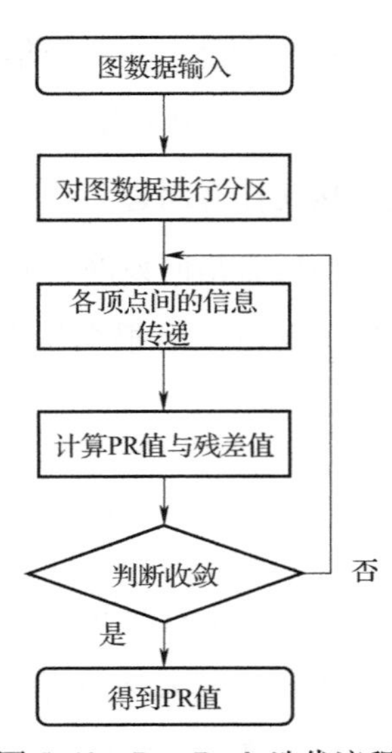

图 5.40　PageRank 迭代流程

为重置系数，$\mathrm{res}(p_j)$ 为顶点 p_j 的残差，$L(p_j)$ 为顶点 p_j 的出度。

$$\mathrm{PR}(p_i)=\mathrm{PR}(p_i)+(1-\mathrm{resetProb})\times\sum_{p_j\in N(p_i)}\frac{\mathrm{res}(p_j)\times\mathrm{PR}(p_j)}{L(p_j)} \tag{5-9}$$

图 5.41 展示了残差迭代分支的流程，其中浅色顶点已经收敛，不再参与下一次迭代的计算，而深色顶点为活跃顶点，还要参与下一轮的 PR 值计算。

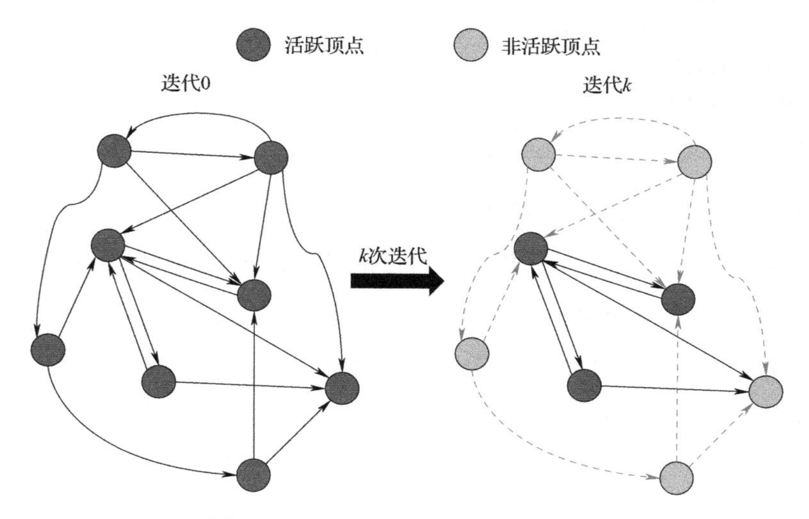

图 5.41　PageRank 残差迭代分支示意

通过对大部分数据场景进行分析发现，在 PageRank 计算初期，绝大部分顶点没有收敛，需要向外传递信息进行计算。在该实现方式中，各个顶点发送的消息包含 PR 值与残差值两部分，数据量较大，在迭代过程初期带来了较大的网络和数据传输量。但是在迭代过程后期，由于活跃顶点数量大幅降低，网络通信开销大大减少。

分布式 PageRank 算法的具体实现如算法 5.4 所示。

算法 5.4　分布式 PageRank 算法

输入：图 $G=(V,E)$
输出：图中每个顶点的 PR 值

1. PR[] ←1/|V|；resPR[] ←resetProb/(1−resetProb)；oldPR[] ←0
2. **distributed for** $v\in V_{G_i}$ **do**：
3. 　　**repeat**：

```
4.          if activate(v)= =True:
5.              send (PR[v],resPR[v]) to u∈N(v)
6.          else:
7.          deactivate(v)
8.      PR[v]=PR[v]+(1-resetProb) * Σ_{u∈N(v)} (resPR[u] * PR[u])
9.      resPR[v]=residual(PR[v])
10.     if activate(v)= =False then:
11.         end repeat
12. end distributed for
13. return PR[]
```

1）第 1 行：对算法进行初始化。

2）第 4~6 行：每一个激活顶点将自己的 PR 值与残差信息发送给邻居顶点，若该顶点已经进入非活跃状态，则不发送消息并进行相应处理。

3）第 8、9 行：使用顶点从入边邻居接收到的信息计算 PR 值与残差。

4）第 10、11 行：判断该顶点是否仍然活跃，只要还活跃便继续进行下一次的迭代。

5.4.2 难点分析

分布式 PageRank 算法的实现主要面临着以下两个难点。

（1）通信占比高

如图 5.42 所示，PageRank 算法计算过程中 Shuffle（包括 Shuffle 读+写+网络通信）耗时占比高，严重影响算法性能。特别是，当网络规模增大时，通信负载过高易导致任务卡死或失败。通信量过大是 PageRank 性能提升的主要瓶颈之一。

（2）随机访存过多

由式（5-8）所示，在 PageRank 算法的一轮迭代过程中，对数组的随机访存次数为$|E|$。而随机访存往往会导致缓存未命中，使得读取数据的速度降低，严重影响计算的性能。如图 5.43 所示，顶点 1 的 PR 值计算需要其入边邻居 2、4 及 72 的 PR 值，其中，顶点 2 与 4 的 PR 值存放在缓存中，顶点 72 的 PR 值存放在内存中，

使得计算过程中出现缓存未命中。

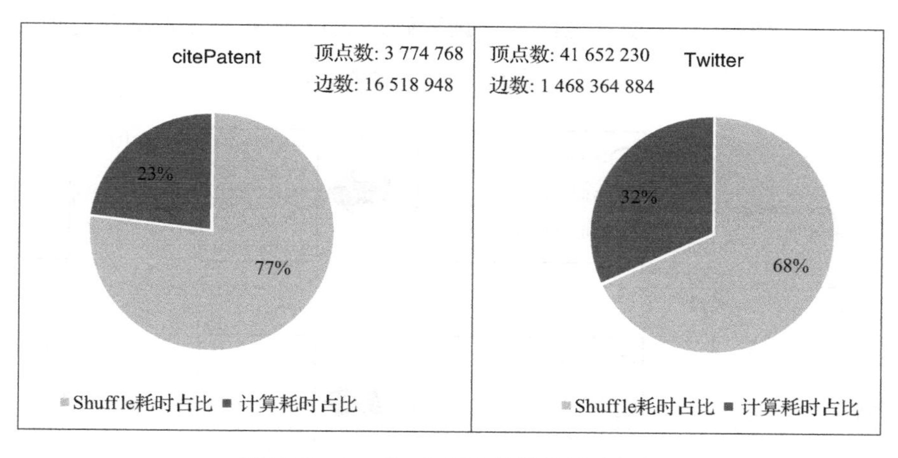

图 5.42　PageRank 算法各部分耗时占比

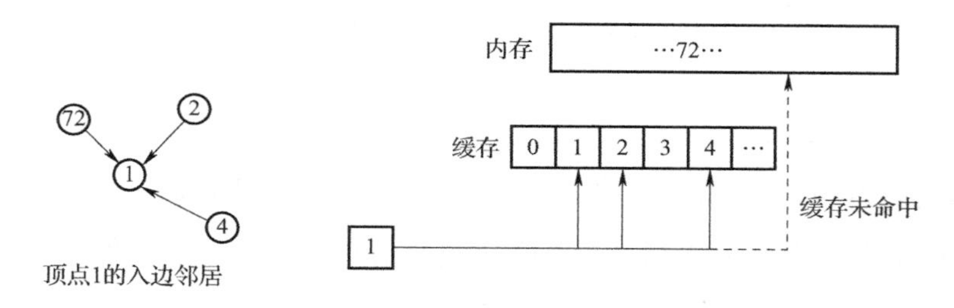

图 5.43　PageRank 算法中的缓存未命中

5.4.3　关键步骤与优化点解析

分布式 PageRank 算法的实现流程主要包括 PR 值的发送以及 PR 值的更新计算两个关键步骤，在这两个步骤中，存在着 PageRank 算法计算过程中的机器节点间通信开销大、每个顶点的 PR 值计算过程中随机访存多等难点。为了使分布式 PageRank 算法的实现获得更佳的性能，可以从图分区、顶点间的信息发送、各顶点的 PR 值计算三个方面进行优化。

1. 关键步骤

（1）PR 值的发送

图 5.44 展示了对其左侧的图进行 PR 值发送的过程，图中各顶点通过预定义

的信息传递函数 API，将自己的 PR 值及残差信息沿出边发送给目的邻居。在分布式情况下，该函数在发送消息之前需要读取路由表以判断各目的顶点是否处于其他分区，若处于其他分区，则需要进行跨分区的消息传递。

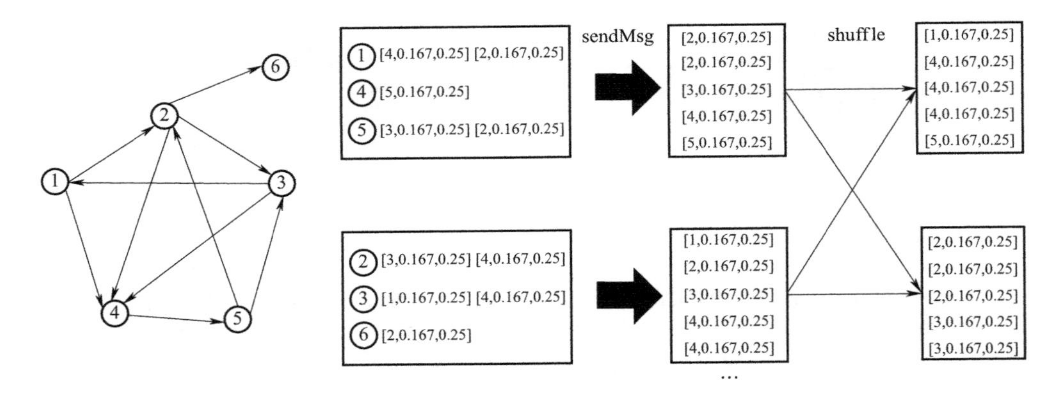

图 5.44　PR 值的发送过程

（2）PR 值的更新计算

在 PR 值传递时，需要将其他分区中的邻居顶点 PR 值存储在内存中，故每个顶点可直接从内存中读取邻居的 PR 值与残差信息，并使用这些值按照式（5-9）进行自身 PR 值的计算与更新。在 GraphX 中，使用 aggregateMessages 这一 API 来聚合顶点所接收到的消息并将其用于计算。算法 5.5 展示了每一个顶点计算自身 PR 值的过程。

算法 5.5　PageRank 顶点更新

输入： PR, ResPR, MsgSum
输出： newPR, newResPR

1. **Procedure** vertexProgram (PR, ResPR, MsgSum)
2. oldPR = PR
3. newPR = oldPR + (1 − resetProb) $* \sum_{m \in \text{MsgSum}} (m.\text{resPR} * m.\text{PR})$
4. newResPR = newPR − oldPR
5. **return**(newPR, newResPR)

1）第 2 行：将上一轮的 PR 值存储为 oldPR。

2）第 3 行：按照式（5-9），使用 oldPR 与其接收到的聚合消息计算新的 PR 值。

3）第 4 行：根据新的 PR 值计算新的残差。

4）第 5 行：返回 PR 值与残差。

在这个过程中，aggregateMessages 通过对计算节点上存储的边 RDD 进行遍历来确定接收到的消息属于子图中的哪一个顶点，并将属于同一个顶点的消息从内存中读出，以进行预聚合并生成 VertexRDD[M]，其中记录了每一个顶点收到的消息的合并。在计算过程中，每一个顶点需要从 VertexRDD[M] 中读出其对应的消息与本身的特征进行计算。

针对 5.4.2 节中提到的难点，为了更好地适应鲲鹏多核并行的特点，可通过如下方式进行优化。

2. 优化建议

（1）优化图划分

当算法通信耗时较高时，可以采用更优的图分区策略进行优化来减少被分割的顶点，降低复制因子的上界。这种优化能够显著降低不同计算节点间的通信量。图 5.45 展示了使用鲲鹏大数据计算平台的优化图分区算法对 PageRank 算法执行过程中的通信量的影响。对图分区的优化节省了处理器之间的通信成本，使鲲鹏大数据计算平台多核的算力优势得到进一步发挥。

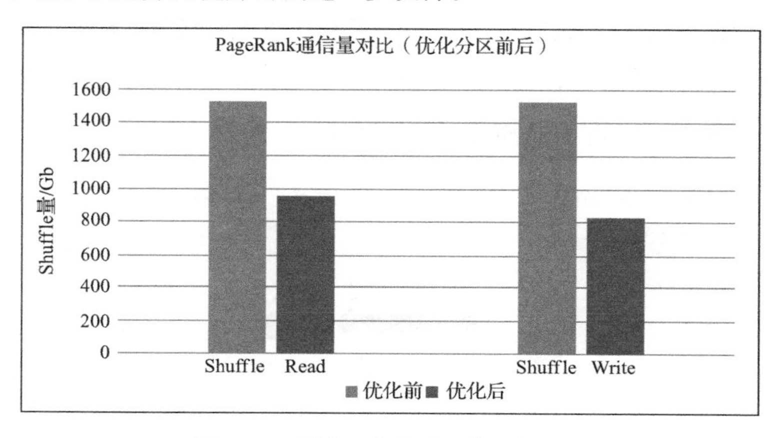

图 5.45　图分区优化对通信量的影响

（2）局部预聚合

在进行 PR 值传递时，通信量为全局边数，采用局部预聚合技术可以在一定程度上缓解被分割顶点边数过多带来的分区间通信量较大的问题。在 PageRank 算法的传播（propagating）阶段，GraphX 对各个子图分区内的消息进行局部预聚合，之后再进行全局聚合，如图 5.46 所示。局部预聚合在节约存储内存的同时减少了传递消息时的内存读取，以及跨机器节点发送消息的次数。该优化能够释放鲲鹏大数据计算平台的多核潜能，取得更佳的计算性能。

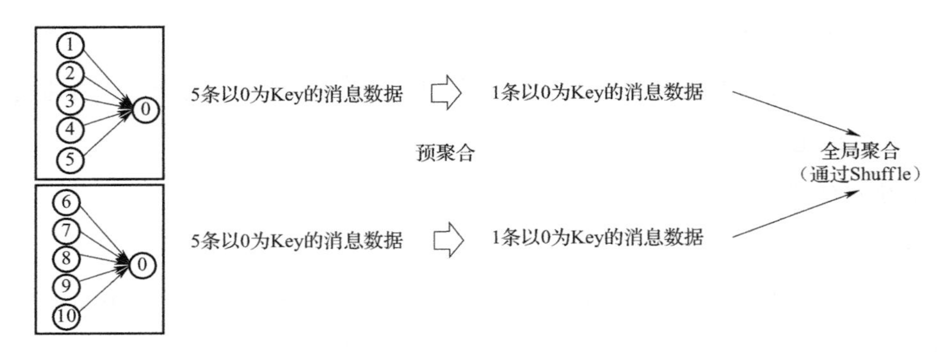

图 5.46　局部预聚合

（3）计算模式切换

简单的计算模式切换也能够大幅缩减基于残差收敛的 PageRank 算法的通信开销。在迭代前期（有大量顶点未收敛），一般迭代方式仅传递 PR 值的信息，当大部分顶点（$\mathrm{cnt}_{\mathrm{activate\ node}}<k$）收敛时，转换为残差迭代，仅少数活跃顶点传递其 PR 值与残差。图 5.47 展示了计算模式的切换过程。

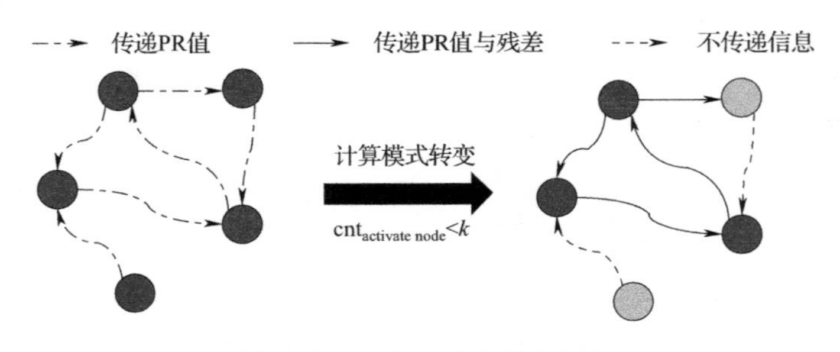

图 5.47　计算模式的切换过程

（4）图顶点重排

在 PR 值的计算更新过程中，每个顶点从内存中读取 PR 值与残差进行计算。通常情况下，会将所需数据提前存放在缓存之中，但是每一个分区内的顶点数量众多，不可能全部存放在缓存中，因此会出现缓存未命中的问题，影响算法的计算速度。图数据进行重排可以提高缓存命中率，从而缓解该问题。

以 CSR 重排算法[169] 为例，该算法通过每次处理一个缓存大小的顶点数据段来提高缓存命中率。以图 5.48 中的原始图为例，为了计算顶点的 PR 值，每个顶点随机访问一个大数组来找到它的邻居的 PR 值。如果这个数组不适合 CPU 缓存，则许多随机访问将进入内存。通过分割，该算法将图划分为多个子图，并使一个子图通过所有的子图。在处理每个子图时，能将随机访问限制在一个缓存大小的段上。具体来说，CSR 重排算法首先通过一个预处理步骤将前一个迭代的 PR 值数组划分为 k 个适合 CPU 的最后一级缓存的段，然后通过将源顶点在同一段中的所有边分组在一起来构造子图，并为目标顶点构造一个 CSR 数据结构。这样，每次在一个子图上进行 PR 值的计算时，能够大大提高计算过程中的缓存命中率。鲲鹏 BoostKit 图分析算法加速库通过对图顶点进行重排，提升了缓存命中率，使鲲鹏 920 的三级缓存结构的性能得到充分发挥，使鲲鹏大数据计算平台的性能能够充分释放。

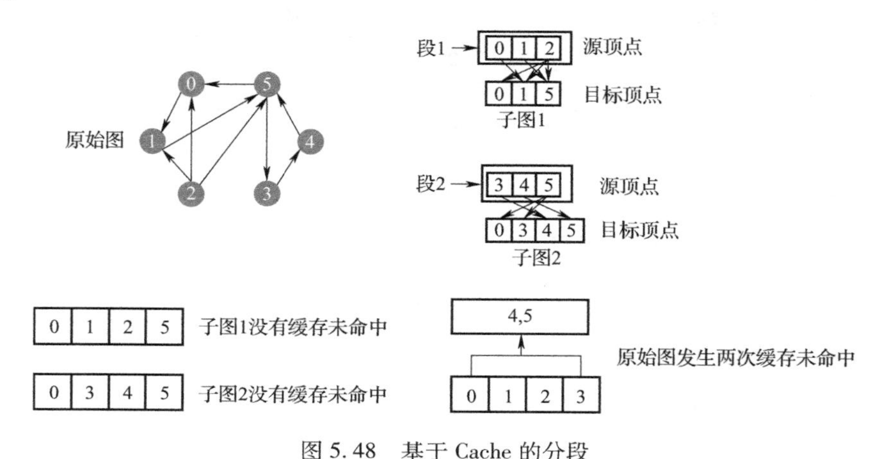

图 5.48　基于 Cache 的分段

5.4.4　鲲鹏 BoostKit 算法 API 介绍

鲲鹏 BoostKit 算法库中的 PageRank 算法在 PageRank 类中实现，根据使用固定迭代分支还是残差收敛分支决定调用 run 方法还是 runUntilConvergence 方法。根据指定的迭代结束条件计算有向无权图中各顶点的 PR 值。输入为图结构体，输出也为图结构体，在图中顶点的参数中存储了对应的 PR 值。下文将介绍 PageRank 算法的接口描述和使用示例。

1. 接口描述

（1） run API

1） 包名：package org. apache. spark. graphx. lib。

2） 类名：PageRank。

3） 方法名：run。

4） 输入：Graph[VD,ED]。

5） 输出：Graph[Double,Double]，顶点属性存储该顶点的 PR 值，同时，为与开源保持一致，边属性存储源节点出度的倒数。

PageRank run API 的参数详情见表 5.4。

表 5.4　PageRank run API 参数详情

参数名称	参数含义	取值类型
graph	GraphX 图数据	Graph[VD,ED]，其中 VD、ED 为泛型类型，分别表示输入的图中顶点属性类型与边属性类型，计算过程不感知
numIter	迭代次数	Int 型数据，取值范围为大于 0
resetProb	重置系数	Double 型数据，经验值为 0. 15，取值范围为 [0,1]

（2） runUntilConvergence API

1） 包名：package org. apache. spark. graphx. lib。

2） 类名：PageRank。

3） 方法名：runUntilConvergence。

4） 输入：Graph[VD,ED]。

5）输出：Graph[Double,Double]，顶点属性存储该顶点的 PR 值，同时，为与开源保持一致，边属性存储源节点出度的倒数。

PageRank runUntilConvergence API 参数的详情见表 5.5。

表 5.5　PageRank runUntilConvergence API 参数详情

参数名称	参数含义	取值类型
graph	GraphX 图数据	Graph[VD,ED]，其中 VD、ED 为泛型类型，分别表示输入的图中顶点属性类型与边属性类型，计算过程不感知
tol	收敛时允许的容差	Double 型数据，如 1e-7 等，取值范围为大于 0
resetProb	重置系数	Double 型数据，经验值为 0.15，取值范围为 [0,1]

2. 使用示例

（1）初始化上下文

```
val conf = new SparkConf().setAppName("PageRank").setMaster(host)
val sc = new SparkContext(conf)
```

（2）构造图数据

```
val edges = sc.textFile("hdfs:///tmp/graph_data/datapath", numPartitions)
.map(line => {val arr = line.split("\t"); (arr(0).toLong, arr(1).toLong, arr(2).toDouble)})
val g = Graph.fromEdges(sc.parallelize(edges, 3), 1D)
```

（3）调用 PageRank 算法

```
PageRank.runUntilConvergence(g, 1e-7, 0.15)
```

5.5 K-Core 分解算法

K-Core 中心性是一种基于 K-Core 子图定义的图顶点中心性。K-Core 子图是图 G 中各顶点度均大于 k 的极大子图，图中顶点所在的 K-Core 子图的最大 k 值定义为该顶点的 Coreness 值，即核中心性。K-Core 分解算法用于求解图中所有顶点的 Coreness 值。K-Core 中心性在图分析、社交领域分析中有着广泛应用，例如可以用来寻找社交网络中影响力较大的用户。

2.3.2 节已详细介绍了 K-Core 分解算法的基本概念和经典实现。基于 2.3.2 节中的 Coreness 值定义，我们可以设计一种通过逐层求解 K-Core 子图来求解顶点 Coreness 值的分布式算法。具体来说，如图 5.49 所示，我们可以通过双层循环实现该算法，其中，外部循环的目标为抽取 K-Core 子图，内部循环中需统计当前图中各顶点度数，删除顶点度数小于或等于 k 的顶点及相关联的边，将被删除的顶点的 Coreness 值赋值为 k。然而这种实现方案存在一个明显的缺点：外层循环用于求解 K-Core 子图，其循环次数与最大 Coreness 值有关，内层循环需要反复删除当前图中度数小于或等于 k 的顶点并更新其他顶点度数，即高度数顶点需等低度数顶点删除后才能基于其新的度数判断是否能被删除，其循环次数不可预估。在实际的分布式实现中，因其前后的强依赖性，这种算法存在并行度低、所需迭代次数多等局限。特别是在 Spark 环境下，过多的迭代次数将导致 RDD 依赖链过长，缓存占用过高，即使使用 CheckPoint 落盘，也会导致过多的文件读写，严重影响计算性能。

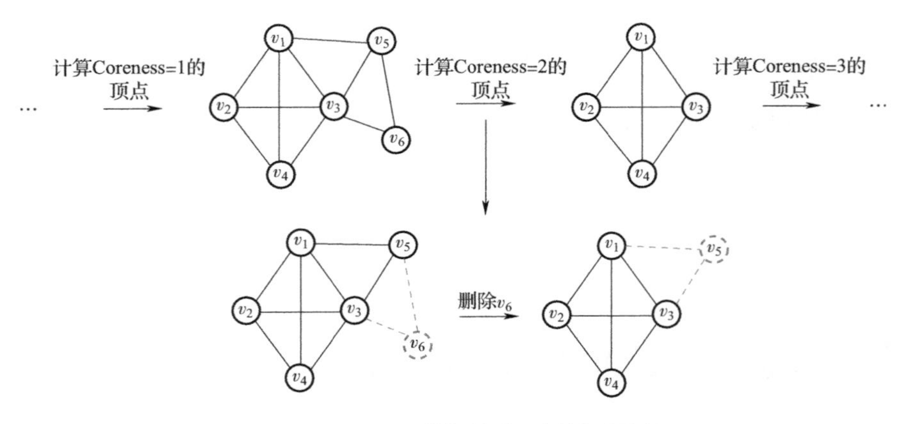

图 5.49　K-Core 分解算法双层循环示意

本节将基于 2.3.2 节介绍的另一种思路构建分布式 K-Core 分解算法[42]，该方

法基于 H 指数理论，通过迭代的方式更新顶点的 H 指数值，当算法收敛时求得所有顶点的 Coreness 值。本节将进一步介绍分布式算法实现的基本思路，分析分布式实现中面临的难点与挑战，同时将结合鲲鹏硬件特性给出分布式算法优化建议，最后将介绍鲲鹏 BoostKit 图分析算法加速库中 K-Core 分解算法的 API 及使用示例。

5.5.1 分布式实现

先回顾 H 指数。给定一个由正整数组成的集合 S，S 的 H 指数 $H\text{-Index}(S)=\operatorname{argmax}_k \left|\{s\in S \mid s\geqslant k\}\right|\geqslant k$。基于 H 指数的概念，可以利用式（5-10）计算顶点的 Coreness 值，即一个顶点的 Coreness 值等于其相邻顶点 Coreness 值的 H 指数。

$$\text{Core}(v)=H\text{-Index}(\{\text{Core}(u) \mid u\in N_G(v)\}) \tag{5-10}$$

若使用 GraphX 实现 K-Core 分解算法，在分布式环境下，图以分布式 Graph 数据集存储，Graph 对象包含一个 VertexRDD 和一个 EdgeRDD，VertexRDD 中存储了图中所有顶点的 ID 信息及 Coreness 属性信息，EdgeRDD 中存储了图中所有边结构信息用于实现消息的传播。在初始化时，输入图 G 基于点割策略被划分，所有的边数据被划分成多个分区（Edge Partition）并基于此构建了 EdgeRDD；基于 EdgeRDD 的分区结果，Spark GraphX 构建 VertexRDD，用于保存顶点信息及顶点至边分区的路由信息。因此，良好的图划分形式可以显著减少图遍历过程中的通信量。

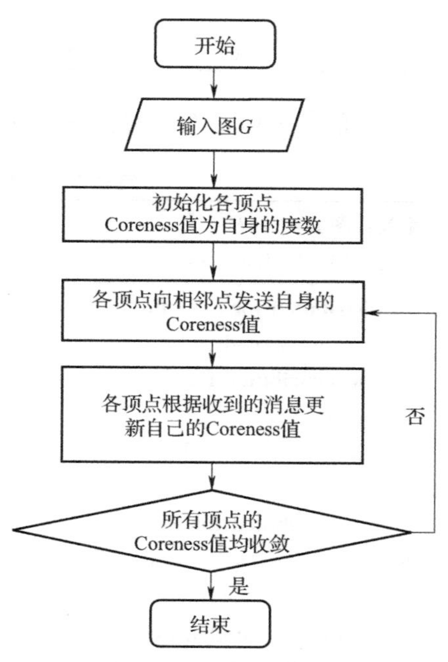

图 5.50　分布式 K-Core 分解算法流程

具体地，该方案基于以顶点为中心的编程模型进行实现，如图 5.50 所示。初始时，图被划分到多个计算节点上保存，每个计算节点只需要保存一部分顶点的 Coreness 值，顶点的初始 Coreness 值为其自身的度数。每轮迭代中，每个顶点将自己的 Coreness 值发送给相邻顶点所在的计算节点。每个计算节点对收到的 Coreness 值计算 H 指数，以此来更新自身保存的顶点的 Coreness 值，不断迭代，直至各顶点的 Coreness 值均收敛。

如表 5.6 所示，我们以三个开源数据集分别运行基于逐层求解 K-Core 子图实现的分布式 K-Core 分解算法（方案一）和基于上述方案实现的分布式算法（方案二），可以看到，随着数据规模特别是最大度数的增加，方案一的迭代次数会迅速增长，而方案二可以少量的迭代次数实现快速收敛。此外，就单轮迭代而言，在方案一的每一轮迭代中仅会处理某一固定度数的顶点，算法并行度及计算资源利用率低，难以发挥鲲鹏芯片多核的优势；而在方案二的每一轮迭代中，每一个顶点均参与计算，可实现对计算资源的充分利用，最大化鲲鹏芯片多核的优势。

表 5.6　分布式 K-Core 分解算法两种方案迭代次数对比

数据集	顶点数	边数	最大度	最大 Coreness	方案一迭代次数	方案二迭代次数
Graph500-22	239 万	6400 万	162 768	960	960	28
Graph500-23	460 万	1.2 亿	256 708	1222	1222	44
Graph500-25	1700 万	5 亿	639 142	2133	2133	85

分布式 K-Core 分解算法的具体实现如算法 5.6 所示。

算法 5.6　分布式 K-Core 分解算法[158]

输入： 图 $G=(V,E)$
输出： 顶点的 Coreness 值

```
 1. distributed for v ∈ V do:
 2.     Core(v)←deg (v)
 3. end distributed for
 4. accum ← |V|
 5. while accum ≠ 0 do:
 6.     accum ← 0
 7.     distributed for v ∈ V do:
 8.         for u ∈ N_G(v) do:
 9.             send(Core(v)) to u
10.     end distributed for
11.     distributed for v ∈ V do:
```

```
12.         msg←receive()
13.         arr←[]
14.         for Core(u) ∈ msg do:
15.             add Core(u) into arr
16.         Core(v)←H-Index (arr)
17.         if Core(v) is changed then:
18.             accum←accum+1
19.     end distributed for
```

1）第 1~3 行：对于每个顶点，初始化其 Coreness 值为自身的度。

2）第 4 行：初始化一个计数器 accum，其初始值为图的顶点数，用于记录每轮迭代中 Coreness 值发生变化的顶点数量。

3）第 6 行：每轮迭代开始时，将 accum 清零。

4）第 7~10 行：顶点发送 Coreness 值给相邻点。

5）第 11~16 行：顶点接收其他顶点发来的消息，msg 代表由 GraphX 聚合后发送给某个顶点的全部消息，即该顶点相邻点的 Coreness 值。顶点根据收到的消息重新计算自身的 Coreness 值。

6）第 17、18 行：若顶点的 Coreness 值相比于上一轮迭代时发生了变化，将 accum 的值加 1。

5.5.2 难点分析

分布式 K-Core 分解算法主要面临两个难点。

（1）通信开销大

在上述分布式算法中，在每一轮迭代中每个顶点均需要向相邻的邻居顶点发送最新的 Coreness 值，同时每个顶点接收到来自其邻居的消息后需要更新自身的 Coreness 值。而这个过程会涉及大量的消息通信。单轮迭代的网络通信消息数量上界为 $O(2\times|E|)$，随着数据量的不断增大，通信瓶颈将越来越明显。

（2）Coreness 值计算开销大

在一轮迭代中，顶点 v 收到相邻点的 Coreness 值后，计算所有相邻点的 Coreness 值的 H 指数，时间复杂度为 $O(\deg(v)\log\deg(v))$。现实世界中图数据的顶点度服从幂律分布，存在度数极高的顶点，这部分顶点计算 H 指数的时间开销较大，会形成拖尾任务，造成整体性能降低。

5.5.3 关键步骤与优化点解析

分布式 K-Core 分解算法的单轮迭代中有两个关键步骤，即消息传播过程和聚合同步更新过程。我们以图 5.51 为例来介绍这两个关键步骤。初始时图数据被划分存储在多个计算节点上，如图 5.51(b) 所示，每个分区中保存的 EdgeRDD 为划分到该分区的边，VertexRDD 为划分到该分区上的顶点及其属性，对于分布式 K-Core 分解算法，顶点的属性即为该顶点的 Coreness 值。此外，每个分区还会保存一个路由表

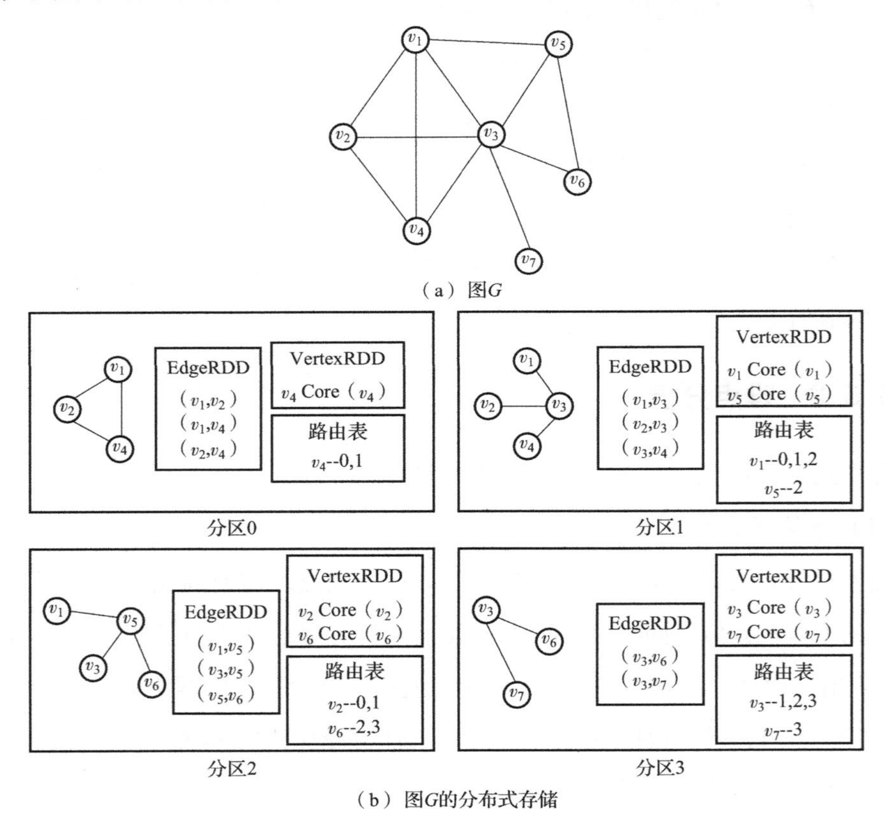

图 5.51 分布式 K-Core 分解算法图的分布式存储

(Routing Table)，记录 VertexRDD 中每个顶点与其邻边所在分区的对应关系。

1. 关键步骤

(1) Coreness 值传播

由于 Graph 对象的 EdgeRDD 中未持有最新的 Coreness 值，所以在 Coreness 值传播之前，需要将 Coreness 值从 VertexRDD 更新至 EdgeRDD 中。更新过程如图 5.52 所示，顶点基于路由表信息，将属性更新至顶点所在的各个分区。在此过程中，会出现数据膨胀和通信量膨胀，我们可借助良好的图分区方法减轻数据膨胀与通信量膨胀。

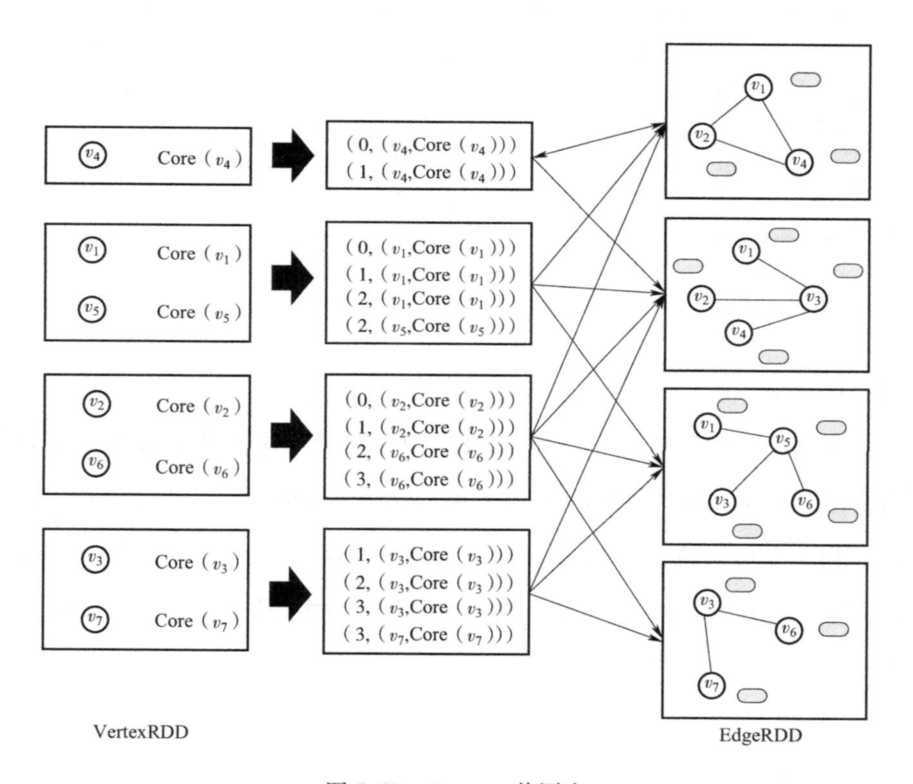

图 5.52　Coreness 值同步

在 EdgeRDD 获取各顶点自身属性后将进行 Coreness 消息传播，即通过 send 函数向对端顶点发送消息。在每轮迭代中，EdgeRDD 中每条边的两个端点将自身的

Coreness 值发送给对方，消息结构为一个 Int 类型数据，代表自身 Coreness 值，消息的发送目标为对端顶点 VertexRDD 所在分区。如图 5.53 所示，对于分区 0 中保存的边（v_1,v_2），顶点 v_1 将自身的 Coreness 值发送给 v_2 的 VertexRDD 所在分区，即分区 2，同时 v_2 也需将 Coreness 值发送到分区 1。

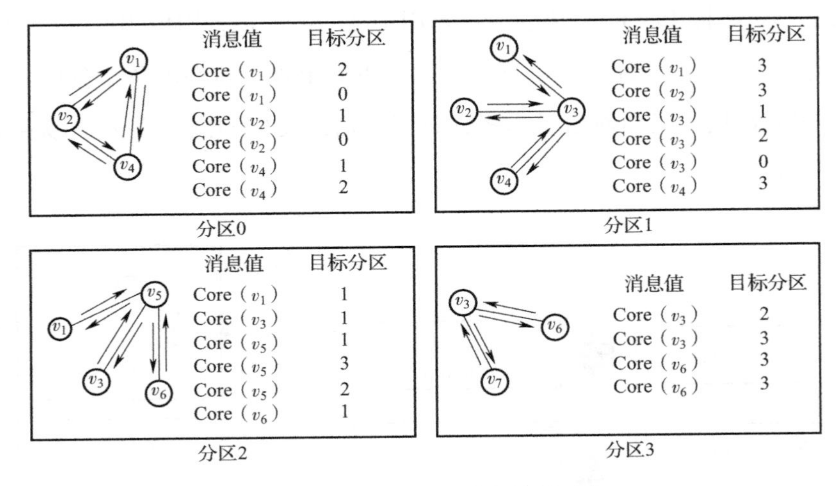

图 5.53　Coreness 值消息传播示意

（2）Coreness 值的同步与更新

每个顶点将收到的消息放入一个数组，然后计算数组中数据的 H 指数并将其作为自己的 Coreness 值。图 5.54 展示了第一轮迭代时顶点 v_3 更新 Coreness 值的过程，v_3 收到 6 个相邻顶点的 Coreness 值，如图 5.54(a) 所示。之后 v_3 将收到的 Coreness 值从小到大排序，并遍历数组。在遍历过程中维护两个变量，num 用于记录当前访问的数值，cnt 用于记录大于或等于该数值的数字个数，当两个变量相等时即得到 H 指数。

在 Coreness 值的传播及同步更新过程中均涉及大量的消息通信，面临通信挑战，本章中其他算法已经介绍了一些通用的优化方式，例如优化图分区。良好的图分区策略可极大降低网络通信，同时保证各任务的均衡性。Spark GraphX 中内置了很多图分区策略，我们可以基于这些策略进行调优。同时，鲲鹏 BoostKit 图分析

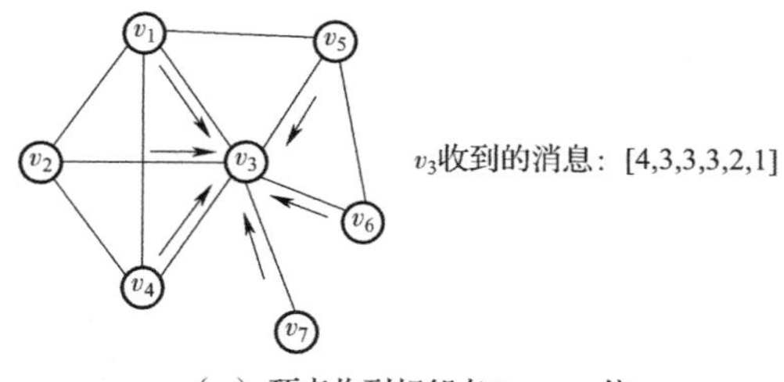

（a）顶点收到相邻点Coreness值

[4,3,3,3,2,1]　　num=4　cnt=1

[4,3,3,3,2,1]　　num=3　cnt=2

[4,3,3,3,2,1]　　num=3　cnt=3

（b）Coreness值排序，计算H指数

图 5.54　Coreness 值同步与更新示意

算法加速库中的分布式 K-Core 算法默认集成了华为自研的图分区策略，相比于 Spark GraphX 自带的 EdgePartition2D 策略有更低的复制因子上界，提供了更高的存储效率和通信效率。

此外，针对当前的分布式实现方案，结合鲲鹏硬件特性，我们给出如下优化建议。

2. 优化建议

（1）基于 Pregel 的迭代模式优化

针对 5.5.2 节所述难点（1），可以让每个顶点在 VertexRDD 中保存其相邻点的 Coreness 值，即 VertexRDD 中每个顶点的属性变为（int,Map<int,int>），其中第一个属性是自身的 Coreness 值，第二个属性是一组键值对，其中键为相邻顶点 id，值为其对应的 Coreness 值。当顶点的 Coreness 值相比于上一轮迭代没有发生变化时，其相邻点可以继续使用自身保存的 Coreness 值。因此，一轮迭代中 Coreness 值没有发生变化的顶点不需要发送自身 Coreness 值，随着算法的收敛，大部分顶点的 Coreness 值不再发生变化，使得网络通信量大幅降低。以图 5.55 为例，第一轮迭代时全部顶点均需要发送 Coreness 值，而第二轮迭代时只有 3 个顶点需要发送 Coreness 值。

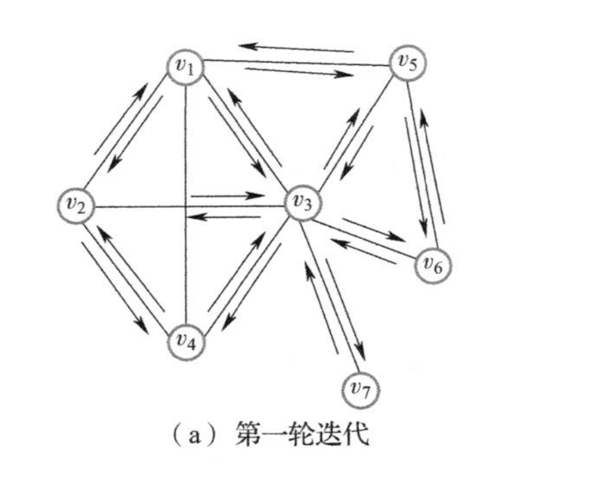

（a）第一轮迭代

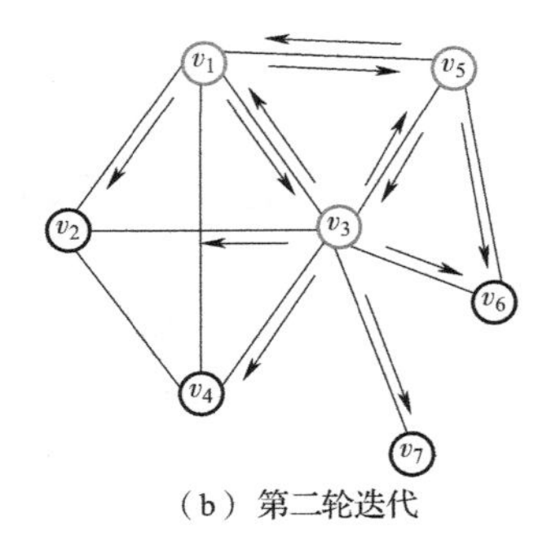

（b）第二轮迭代

图 5.55　基于 Pregel 的迭代模式优化

（2）Coreness 值更新过程优化

针对 5.5.2 节所述难点（2），需要针对 Coreness 值更新过程进行优化。在前面讲述的 Coreness 值更新过程中，首先需要对所有相邻点的 Coreness 值排序，若使用快速排序，这一过程的时间复杂度为 $O(\deg(v)\log(\deg(v)))$。考虑到顶点 Coreness 值大小范围固定且均为整数，可以使用时间效率更高的桶排序，复杂度可降低为 $O(\deg(v))$。将桶排序额外使用的数组结构也保存于 VertexRDD 的顶点属性中，结合前一条优化建议，每轮迭代中一个顶点只会接收部分邻居的 Coreness 值，这时只需要局部更新数据即可得到重新排序的结果。

华为鲲鹏芯片采用多核设计，在执行高并行度的计算任务时更能够发挥优势。本小节所述的分布式 K-Core 分解算法采用了基于 H 指数的计算方案，各顶点之间数据依赖程度低，算法并行度高，更加亲和鲲鹏芯片多核特性。在上述优化方案中，优化的图分区策略有利于均衡各核心之间的负载，避免因单核心负载过重而出现瓶颈，进一步发挥了鲲鹏芯片的优势。鲲鹏芯片采用 NUMA 架构，CPU 节点之间不共享内存，需要执行片间通信。上述基于 Pregel 迭代模式的优化方案有效减少了计算节点之间的通信量。总体而言，我们可以通过改善通信、任务负载、计算并行度等方式优化算法实现，提升分布式算法运行性能，从而充分发挥鲲鹏硬件的特性。

5.5.4 鲲鹏 BoostKit 算法 API 介绍

鲲鹏 BoostKit 图分析算法加速库中的 K-Core 分解算法在 KCoreDecomposition 类中实现，其核心是使用 run 方法，计算无权无向图中各顶点的 Coreness 值。输入 RDD 形式的无权边列表，输出 RDD 形式的顶点 Coreness 值。下文将介绍 K-Core 分解算法的接口说明和使用示例。

1. 接口说明

1）包名：package org. apache. spark. graphx. lib。

2）类名：KCoreDecomposition。

3）方法名：run。

4）输入：RDD[(Long,Long)]，不带权重的无向图边列表，详细算法参数如表 5.7 所示。

5）输出：RDD[(Long,Int)]，顶点的 Coreness 值，其中（Long,Int）分别保存顶点 ID 及其对应的 Coreness 值。

表 5.7　K-Core 分解算法参数详情

参数名称	参数含义	取值类型
edgeList	不带权重的无权图边数据	RDD[(Long,Long)]

2. 使用示例

1）初始化上下文

```
val sc = new SparkContext(new SparkConf().setMaster("yarn")
                                           .setAppName("KCore"))
```

2）读取图数据

```
val edgeInfo = sc.textFile("hdfs://tmp/graph_data/datapath ", numPartitions)
.map(line => {val arr = line.split(" \t"); (arr(0).toLong, arr(1).toLong)})
```

3）调用 K-Core 分解算法

```
val res = KCoreDecomposition.run(edgeList)
```

5.6 子图匹配算法

子图匹配算法是一种经典的对图进行相似性分析的方式，目的是在目标图中匹配到所有与查询图结构相同的子图。算法通过节点搜索与匹配，完成在目标数据图中查找与查询图结构相同的子图信息，并返回对应的子图节点和所有匹配到的结果数量。子图匹配算法应用场景广泛，能够支持模式查询、子图挖掘、社区挖掘等任务，常应用于社交网络分析、生物信息学、交通运输、群体发现、异常检测等领域。

子图匹配的解决思路主要有两种方式，分别是基于深度优先的 Backtracking Search 方式和基于广度优先的 Multi-Way Join 方法。第 2 章介绍的 Ullmann 属于 Backtracking Search 方式，通过构造搜索树来计算结果，适用于小图的子图匹配查询。针对大规模图场景，STwig 算法[170] 提供了一种适用于分布式场景的子图匹配算法的经典实现。STwig 将一个查询图拆分成若干个子查询图，将每个子查询图的匹配视为一个子查询任务，由此将子图匹配任务划分为若干个子任务，然后借助图引擎提供的图操作接口对子任务进行并行化计算，以实现大规模图的分布式子图匹配处理。

本节以 STwig 算法为理论基础，阐述子图匹配算法分布式实现及亲和鲲鹏特性的优化点分析。

5.6.1 分布式实现

子图匹配问题计算量巨大，计算复杂度随查询图节点个数以及数据图规模增长呈现平方级以上的增长。对于大规模图匹配，我们可以将查询图分解成若干个顶点较少的子查询图，为每个子查询图进行匹配，最后将匹配结果合并，得到最终的查询结果。如图 5.56 所示为分布式子图匹配算法流程。

算法流程如下。

1）目标图、查询图输入，其中目标图规模庞大，将其分片存储在集群机器中。

2）利用分治思想将查询图划分为若干个子查询图，降低查询复杂度。

3）基于策略对子查询图排序以优化查询效率。

4）通过搜索实现子查询图顶点与目标图顶点的匹配，找到目标图分片中对应的子查询图结构。

5）聚合集群中目标图分片对子查询图的匹配结果，基于多路合并等方式对每个子查询图匹配结果进行过滤合并。

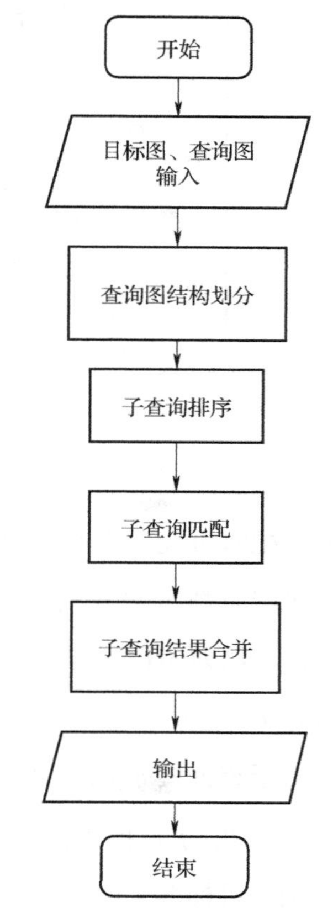

图 5.56　分布式子图匹配算法流程

具体而言，如图 5.57 所示，对于输入的目标图 G，通过计算顶点 ID 的哈希值将顶点分配到不同的机器上，实现目标图的划分。对于输入的查询图 q，将其划分成若干个 STwig 结构的子图。STwig 是两层树结构（StarJoin），对查询图的划分结果不唯一，图 5.57 列举了两种划分结果。

将拆分出的子查询图进行排序，按照顺序进行子查询图匹配。如图 5.57 所示，假设目标图分布式存储在 4 台机器 M1、M2、M3、M4 中，查询图划分结果为图 5.57(a) 且排序为 q_1、q_2、q_3、q_4。每台机器都将按照顺序对 4 个查询子图进行查询，查询过程并行化执行，以提高匹配效率。其中，子查询图根节点匹配的查询范围为机器本地存储的顶点，而子节点可能存储在不同机器的目标图分片中，

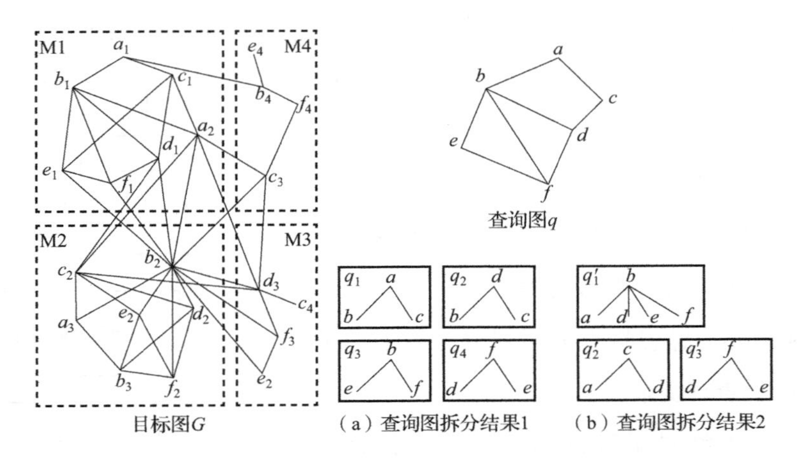

图 5.57　STwig 目标图存储与查询图划分

因此匹配时可能会跨机器访问数据，从而产生通信开销。子查询图匹配完成后，每个机器 k 都会对所有子查询图产生一个匹配结果 $G_k(q_1)$、$G_k(q_2)$、$G_k(q_3)$、$G_k(q_4)$，例如 M1 对 q_1 的查询结果 $G_1(q_1)=\{(a_1,b_1,c_1),(a_1,b_4,c_1),(a_2,b_1,c_1),(a_2,b_1,c_2),(a_2,b_1,c_3),(a_2,b_2,c_1),(a_2,b_2,c_2),(a_2,b_2,c_3)\}$。在机器 k 上聚合集群内对子查询图 q_i 的查询结果得到 $R_k(q_i)$，即为每个子查询图在目标图中的匹配结果，对 $R_k(q_i)$ 再次排序得到合并序列，根据顺序依次进行合并，合并结果即为查询图在目标图中的匹配结果。

分布式子图匹配算法的具体实现如算法 5.7 所示。

算法 5.7　分布式子图匹配 STwig 算法

输入： 查询图 q
输出： 子图匹配结果 R_k

1. compute a graph decomposition $\{p0,p1,\cdots,pt\}$ of P;
2. STwig-Order-Selection(q)
3. **distributed for** $k=1,2,\cdots,K$ **do**:
4. 　　**for** $i=1$ **to** t **do**:
5. 　　　　$r_i=p_i$. root
6. 　　　　$L_i=\{l.\text{label} \mid l\in r_i.\text{children}\}$
7. 　　　　$G_k(q_i)=\text{MatchSTwig}(r_i,L_i)$;

```
8.  end distributed for
9.  for all k' in F_{k,i} do:
10.         send (G_{k'}(q_i)) to k
11.     R_k(q_i) ← G_{k'}(q_i) ∪ R_k(q_i)
12. for i=1 to t do:
13.     R_k ← R_k ⋈ R_k(q_i)
14. return R_k
15.
16. function MatchSTwig(r,L)
17.  S_r ← Index.getID(r)
18. G ← ∅
19. for each n in S_r do:
20.     c ← Cloud.Load(n)
21.     for each l_i in L do:
22.         S_{li} ← {m | m ∈ c.children and Index.hasLabel(m,l)}
23.     G = G ∪ {{n} × S_{l_1} × S_{l_2} × ··· × S_{l_k}}
24. return G
```

1）第 1 行：查询图结构拆分。

2）第 2 行：子查询图排序。

3）第 3~8 行：集群内机器分布式调用 MatchSTwig 进行匹配查询。

4）第 9~11 行：聚合集群机器中的子查询图匹配结果，其中 $F_{k,i}$ 是向机器 k 传输结果 q_i 匹配结果的其他机器集合。

5）第 12~14 行：合并所有子查询图匹配结果后返回结果。

6）第 16 行：MatchSTwig 函数，包含 3 个原子操作符：Cloud. Load(id)，找到 ID 为 id 的节点同时返回邻居顶点的 ID；Index. getID(label)，返回具有给定标签的节点的 ID；Index. hasLabel(id,label)，如果 ID 为 id 的节点具有给定的标签则返回 True。

7）第 17 行：通过调用 Index. getID(r) 来找到目标图中与根节点匹配的节点集合。

8）第 19、20 行：对集合中每个根节点调用 Cloud. Load 找到其子节点。

9）第 21、22 行：调用 Index. hasLabel 找到与 L 中标签相匹配的子节点。

10）第 23 行：将根节点匹配结果与子节点匹配结果进行合并，得到最终匹配结果 $G(q)$。

5.6.2 难点分析

子图匹配算法的分布式实现主要面临以下两个难点。

（1）算法计算复杂度高

子图匹配算法是典型的 NP 完全问题，计算复杂度随查询图节点个数以及数据图规模增长呈现平方级以上的增长，如何降低计算复杂度成为难点。

（2）算法中间计算结果膨胀严重

子图匹配算法在计算过程中会产生大量中间结果：一方面，随着查询图节点数量以及搜索层数的增加，中间计算结果呈现指数级增长；另一方面，子查询图匹配结果在合并时，也会产生庞大的中间结果。在分布式场景下中间结果的同步会造成严重的通信瓶颈，造成计算效率差。

5.6.3 关键步骤与优化点解析

通过前文的介绍，我们了解了分布式子图匹配的算法流程与实现难点。子图匹配算法计算复杂度高，每一阶段都需要进行大量的计算，同时存在规模庞大的中间结果，在大规模图上的实现对于计算存储性能是个挑战，因此本小节对分布式子图匹配算法的关键步骤进行优化讨论。

（1）查询图等价划分

子查询图的结构相对简单，顶点数量少，便于分布式场景下的并行化查询，进而提升查询效率。划分得到的子查询图的数量决定了之后连接操作的次数，子查询图的数量越多，匹配时产生的通信开销越大，因此我们尽可能地将查询图划分为较少的个数。

另外，查询图划分的目的是在并行查询过程中避免子查询图查询中进行跨区数据访问，降低查询时间。STwig 算法采用的划分结构属于 StarJoin，StarJoin 的匹配算法复杂度较低，在多项式时间内即可完成匹配，但有时会造成巨大的中间计算结果。例如在某个社交网络中，有一个具有 1 000 000 个邻居节点的明星节点，该节点匹配 StarJoin 会产生 $O(10^{18})$ 量级的结果，导致算法出现巨大瓶颈。我们可以采用其他的划分方式来进行优化。如图 5. 58 所示，TwinTwigJoin[171] 结构是边数小于或等于 2 的 StarJoin 结构，TwinTwigJoin 结构在左深连接的合并策略下比 StarJoin 更优。CliqueJoin[172] 结构为顶点相互连接的完全图，在某些情况下使用 CliqueJoin 替代 StarJoin 可以有效减少整体匹配轮次。

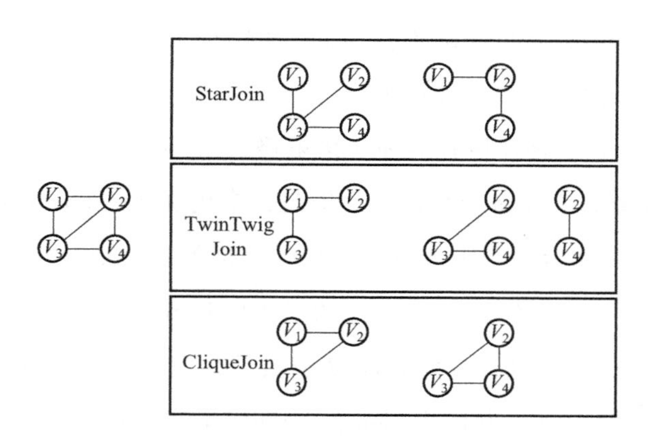

图 5. 58　查询图结构划分

（2）子查询图排序

查询图划分之后，子查询图会按照排序进行匹配计算，排列顺序同样会影响算法效率。以图 5. 57 为例，假设图 5. 57(b) 为查询图划分，当查询序列为<q'_1，q'_2，q'_3>时，q'_1 与 q'_2 匹配完成后，q'_3 进行匹配时其根顶点 f 的查询范围已被约束在 q'_1 的查询结果中，能够在较短的时间内完成查询。相反，若先对 q'_3 进行匹配，则在匹配 q'_1 时，q'_3 的匹配结果中没有 q'_1 的根节点 b，查询空间未能进一步收缩，查询效率较低。因此在排序时，尽量保证先前完成查询的子查询图结果中包含下一个子查询图的根节点。

（3）合并策略

子查询图匹配结果进行合并的过程中，很容易造成中间结果数据呈现指数级膨胀，优化目标是寻找最佳合并策略，以减少通信成本。常见的合并策略为二路连接，该合并策略在子查询图完成匹配之后，根据预定义的连接顺序完成连接。STwig 算法就采用该合并策略，如图 5.59 所示，每次合并两个部分查询结果，直到所有子图匹配结果均加入合并。最简单的二路连接使用边作为基础连接关系，合并从一条边开始，在每次连接中加入一条边进行合并。对于二路连接的优化有两条思路：①使用比边更复杂的基础连接关系，例如 STwig 的 StarJoin 结构；②设计更优的连接策略。

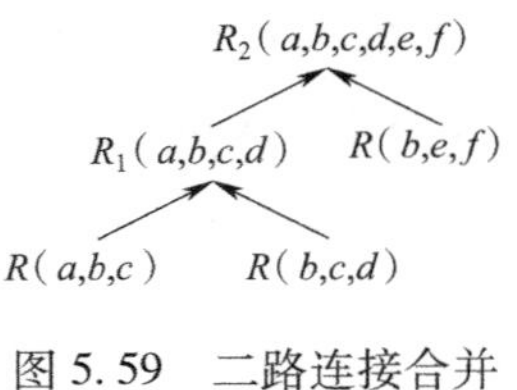

图 5.59　二路连接合并

如图 5.60 所示，二路连接有两种连接策略，大部分算法采用的是其中更简单的 left-deep join 策略，有小部分算法采用的是其中更优化的 bushy join 策略[173]。在合并过程中，如果每次合并至少涉及一个基础连接关系，则合并策略称为 left-deep join，否则是 bushy join。图 5.60 中，左边是 left-deep join，该策略先选取一个结果，每次合并一个结果，这种合并策略易于实现，但可以看出在第二步合并后产生了巨大的中间结果。而右边 bushy join 的中间结果都比较小，表现更好。

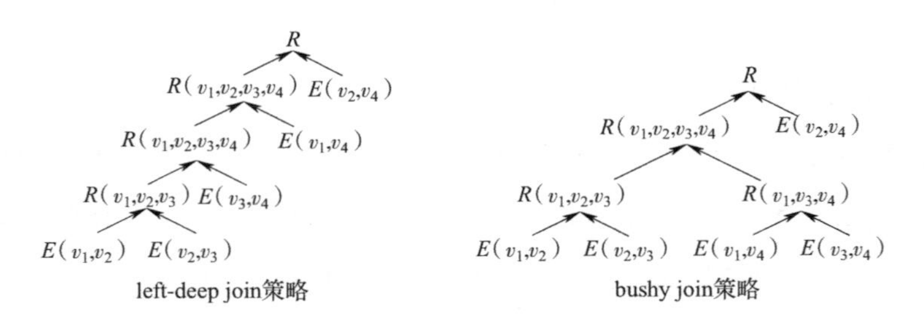

图 5.60　二路连接合并过程

显而易见，不同的策略会产生不同数据规模的中间结果。我们可以通过采用不同的合并策略来减少/归并过程中的笛卡儿乘积次数，从而防止中间结果膨胀。

除了对分布式子图匹配算法关键步骤进行优化之外，图分析算法库还针对鲲鹏芯片进行亲和性优化。

1）算法并行度亲和优化。鲲鹏 CPU 的关键优势是核心数众多，如何发挥多核性能成为鲲鹏亲和性优化的关键。在子图匹配算法计算过程中，可以将数据图等价切分为多个子图结构，并分发到多台机器上，在每台机器上基于切分后的子图完成查询图的匹配，进而提升算法的并行度。

2）鲲鹏 CPU 的另一关键特性是具有较大容量的缓存，因此我们采取压缩存储的方案。例如，使用行稀疏压缩格式（CSR）实现图数据的压缩存储，在单位空间内实现更多数据的存储，提升大容量缓存的利用率，进一步提升算法运算效率。

5.6.4 鲲鹏 BoostKit 算法 API 介绍

鲲鹏 BoostKit 算法库中的子图匹配算法在 SubgraphMatching 类中实现，其核心是使用 run 方法，基于输入查询图的结构，在数据图中查找所有与查询图结构一致的子图结构，输出所有匹配到的结果数量以及 top K 个匹配结果，输出的 K 个结果按照匹配结果中所有顶点的度大小之和进行排序。当前算法支持两种查询模式：弱匹配与强匹配。

弱匹配要求数据图中的匹配结果包含查询图的结构（即查询图顶点之间若不存在边连接，在数据图中并不作要求）。弱匹配模式支持的查询图结构如图 5.61 所示。

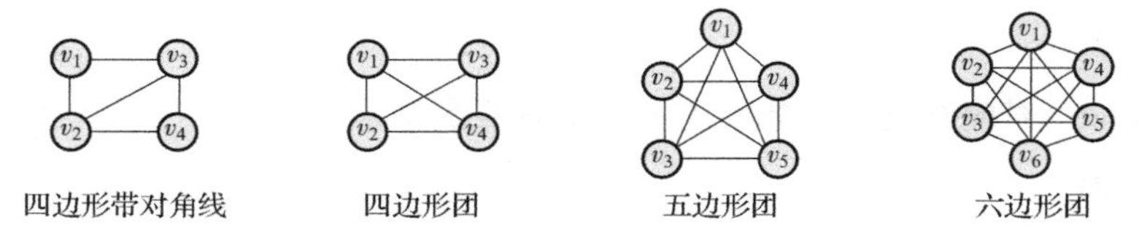

图 5.61　弱匹配模式支持的查询图结构

强匹配要求数据图中的匹配结果与查询图结构完全一致（即查询图顶点之间若不存在边连接，在数据图中也需要求对应的点之间不存在边）。强匹配模式支持的查询图结构如图 5.62 所示。

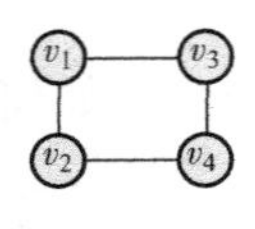

四边形环

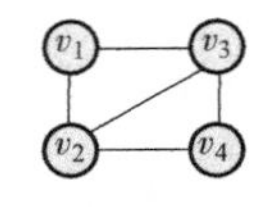

四边形带对角线

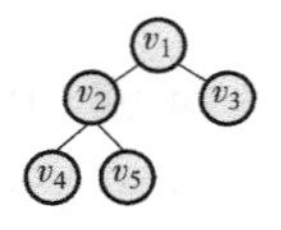

五顶点二叉树

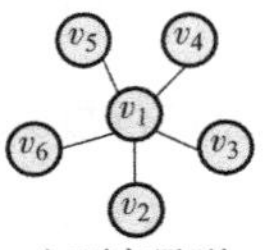

六顶点星形

图 5.62　强匹配模式支持的查询图结构

下文将介绍子图匹配算法的接口说明和使用示例。

1. 接口说明

1）包名：package org. apache. spark. graphx. lib。

2）类名：SubgraphMatching。

3）方法名：run。

4）输入：RDD[(Long,Long,Double)]，带权重的有向图边列表，详细算法参数如表 5.8 所示。

表 5.8　子图匹配算法参数详情

参数名称	参数含义	取值类型
dataGraph	数据图边列表信息	RDD[(Long,Long)]
queryGraph	查询图边列表信息	Array[(Long,Long)]
taskNum	子任务数量	Int 大于 0 的整型，推荐值为 1000
outputSizeLimit	算法输出的匹配结果数量	Int 大于 0 的整型，推荐值为 10 000
isIdentical	算法采用的匹配模式	Boolean 型，true 为强匹配，false 为弱匹配

5）输出。

a）Long，对应查询图在数据图上的所有匹配结果总数。

b）RDD[Array[(Long,Long)]]，outputSizeLimit 个查询结果的边列表信息，其中，每行数据为对应的查询结果边列表。

2. 使用示例

1）初始化上下文

```
val sparkConf = new SparkConf().
                    setAppName(s"SubgraphMatchingTest").setMaster("yarn")
```

```
val sc = new SparkContext(sparkConf)
```

2）读取图数据

```
val edgeInfo = sc.textFile("hdfs:///tmp/graph_data/datapath ", numPar-
titions)
.map(line => {val arr = line.split(" \t"); (arr(0).toLong, arr(1).
toLong, arr(2).toDouble)})
```

3）构图并调用子图匹配算法

```
val(totalNum, kResults) = SubgraphMatching.run(dataGraph, queryGraph,
taskNum, outputSizeLimit, isIdentical)
```

第 6 章

图分析算法应用实战

大数据时代，图分析技术广泛应用在视频推荐、网页搜索排名、金融风险识别等涉及大规模数据处理的业务场景中。本章将基于网页搜索排名、视频推荐、金融风险识别三个案例，阐述相关业务系统的架构和流程，重点介绍图分析算法在这些业务案例中的应用。

本章可以帮助读者了解不同业务中主流的图分析算法，通过图分析算法的实际应用，理解图分析算法的原理、应用场景，以及如何将其与其他算法系统融合以解决实际问题。若读者已经能够很好地理解前几章内容，则在本章的帮助下进行实践，可获得较高水平的实战能力。

6.1 网页搜索排名案例

6.1.1 场景介绍

搜索引擎通常是用户输入查询词，搜索引擎返回搜索结果，如图 6.1 所示。搜索引擎需要对百亿计的海量网页进行获取、存储、处理，同时要保证搜索结果的质量。如何获取、存储并计算这些海量数据？如何快速响应用户的查询？如何使搜索结果能够满足用户的信息需求？这些都是搜索引擎面对的技术挑战，通常可以将搜索引擎的目标概括为：更全、更快、更准。

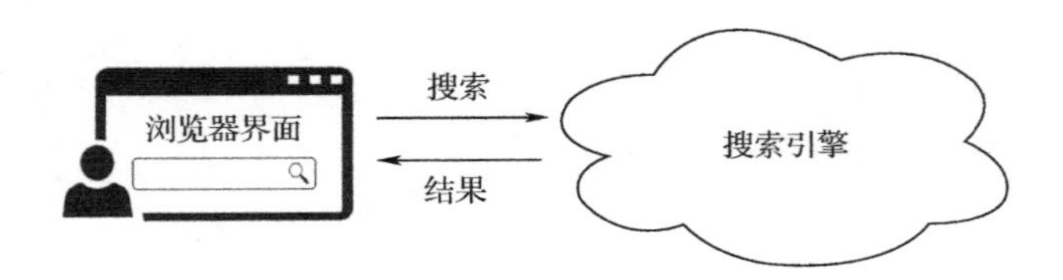

图 6.1　用户搜索时与搜索引擎的交互

搜索引擎主要经历了 4 个阶段，如图 6.2 所示。在链接分析的一代，链接分析技术的提出，使搜索引擎搜索质量大大提高，到了用户中心的这一代，搜索引擎大都致力于理解用户发出的某个很短小的查询词背后的真正需求，但链接分析依旧是不可或缺的。目前几乎所有的搜索引擎都采取了链接分析技术。

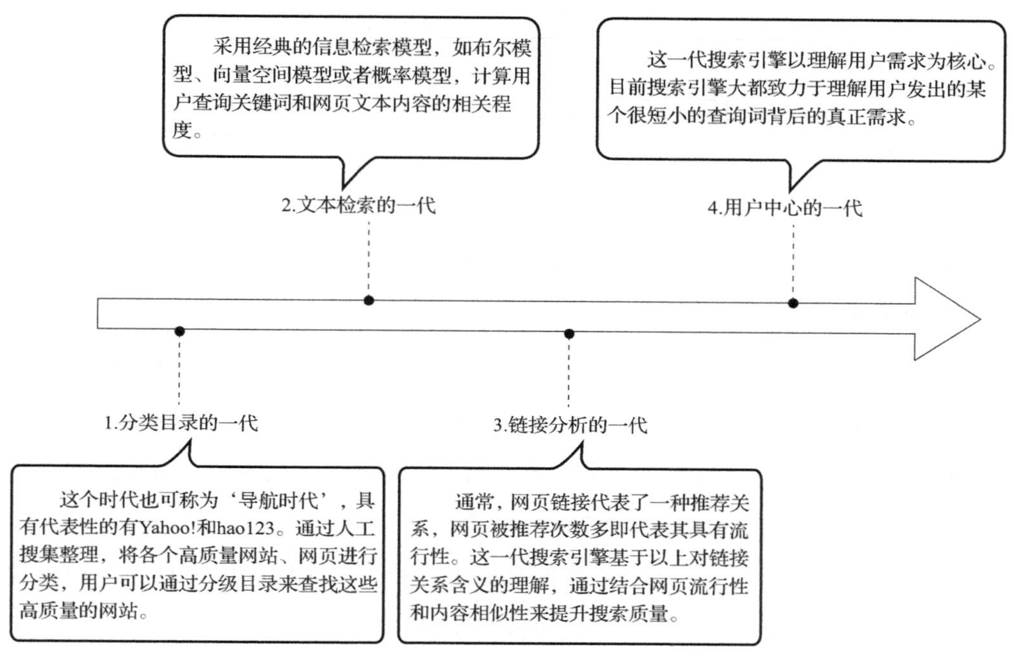

图 6.2　搜索引擎发展历程

本节将简单阐述网页搜索排名案例使用的技术，重点围绕链接分析技术介绍网页搜索排名案例中图分析技术的应用。

6.1.2　整体方案

网页搜索主要包括建库、搜索两个过程。建库阶段需要完成网页库构建以支撑搜索阶段高性能、高精度、高质量的搜索需求。建库的优劣直接决定了后续的搜索体验，本小节将重点介绍一种业界常用的基于内容+链接分析的搜索引擎静态建库方案。如图 6.3 所示，建库阶段的主要目标是完成网页特征库构建（包括网页质量评分、网页提取特征等），完成倒排索引构建。

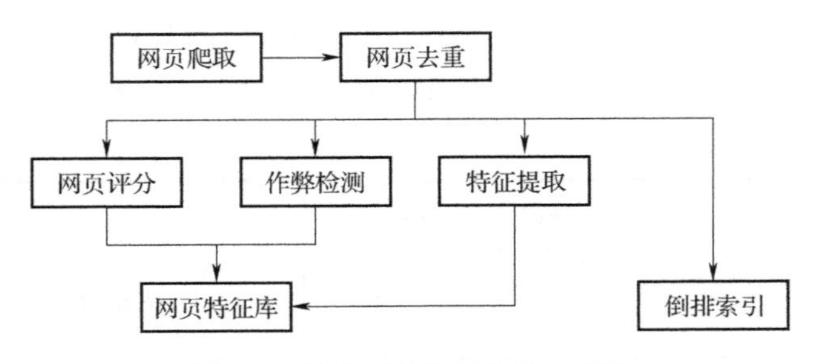

图 6.3　搜索引擎建库的基本流程

首先通过网络爬虫进行网页爬取，获取网页信息。网页爬取从几个起点网页出发，通过网页上的链接导向下一个网页，采用深度优先搜索或广度优先搜索等策略获取尽可能多的网页。考虑到成本，有时不会对所有的网页进行爬取，而是挑选一些质量较高的网页优先进行爬取。爬取的内容一般包括网页网址 URL、网页链接列表 Links、网页标题、网页摘要、网页关键词、网页内容、图片标题、网页发布者、发布日期、更新日期和网站域名等。

在获取到网页信息后，由于互联网页面中有相当大比例的内容是完全相同或者近似重复的，需要“网页去重”模块进行处理。

网页去重之后，搜索引擎会对网页进行解析，抽取出网页主体内容及页面中包含的指向其他页面的链接。为加快响应用户查询的速度，网页内容通过“倒排索引”这种高效查询数据结构保存，网页之间的链接关系也会保存。

倒排索引即每一个索引项都含有一个列表，列表中包含那些含有该索引项的所有文档。最简单的索引项是一个词，其他索引可能是短语、人名、日期、超链接等。搜索引擎根据一定的相关度算法进行大量复杂计算，得到每一个网页针对页面内容及超链中每一个关键词的相关度或重要性，然后用这些相关信息建立索引。一般来说，倒排索引分为以下三个阶段：①对网页关键词、网页标题、网页摘要、网页内容进行分词，建立语料库；②构建停用词库或高频词库；③使用 TF-IDF 等常用的方法进行倒排索引构建。

搜索引擎为了提高网页搜索的质量，会基于链接分析算法构建 Web Graph（网络关系图），利用 PageRank（影响力排名）、Katz（中心性度量）等算法对网页进行评分，从而判定网页质量。可用的网页评分指标有 PageRank 评分、主题敏感的 PageRank 评分、查询时链接分析相关性评分等。为了尽量满足用户的需求，搜索引擎还会结合用户在搜索引擎中与网站的互动进行网页评分，例如点击次数、页面停留时间（访问者在离开页面之前在页面上花费的时间）、跳出率（用户仅查看一页就选择离开的百分比）和 Pogo-Sticking（搜索引擎为了找到一个问题的结果访问了多个不同页面）。

很多网站为获取更高的搜索排名，针对链接分析算法提出不少链接作弊方案，导致搜索结果质量变差。作弊检测针对内容作弊及链接作弊，其中针对链接的作弊检测可基于 TrustRank、异常模式检测算法等模型进行挖掘。具体算法将在 6.1.3 小节介绍。

搜索引擎最重要的目的是为用户提供准确全面的搜索结果，如何响应用户查询并实时地提供准确结果构成了搜索引擎前台计算系统。搜索引擎建库完成后即可支持线上检索业务，检索过程如图 6.4 所示。

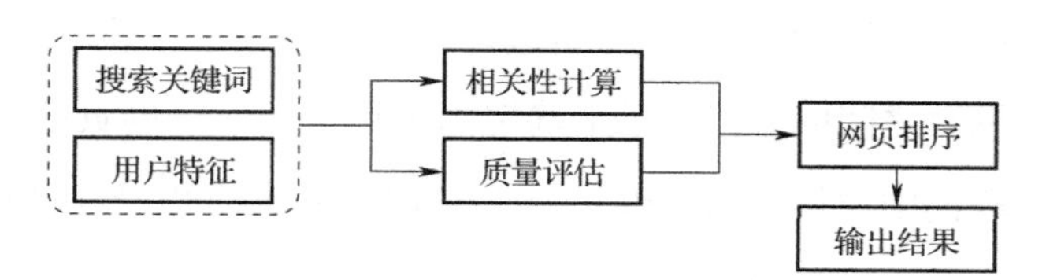

图 6.4　搜索引擎检索的基本流程

搜索引擎会根据搜索关键词和用户特征理解用户真正的需求。它针对用户输入的关键词，计算内容相关性得到高相关的候选网页，并结合网页各项评分判定网页质量，同时会结合其他评价指标进行综合排序。

6.1.3　关键步骤

本小节选取搜索引擎架构中与图计算密切相关的关键步骤进行探讨，主要介绍如何利用图算法解决网页评分排序与反欺诈等问题。

1. 网页评分与网页排序

链接分析是指对网页中的超链接进行多维分析的一种手段，链接分析的原理是：一个网页拥有的链接数量越多，那么这个网页是高质量网页的可能性越大。一方面在搜索引擎建库阶段，对入库的网页进行链接分析，得到网页质量得分后入库，以便在收到用户查询时可以迅速按照评分排名返回给用户页面集合，将高评分的页面优先展示给用户。另一方面在用户搜索时，搜索引擎结合用户搜索内容，对网页进行链接分析，将网页评分按排名提供给用户，使返回结果更加贴合用户查询。

链接分析将网页抽象成顶点，网页之间的链接关系抽象成有向边，整个互联网则可看作一张页面顶点和页面之间边的有向图，称为 Web 图。例如对于网页 A 来说，其内容包含网页 B 的链接，则该链接成为网页顶点 A 的出边，同时也为网页顶点 B 的入边。我们可以通过不同的链接分析算法在 Web 图上进行计算，从而得到网页的重要性、权威性等评分。具体的算法选择需结合实际情况展开。

（1）网页评分（建库）——链接分析

在搜索引擎建库阶段，使用链接分析进行网页评分的经典图算法为 PageRank 算法，该算法利用网页之间的链接数量来确定网页质量，一个网页的链接数量越多，说明它在整个互联网中质量越高。PageRank 算法的基本思想是在 Web 图上定义随机游走模型，模拟游走者沿着 Web 图随机访问各顶点，在不断迭代访问后每个顶点的概率会收敛到稳定值，即该顶点的 PageRank 值，也就是网页评分值。如图 6.5 所示。

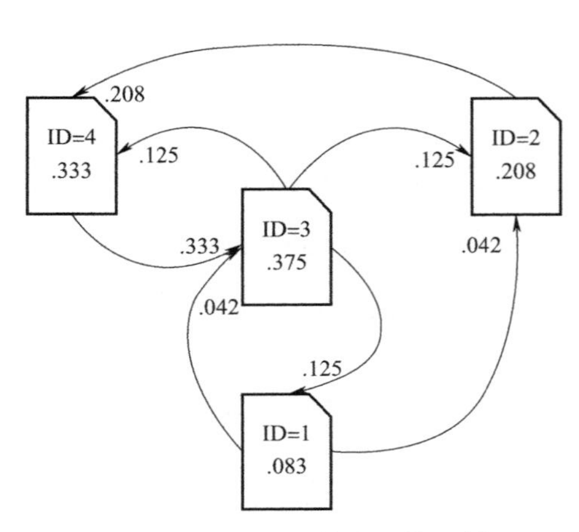

图 6.5　PageRank 算法迭代示例

在搜索引擎建库阶段，首先通过网页爬虫爬取众多网站，获取网页 URL、Links 等相关信息，然后依据一系列规则进行数据清洗（如：基于已有网站域名库滤除低质网站 URL 及链接数据；保留未知网站 URL 及链接数据；滤除链接数为 0 的 URL）。下一步利用 MurmurHash3 等散列方法进行 Hash 编码，然后再对数据进行二次清洗，滤除当前 Web 图中只有入度没有出度的顶点。在获得了大规模图数据集后，将进行图分区数据划分、构建分布式图结构，运行分布式 PageRank 算法，计算出所有顶点的 PageRank 值，最后将顶点排名信息入库。除了 PageRank 算法外，还可以通过计算网页顶点中心性的方法来对网页评分，例如度中心性、Katz 中心性、介数中心性等。如图 6.6 所示。

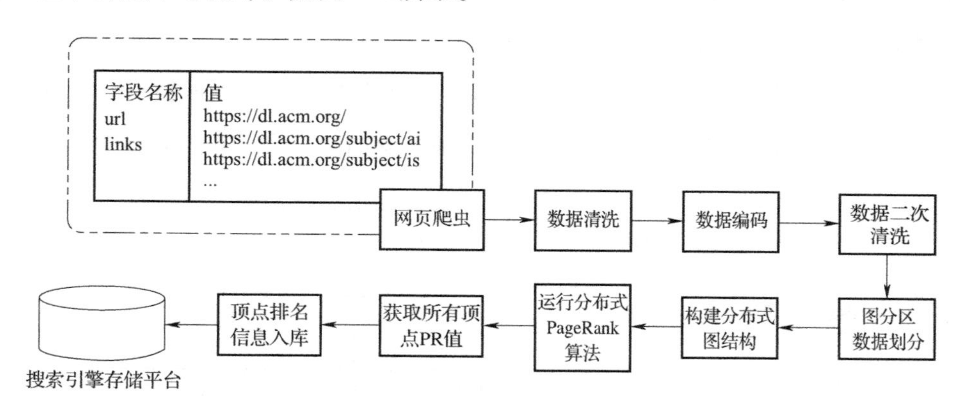

图 6.6　网页评分流程示例

（2）网页排序（搜索）——链接分析

为了更精准地提供用户请求的网页，搜索引擎会针对用户输入的关键词计算内容相关性得到高相关的候选网页，并结合网页各项评分判定网页质量，同时结合其他评价指标进行综合评分排序。经典的网页排序链接分析算法有主题敏感 PageRank 算法、HITS 算法等。

1）主题敏感 PageRank 算法。主题敏感 PageRank 算法是对 PageRank 算法的改进，排名结果与用户搜索的主题相关。算法预先定义若干个主题，例如体育、音乐、政治等，然后计算每个网页在各个主题上的 PageRank 得分，再与用户查询进行相似度计算，最后进行排序。算法主要分为两步骤：①主题相关 PageRank 分值计算。将每个页面归入合适的主题分类中，进行迭代计算。每个页面计算出一组

PageRank 分值向量，每个分值向量对应一个主题得分，代表着某个网页内容所属主题的概率。②在线相似度计算。确定用户查询的主题倾向，生成用户查询的主题类别向量，结合搜索引擎列举出的包含用户查询的网页集合，将网页主题相关PageRank 分值向量与前者乘积计算，计算结果为网页相似度得分，由高到低排序后返回给用户。

搜索引擎接收到用户查询后，根据用户信息获取用户特征（如搜索历史分析、网页浏览记录分析、用户注册偏好设置等），以便对用户查询进行主题分类，计算得出查询属于各个主题的概率。与此同时，搜索引擎读取索引，检索出包含用户查询内容的网页集合，将各页面主题 PageRank 向量结合用户特征进行相关性计算，得到网页评分，按照得分结果对网页排序，最终返回给用户。如图 6.7 所示。

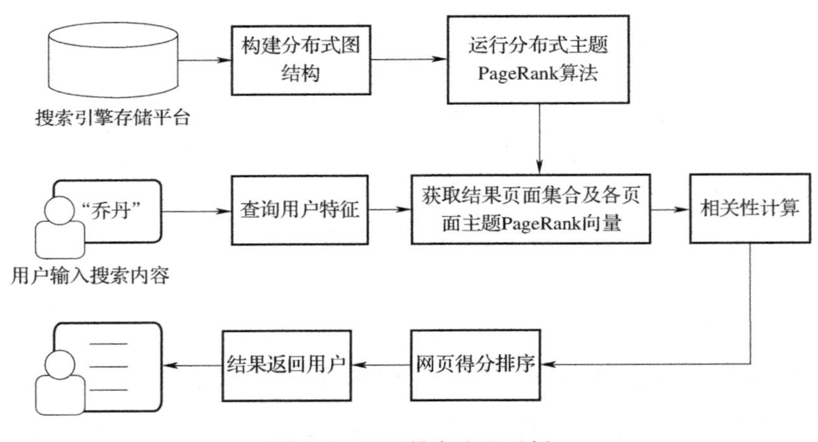

图 6.7　网页排序流程示例

2）HITS 算法。HITS（Hyperlink-Induced Topic Search，基于超链接的主题搜索）算法将用户查询提交给搜索引擎后，在收到的搜索结果页面集合中，选取一组排名靠前的、与用户查询相关性高的页面集合作为根集，然后在根集上进行扩充，即将所有与根集内页面链接的其他页面纳入，通过不断迭代更新页面顶点的 Authority 权值与 Hub 权值，收敛后按照权值进行排序，得到最终的优质页面并将其提供给用户。如图 6.8 所示。

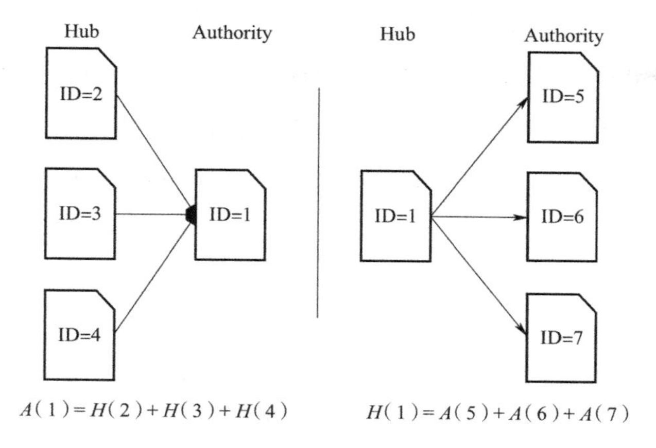

图 6.8　HITS 算法计算

2. 作弊检测

网页作弊分为内容作弊与链接作弊，内容作弊是通过调控网页内容（例如添加大量与背景同色的高热度关键字）提升网页相关性与排名，链接作弊则是通过伪造网站间链接指向关系增加链接分析网页评分。

针对链接作弊，搜索引擎的反作弊功能会自动发现那些通过各种手段将网页的搜索排名提高到与其网页质量不相称的位置的网页。常用的反作弊图算法有信任/不信任传播模型和异常发现/异常检测模型，可结合实际作弊手段进行模型选择。反作弊流程示例如图 6.9 所示。

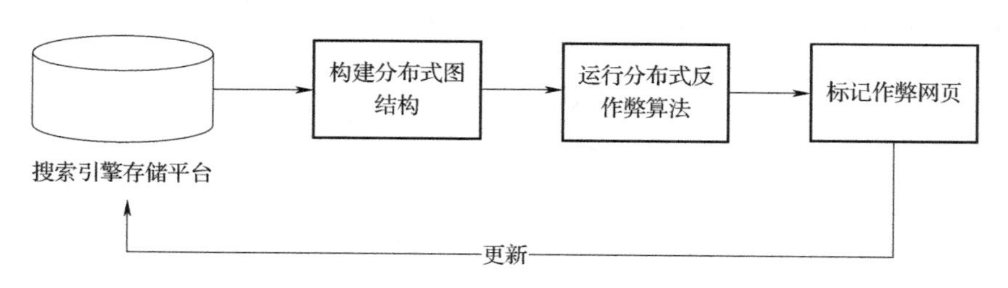

图 6.9　反作弊流程示例

（1）信任/不信任传播模型

1）基于白名单的信任传播模型——TrustRank 算法。作弊网页为了提高自己在搜索结果中的排名，往往会在内容中链接许多高质量网页，由此 TrustRank 算法基于一个假设：高质量的网页很少会链接到垃圾网页，反之则不然。基于该假设，首先挑选出可以完全信赖的网站（白名单网页），赋予白名单网页较高的信任值得分，而后依据白名单网页的链接关系，将信任值得分向外传播。经过不断迭代传播计算后，依据最终的网页信任值得分来判定网页是否为作弊网页。如图 6.10 所示。

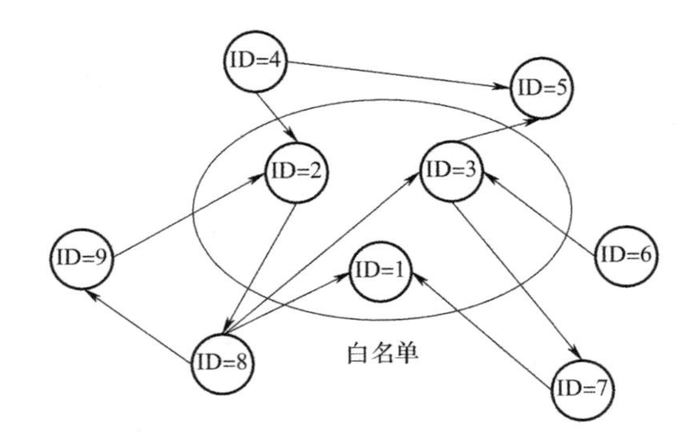

图 6.10　TrustRank 算法

2）不信任传播模型。不信任传播模型与信任传播模型类似，不同点在于初始挑选的页面集合是作弊页面集合（黑名单）。初始赋予黑名单内页面不信任分值，通过链接关系将不信任关系向外传播，经过不断迭代传播计算后，依据最终的网页不信任值得分来判定网页是否为作弊网页。如图 6.11 所示。

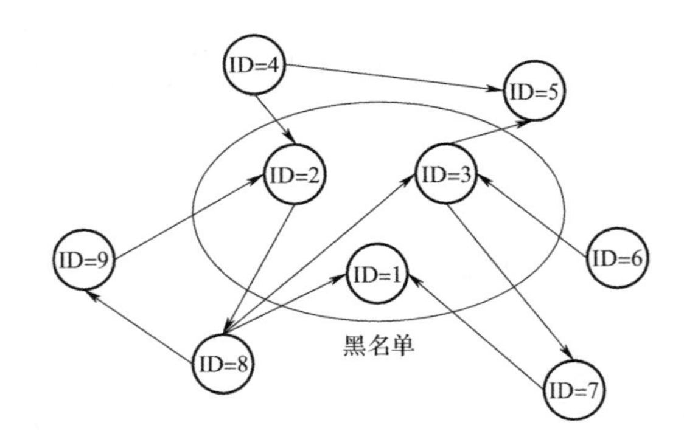

图 6.11　不信任传播模型

(2）异常发现/异常检测模型

有些作弊网页会通过大量相互链接来提高网页排名，从而形成链接农场。链接农场内的页面大部分内容并无价值，并且相互之间链接密度极高，可以利用其特点来进行异常发现/异常检测。异常发现/异常检测模型假设作弊网页有不同于普通网页的特征，尤其在网页的链接关系方面。可以通过分析 Web 图的结构，找出其中的异常点或异常结构来确定作弊网页。常见的异常检测模型有两种：环路检测算法与 Oddball 算法。如前文所说，链接农场内的网页相互链接，在 Web 图上呈现大量环路结构，故可以通过环路检测算法找到环路结构，从而定位作弊页面顶点。此外，对于异常团状与异常星状的结构，通常使用 Oddball 算法来进行检测。

前文已经介绍了环路检测算法。Oddball 算法聚焦于 Web 图中每个网页顶点的 Egonet（自我中心网络），Egonet 由一个顶点和该顶点的邻居组成，在 Web 图中对应于一个网页顶点和与该网页有链接关系的网页，对每个网页顶点找到其对应的 Egonet。Oddball 算法发现 Egonet 中边权重、边数等属性之间存在的普遍幂律关系，通过匹配页面顶点 Egonet 对应的幂律关系，找到异常的 Egonet，从而定位作弊页面顶点。

6.1.4 小结

互联网上的网页数量庞大，链接关系复杂，将网页集合构建成 Web 图、进行管理与搜索是一种高效便捷的手段，而如何根据用户的需要进行网页排名是搜索引擎的重要研究方向之一。通过链接分析可以在海量内容中找出重要的网页，从而大幅提高搜索质量。链接分析方法中最基础也是最早被应用的算法是 PageRank 算法，之后出现的主题敏感 PageRank 算法以及 TrustRank 算法是对 PageRank 算法的扩展与改进。目前几乎所有的搜索引擎都采取了链接分析技术，链接分析相关算法的改进也促使搜索引擎搜索质量一步步提高。

6.2 视频推荐案例

6.2.1 场景介绍

在日常生活中，视频软件是用户最常用的社交媒体软件之一。视频平台想要更好地吸引新用户，提升用户满意度，就必须找到每个用户的兴趣点并及时地为其推荐相应的视频。同时，视频平台还需要根据用户对于各种视频的偏好来逐步修正新的推荐内容。如果用户对于推荐的内容不感兴趣或者表现出了明确的抵触倾向，就需要及时进行调整，并且推荐更多用户可能感兴趣的内容。

推荐系统通过基于项目之间、用户和项目之间、用户之间的交互相关信息预测用户对项目的兴趣，向特定用户推荐最合适的项目。

开发推荐系统的目的是通过从海量数据中检索最相关的信息和服务来减少信息过载，提供个性化服务。推荐系统最重要的特点是能够通过分析特定用户以及其他用户的行为来推测这些用户的偏好和兴趣，进而生成个性化推荐。

6.2.2 整体方案

视频推荐的整体流程分为两步：召回和排序。

如图 6.12 所示，在视频平台中，所有上传的视频存储在一个视频库里。首先，算法根据用户日常的使用行为以及上下文特征对视频库中的视频进行初步筛选。这一步称为召回，采用召回算法的目的是将视频库中百万级的视频进行初步筛选，得到数百条符合用户兴趣的内容。然后，根据视频的特征以及用户行为将得到的数百条视频进行排序，根据排序结果生成最终推送给用户的推荐列表。这一步称为排序，采用排序算法的目的是将数百条视频进一步精简到数十条。

人们主要在召回算法中使用图分析技术。

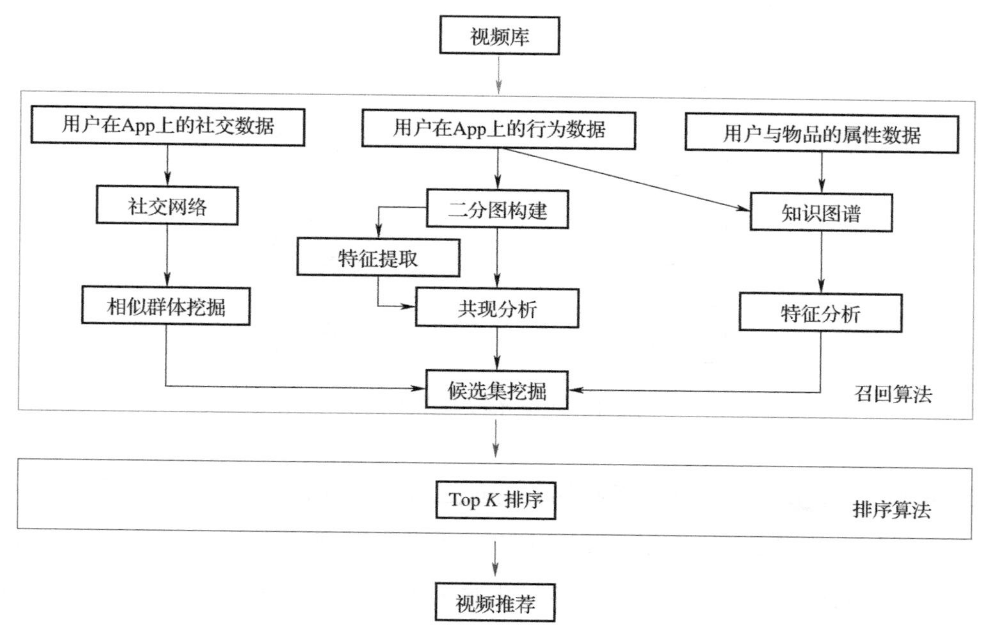

图 6.12 视频推荐流程

视频平台会收集用户在平台上的行为数据（即用户与视频之间的交互关系，包括对视频的点击、观看时长、评价等），并根据这些数据捕捉用户的兴趣偏好以及视频的各项属性特征。如图 6.13 所示，这些信息可以转换为用户与视频的 User-Item 二分图。用户和视频表示为交互图中的顶点，用户和视频之间的交互操作表示为交互图中的边。利用图分析技术，对生成的图进行特征提取与分析，将分析结果用于视频的候选集挖掘，得到针对每个用户的个性化推荐内容。在各种图分析技术中，图学习技术非常适用于捕捉顶点之间的复杂关系和整体的图结构信息，因此，将图学习技术应用到各类推荐系统中会收到显著效果。

除了用户与视频之间直接的交互关系，用户与用户之间的交互关系（即社交关系，例如订阅、关注、分享等）也可以转换为用户社交网络，用于挖掘相似的用户群体。对于相似的用户群体，可以统一推荐部分内容，缓解推荐任务中的数据稀疏问题。

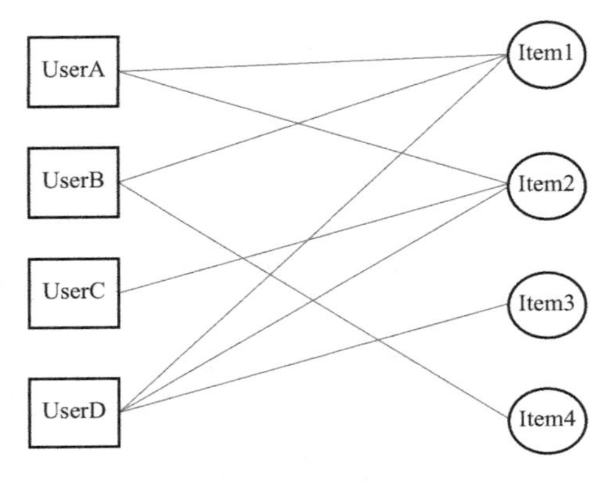

图 6.13　User-Item 二分图示例

除此之外，用户和视频的各项属性特征也可以作为顶点的属性融入用户交互图中，将原本的图构建为知识图谱。利用知识图谱的相关技术对视频进行分析，捕捉视频之间的潜在联系，并进一步优化候选集，增加推荐内容的多样性和提升其准确度。

6.2.3　关键步骤

1. 召回算法

召回算法主要依靠用户的行为数据、社交数据和用户与视频的属性数据进行候选集挖掘。

（1） 挖掘用户行为数据

用户行为数据的挖掘方法可以分为三类：随机游走方法、矩阵分解方法和神经网络方法。

1） 随机游走方法。随机游走方法是最传统的候选集挖掘方法，其原理是利用图数据的拓扑信息推断出图中顶点之间的关系，从而实现候选集的挖掘。根据给定的 User-Item 二分图与起始顶点，利用游走者在二分图上的游走，实现对用户和视频之间的潜在偏好或者交互信息传播过程的模拟，以捕获用户和视频顶点之间复杂的交互关系。游走者根据预先设置的概率选择一个邻居顶点，并移动到邻居顶点上，然后把当前顶点作为起始顶点，重复以上游走过程。游走者经过固定的移动步骤之后，计算其移动到某个顶点上的概率，生成带有概率值的顶点序列，构建用户与视频之间的概率矩阵，并利用概率矩阵对目标用户生成候选集 Item 列表，完成候选集挖掘任务。

RecWalk[174] 将随机游走与马尔可夫链相结合，利用近似解耦的马尔科夫链的频谱特征，使游走者能够更加有效地探索用户与视频之间的交互关系，并解决了游走者集中收敛到图的中心顶点，导致推荐效果差的问题，减小了用户偏好对步行步骤的影响。ItemRank[175] 则根据 PageRank 算法的思想，采用随机游走的方式对视频顶点进行评分。它在使用 User-Item 二分图进行游走的基础上，构建了视频与视频之间的关系图，并利用关系图中的边来表示视频之间的相似性。它在该关系图上再次进行随机游走，使用户的偏好得以在关系图上传播，并通过生成的带评分值的顶点序列对视频顶点进行排序，将评分高的视频纳入推荐给用户的视频候选集。并且该评分可以用于后续的 Top K 排序，以便向用户推荐其潜在最感兴趣的视频内容。

2）矩阵分解方法。在基于矩阵分解的候选集挖掘方法中，只用到 User-Item 二分图的拓扑结构信息与顶点属性信息。HOP-Rec[176] 将随机游走与矩阵分解结合起来，利用矩阵分解模型分解 User-Item 二分图的矩阵表示，进行用户与视频之间的高阶亲近度建模，如图 6.14 所示，从而构建了用户的偏好表示。之后采用随机游走的方法，利用游走者 User-Item 二分图收集每个用户顶点在邻域视频顶点之间的高阶信息，并将该高阶信息融入模型的训练过程，使得用户与视频的特征表示中包含用户的偏好和 User-Item 二分图的高阶信息，以此提高候选集的挖掘与推荐效果。CSE[177] 通过矩阵分解的方法挖掘 User-Item 二分图的直接邻近关系和高阶邻近关系，构建直接邻近相似嵌入模块，对用户与视频之间的交互关系进行建模，并采用随机游走的方式构建高阶邻域模块，从而构建目的顶点的高阶邻域，捕获用户与用户、视频与视频之间的高阶邻域关系，并将其融入模型训练过程之中，改善用户与视频的特征表示。

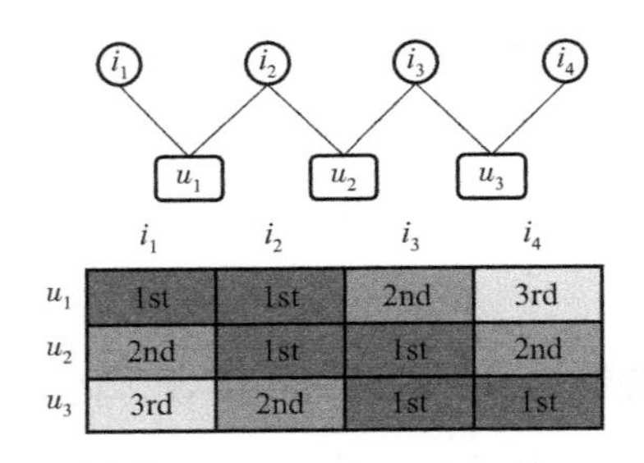

图 6.14　User 与 Item 的高阶亲近度

3）神经网络方法。在基于神经网络的候选集挖掘方法中，大部分推荐模型将邻域聚合得到的特征表示与中心顶点相结合，作为中心顶点新的表示。GC-MC[178] 将推荐的评分预测问题转换为图的链路预测问题。GC-MC 模型直接将 User-Item 之间的关系描述为二分交互图，用两个多连接图卷积层聚合用户特征和项目特征。通过预测边标签来估计评分。然而，为了区分每个顶点，该模型使用 one-hot 向量作为顶点输入。这使得输入维度与顶点总数成比例，因此不能扩展到大型图。此外，该模型无法预测训练阶段中未出现的新关系，因为未知顶点无法表示为 one-hot 向量。STAR-GCN[179] 将堆叠图卷积网络块与中间监督结合，用来改善 User-Item 的嵌入表示，并提高性能。该算法采用平均池化方法对邻居顶点信息进行处理，从聚合表示中得到初始顶点向量，并将其作为下一个卷积块的输入。最后一个卷积层的顶点表示用于最终的推荐任务。该算法解决了冷启动问题，可以预测训练阶段不存在的新关系。

（2）挖掘用户社交数据

用户社交数据的挖掘方法包括随机游走方法、矩阵分解方法和神经网络方法。

1）随机游走方法。TrustWalker[180] 提出：目标用户与其“朋友”（即邻居顶点）的兴趣爱好应该十分相似，并且其喜好会受到强信任的“朋友”的喜好的影响；反之，两个用户顶点之间的信任关系越弱，则其喜好越不相关，该“朋友”对视频的评分的可靠性越低。基于此，TrustWalker 将随机游走与衡量用户顶点之间信任关系的置信度相结合，利用游走者在社交网络上游走，在社交网络中寻找与目标用户相似的“朋友”，并以一定的置信度来接受社交网络上的“朋友”对视频顶点的评分，从而构建出目标用户与视频之间的评分矩阵，并使用该评分矩阵进行候选集的挖掘与后续的排序工作。RTrustWalker[181] 继承了 TrustWalker 的思想，并在其基础上考虑了不同信任程度的“朋友”对目标用户评分的影响。它采用矩阵分解的方法在社交网络上构造用户之间的相似度，并将相似度作为社交网络中的置信度；引入信任相关性的概念来衡量社交网络中邻居顶点的可信度权重，构造带有权重的社交网络；通过引入权重来根据“朋友”对视频的评分构建目标用户的评分矩阵。RWE[182] 将社交网络的信息与 User-Item 二分图信息相结合，通过擦除随机游走来解决推荐任务中的多样性问题。RWE 利用随机游走方式，对某些顶点的遍历进行随机擦除，累计擦除的概率，直到目标顶点时将累计的擦除概率发送回起始顶点，以降低随机游走起始顶点的重要性。这种擦除方式有利于提高随机游走者较少遍历的视频的评分。RWE 还利用视频的转发信息构建视频相关性的社交图；利用用户的分享信息构建用户与视频的交互二分图；利用擦除随机游走在这两个图上进行游走，挖掘用户对视频的兴趣偏好，构建用户对视频的概率矩阵，为用户推荐与其兴趣偏好不同但相似的多样性视频。

2）矩阵分解方法。融入社交信息的候选集挖掘方法通常将在信任社交网络与 User-Item 二分图中学到的信息进行融合，实现针对目标用户的候选集挖掘与推荐。MFn2v[183] 将 Node2Vec 模型和矩阵分解的方法相结合，首先利用 Node2Vec 根据社交网络结构预训练用户顶点的特征表示，然后将训练好的用户特征融入 User-Item 二分图的矩阵分解过程中，将社交网络中的用户影响力融入矩阵分解的推荐过程中，从而提高推荐系统的效果。

3）神经网络方法。基于图神经网络的模型，通过邻域聚合方式模拟社交信息的扩散过程对目标用户的影响，从而将邻居的影响融入用户的嵌入表示中。大部分图神经网络模型基于注意力机制来区分邻居的影响程度。GraphRec[184] 考虑了用户与视频之间的相互影响，在 User-Item 图中，利用注意力机制捕捉不同视频对用户的影响程度，用于构建用户与视频的嵌入表示。GraphRec 将 User-Item 的嵌入与社交网络嵌入拼接，通过多层感知机进行处理，将多层感知机输出的向量表示作为整体用户的特征向量表示。该模型的优势在于采用了注意力机制区分社交网络中不同邻居的影响力，提升了推荐效果。然而，该模型仅适用一层注意力机制的网络模拟社交网络中的社会影响，并不能充分挖掘其中的信息。DiffNetLG[185]考虑到社交网络中用户之间存在隐式关系（显式关系为两个用户之间存在边），采用链路预测的方式挖掘隐式关系，计算没有显式关系的用户之间的相似度，若相似度大于设定阈值，就将用户之间的连接变为显式连接。此外，该模型将社交信息融入 User-Item 的嵌入，改善了社交推荐的效果。然而，DiffNetLG 在训练过程中需要计算所有用户之间的相似度，才能判断是否存在隐式连接，在面对大规模的社交信息时，该模型需要花费大量的时间成本。

（3）挖掘用户与视频的属性数据

知识图谱包含视频之间丰富的语义信息以及用户与视频、视频与视频之间的多重交互关系，若能够充分捕捉用户与视频之间潜在的连接关系，对分析用户真实的兴趣偏好和视频的属性特征十分有益。因此，将知识图谱用于推荐系统中的属性分析可以进一步提升模型的性能。对于知识图谱的分析方法包括矩阵分解和图神经网络。

1）矩阵分解方法。矩阵分解方法通常利用知识图谱预先构建出带有多重关系的顶点序列，并利用生成的顶点序列实现对知识图谱中每个实体的特征建模。entity2rec[186] 基于知识图谱来建模用户与视频之间、视频与视频之间的关系，完成对目标用户的推荐任务。其中，知识图谱由用户与视频的交互返回的协同信息以及视频的属性信息构成。entity2rec 采用 Node2Vec 模型来无监督地学习知识图谱中实体的特定属性的向量表示，然后利用学习到的向量表示计算用户与视频之间的属性的相关性分数，并在此基础上使用监督学习的方法将属性的相关性分数组合到全局相关性分数之中，并根据全局的相关性分数进行候选集的挖掘与 Top K 排序推荐。HERec[187] 基于元路径的异构网络嵌入方法来学习知识图谱这一异构网络中蕴含的丰富语义与结构信息。其中元路径指的是对于异构网络中的一个游走过程：

$$V_1 \xrightarrow{R_1} V_2 \xrightarrow{R_2} \cdots V_t \xrightarrow{R_t} V_{t+1} \cdots V_{l-1} \xrightarrow{R_{l-1}} V_l$$

若对于其中的任意一个顶点 V_i，V_{i+1} 的类型与其都不同，则称 $R=R_1 \circ R_2 \circ \cdots \circ R_{l-1}$ 为该异构网络的一条元路径。HERec 设计了一种通用的嵌入融合方法，将不同元路径的不同嵌入有效地融合并转化为有用的推荐信息，作为整个知识图谱嵌入的输出，为目标用户挖掘其感兴趣的视频的候选集。

2）图神经网络方法。在图神经网络方法中，由于知识图谱包含多种类型的实体和关系，增加了图神经网络方法的难度。为了解决这一问题，KGCN[188] 对每个实体的邻域进行固定大小的采样，并将其作为实体的感知域，利用图神经网络进行邻域特征聚合。KGCN 模型基于图注意力网络整合知识图谱的语义信息，提取了实体之间的高阶依赖关系，捕捉用户潜在的喜好并进行推荐。KGCN 模型虽然提升了计算效率，但是丢失了知识图谱中丰富的连接关系和结构信息，提取的特征并不一定能反映用户的真实喜好和视频特征。KGAT[189] 将 User-Item 图和知识图谱融合，将用户顶点表示为知识图谱中的实体，将用户和视频的交互表示为知识图谱中的关系。KGAT 模型采用图注意力网络递归传播邻居实体的嵌入表示，将邻居信息聚合到中心实体并更新中心实体的特征信息，以完成推荐任务。

2. 排序算法

视频推荐系统的第二个关键步骤是排序，在该阶段，使用排序模型（一般为机器学习模型）从输入的数百个视频数据中为用户挑选出最合适的 Top N 个视频数据，并进行推荐。排序模型的发展趋势经过了一个由简单到复杂的过程，大致分为 LR、GBDT、FM、Wide&Deep 与 DeepFM 几个阶段，这里不再赘述。

6.2.4 小结

本节主要介绍了视频推荐系统的整体方案，分为两大步骤：召回与排序。其中，召回算法分为三类：用户行为数据分析、用户社交数据分析和视频属性数据分析。这些数据可以被视作图数据，利用图学习算法进行分析。常用的图学习算法有基于随机游走的方法、基于矩阵分解的方法和图神经网络方法。

6.3 金融风险识别案例

6.3.1 场景介绍

近年来，金融领域发展迅速，银行等金融公司的信贷业务快速增长。信贷业务面临的主要问题是部分用户无法按时履约还款。《中国金融稳定报告（2021）》[190] 指出，我国银行业金融机构不良贷款小幅增长，资产质量下迁压力较大，银行对整体信贷资产质量恶化的抵御能力仍待加强。目前我国金融行业发展仍面临挑战，降低不良贷款率、关注类贷款转变为不良贷款比例成为金融业风险防控的重中之重。大数据时代下，大批量信贷交易每时每刻都在发生，对于贷款申请是否审核通过这一问题，单纯凭借人工审查做出决策已经不再适合市场发展的需要。面对大规模复杂多源异构数据整合分析这一新挑战，图分析技术能够更直观地表达数据之间的关系，利于分析和挖掘复杂网络特征。

在金融借贷场景下，基于图分析的大数据风控可以针对贷前、贷中、贷后及欺诈场景进行风险追踪和智能风控。该场景运用图分析技术以更直观地进行业务分析与决策判断，从而提高放贷平台精准营销、欺诈识别、风险预测、管理决策的能力，降低潜在损失，最大化可得利润。对于我国整体经济制度也能起到健全金融风险预防、降低系统性金融风险、推动金融机构对应制度改革的作用，从而维护金融市场的平稳运行。

6.3.2 整体方案

本方案基于金融大数据构建图分析模型，运用图分析技术对借贷不同过程进行风险防控与提示。金融风险识别场景主要包含 4 个环节，分别是反欺诈与身份核验、贷前审核、贷中监控及贷后催收。

1）反欺诈与身份核验主要涉及低信用人群识别与身份实名核验认证。低信用人群可以从公安机关、法院的各类名单中查询得到，也可以通过群体分析、关联分析补充低信用人群信息。身份核验首先需要通过活体判断是否为本人、身份信息是否匹配，其次检查其他关键信息（手机号、银行卡等）是否与本人匹配。

2）贷前审核阶段，图分析算法主要通过对已获取数据进行分析计算得到附加特征来辅助 AI 模型构建用户画像，结合用户画像进行风险评分和信用评分，进而决定是否放贷。

3）贷中监控主要涉及贷款风险预警。在贷款网络中，我们将担保方（债权方）看作起点，将被担保方（债务方）看作终点，将担保（借贷）关系看作一条有向边，将贷款网络看作有向有权图，风险预警便是联保、互保、循环担保等风险担保进行识别，其中互保、循环担保可以采用有向图环路检测算法进行识别，其他多种典型的风险担保网络可以通过子图匹配算法进行识别。

4）贷后催收主要涉及风险（如贷款被用于洗钱等）发生后对犯罪团伙的定位以及钱款的追缴。我们将转账交易网络中的汇款方看作起点，将收款方看作终点，将汇款过程看作有向边，转账交易网络可以看作有向有权图。其中可疑团伙的定位问题可以通过关键顶点发现（社会网络分析算法等）、社区挖掘（Louvain 算法、标签传播算法等）解决，钱款追缴问题可以通过图搜索（广度优先算法、深度优先算法等）、最短路径发现（Dijkstra、最小生成树算法等）解决。

整体方案如图 6.15 所示。

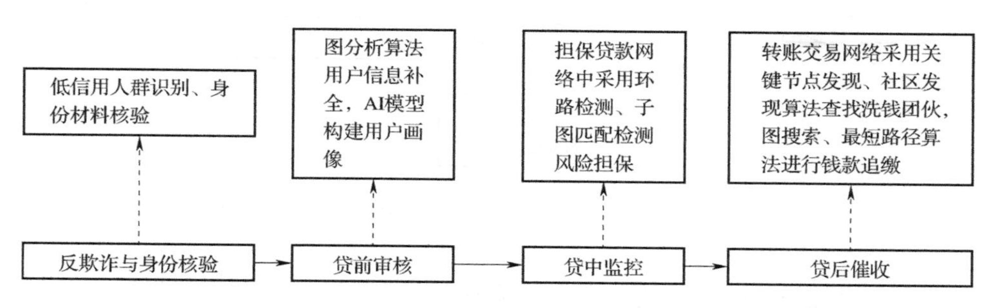

图 6.15　金融风险识别案例整体方案示意

6.3.3 关键步骤

1. 反欺诈与身份核验

金融借贷场景中大数据风控的首要环节是反欺诈识别，即识别借贷群体基本身份，从贷款人身份角度降低贷款风险。反欺诈识别主要依赖风险名单，如公检法部门公开的在逃人员名单、黄赌毒人员名单、涉案人员名单、失信被执行人名单等，另外还有虚拟手机号、风险 IP 地址、风险地区等名单，通过此类名单进行反欺诈识别。

反欺诈识别环节结束后，需要进一步对无欺诈风险用户进行身份核验，确保为本人操作。身份核验首先通过实名认证核查用户身份，如身份证号码、电话号码、银行卡号码比对及对应银行卡基础信息比对等，其次通过活体识别判断是否为用户本人操作，如人脸识别等。

2. 贷前审核

确认用户身份后，贷前审核根据企业内数据和第三方数据构建用户画像，结合用户画像进行风险评分和信用评分，进而决定是否放贷，流程如图 6.16 所示。连通分量算法、中心性算法等图分析算法，计算得到的特征可以加入 AI 模型用户画像中，以丰富模型特征属性，提高贷前审核准确性。

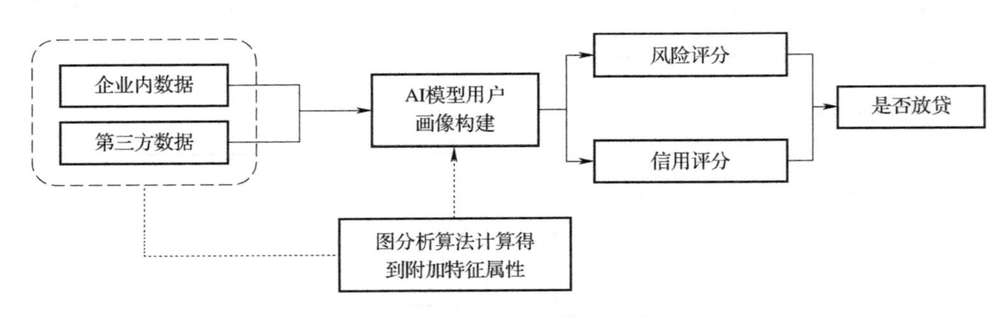

图 6.16 贷前用户数据示意

大数据风控常用的用户数据类型主要有身份信息、消费信息、借贷信息、出行信息、兴趣信息、公检法画像、其他风险画像等，见表 6.1。

表 6.1　用户数据类型说明

数据类型	说明
身份信息	身份证、银行卡、手机卡、学历、职业、社保、公积金
消费信息	POS 消费、保险消费、淘宝消费、京东消费
借贷信息	注册信息、申请信息、共债信息、逾期信息
出行信息	常出没区域、航旅出行、铁路出行
兴趣信息	App 偏好、浏览偏好、消费类型偏好
公检法画像	失信被执行、涉诉、在逃、黄赌毒
其他风险画像	航空铁路黑名单、支付欺诈、恶意骗贷

以上信息往往非数值化，直接作为特征输入 AI 模型中不能确保强相关性，因此在贷前审核阶段，根据表 6.1 提到的某种数据类型信息构图，应用图分析技术得到图中包含的更深层次的信息，将这类深层次、数值化信息作为 AI 用户画像模型中的附加特征，以提高模型精度与鲁棒性。

在金融借贷场景中，用户的借贷能力往往与其家庭背景紧密相关，因此用户画像分析的基本单位有时会从个人扩展到家庭，通过对家庭整体分析来判断用户借贷风险。如图 6.17 所示，连通分量算法常用于在电话、保单网络中筛选出家庭结构。在此网络中，用户为顶点，电话联系（两用户存在电话往来）、保单联系（两用户在同一保单内）为边，根据单位时间内联系频率与时长可赋予电话联系边权重，大于特定值的为强电话联系边，通过强电话联系与保单联系构成的连通分量即为一个家庭，或联系紧密的多个相连家庭。

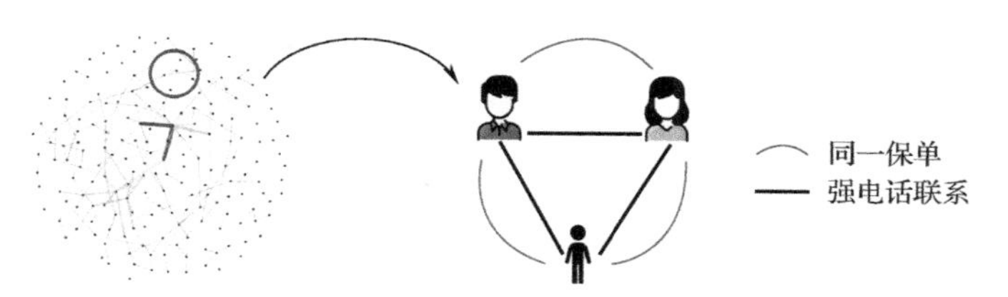

图 6.17　连通分量算法家庭检测示意

针对初步处理得到的家庭网络，我们可以进一步计算该网络中家庭三角形个数、出入度等信息，通过计算以上特征与借贷逾期率、坏账率、异常率的相关性判断是否将此特征加入AI模型中，并进一步比较加入前后模型精度的变化进行最终决策。

用户画像构建过程可用的AI模型类型多样，有逻辑回归、决策树、随机森林、梯度提升决策树（Gredient Boosting Decision Tree，GBDT）、LGBM（Light Gredient Boosting Machine[191]）、XGBoost[192]等机器学习模型，也有TabNet[193]、PytorchTabular[194]等深度学习模型。

3. 贷中监控

以贷款中的担保贷款为例，降低联保、互保、循环担保贷款规模及比例，防止多头授信、连环互保是金融风险防范、预警的重要手段。担保贷款是指借款方从担保方获取相应条件（信用或特定财产）从银行或其他金融机构得到贷款。将担保方与担保对象看作图中顶点，担保关系看作从担保方到担保对象的有向边，可构建反映企业间担保关系的图，称为担保网络。不同企业间错综复杂的担保关系下可能潜藏着互保、联保、循环担保等风险模式。互保是指两企业之间互相担保获得贷款，对等承担担保责任向金融机构申请贷款。联合担保又称联保、分保、共同担保，是指两个以上的担保机构对同一债权提供担保。循环担保是指经过复杂担保过程形成担保环路，环路中每个企业既是担保方又是被担保对象。图6.18展示了各种担保类型。

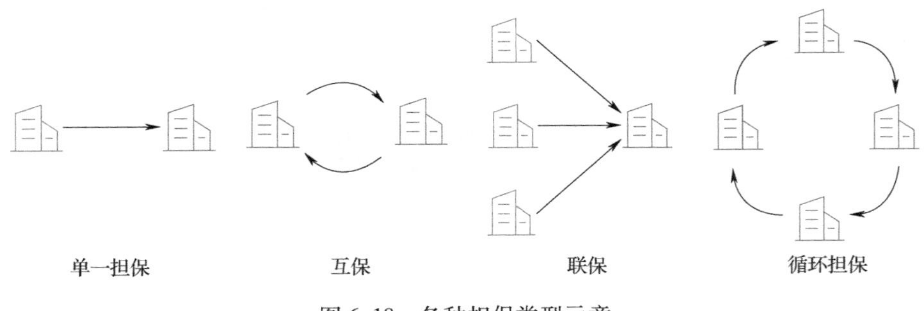

图6.18　各种担保类型示意

联保、互保、循环担保虽然为中小企业降低贷款门槛、提供便利，一定程度上增强了经济活力，但是复杂担保关系使中小微企业之间抱团成“担保群”，降低了经济结构的鲁棒性。当担保网络中某一企业因经营不善或其他内、外部原因造成资金链断裂、公司倒闭，担保网络中的其他关联企业也将面临担保贷款债务到期、资金链断裂的困境，出现“多米诺骨牌”效应，影响行业整体的金融稳定。

担保的风险预警旨在发现有潜在风险的担保模式，互保、循环担保在图中以环路形式存在，典型的风险担保网络在图中表现为含有对应拓扑结构的子图，利用图分析技术中环路检测算法可以找出互保、循环担保链，利用子图匹配算法可以找出有固定模式的小型担保网。图 6.19 展示了在复杂担保网络中用子图匹配算法查询“金字塔”类型多头授信的风险担保网，以及用环路检测算法识别循环担保链。

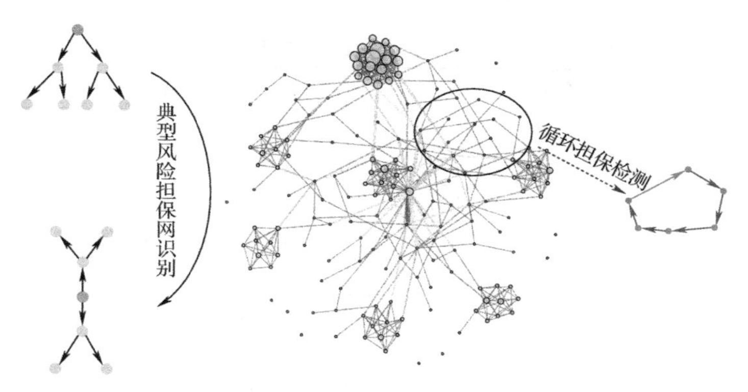

图 6.19　图分析算法识别风险担保示意

对于环路检测问题，小规模场景下可使用 Tarjan[195] 算法，该算法的时间复杂度为 $O(n \cdot e(c+1))$，其中 n 为顶点个数，e 为边个数，c 为环路数量。在大规模的担保网络中，Johnson 算法[126] 及其并行化变体可快速识别互保、循环担保链。Johnson 算法在大规模场景下提高了算法效率，时间复杂度优化至 $O((n+e) \cdot (c+1))$。

对于子图匹配问题，通常可以分为无索引算法与有索引算法。无索引算法直接对图进行处理，找出同构子图，无须提前计算索引，适用于小规模少次数查询。其中，GraphQL[196] 匹配速度快，适用于各种规模，VF2[122] 存储空间小，适用于稀疏图查询。在大规模担保网络中，风险担保网络的查询次数通常较多，此时有索引的算法更适合本场景。有索引算法在相同数据规模场景下的查询时间通常比无索引算法快 2~5 个数量级，其中 GIndex[197] 匹配速度较快，索引构建时间长，FGIndex[198] 匹配速度与索引构建时间中等，GCoding[199] 索引构建时间在三者中最短，但在稠密图中索引规模巨大。在具体应用中，需要根据担保网络规模、查询量权衡索引构建开销，查询性能提升比，综合选择最优算法。

图数据库的火热推动了子图匹配算法在图数据库中的应用。子图匹配算法在图数据库中主要分两类：基于带回溯搜索（backtracking search）和基于多路连接（multiway join）。带回溯搜索避免大量中间结果产生，但不易于并行执行；多路连接包含中间结果，但易于并行执行，在大规模分布式场景下有着较好的性能表现。

环路检测、子图匹配各类算法的适用情况见表 6.2。

表 6.2　环路检测、子图匹配算法的适用情况

<table>
<tr><th>问题</th><th colspan="3">算法</th><th>特点与适用情况</th></tr>
<tr><td rowspan="2">环路检测</td><td colspan="3">Tarjan</td><td>小规模图速度快</td></tr>
<tr><td colspan="3">Johnson</td><td>时间复杂度低，大规模图速度快</td></tr>
<tr><td rowspan="8">子图匹配</td><td rowspan="5">常规</td><td rowspan="2">无索引</td><td>GraphQL</td><td>匹配速度快，适用于各种规模</td></tr>
<tr><td>VF2</td><td>存储空间小，小规模稀疏图速度快</td></tr>
<tr><td rowspan="3">有索引</td><td>GIndex</td><td>匹配速度快，但索引构建时间长，存储空间大</td></tr>
<tr><td>FGIndex</td><td>匹配速度慢于 GIndex，但索引构建时间短，存储空间小</td></tr>
<tr><td>GCoding</td><td>构建时间最短，但索引存储空间在稠密图中规模巨大</td></tr>
<tr><td rowspan="3">图数据库</td><td colspan="2">带回溯搜索</td><td>避免产生大量中间结果，适用于 Limit K、Top K 子图匹配，但递归执行效率低，并行困难</td></tr>
<tr><td rowspan="2">多路连接</td><td>Binary Join</td><td>适合环形、树形较少的查询图</td></tr>
<tr><td>Worst Case Optimal Join</td><td>适合密集环形查询图</td></tr>
</table>

4. 贷后催收

贷款完成后，债权方可能会遇到恶意诈骗转移财产，造成财产损失。“洗钱”是指经过合法金融作业流程，通过私下操作将违法所得金钱“洗净”为看似合法资金的行为。图分析技术同样能够为反洗钱提供助益，推动反洗钱技术信息化、高速化发展。反洗钱工作的重点在于关键转账枢纽顶点发现、洗钱团伙发现、资金流向追踪。将交易账户看作顶点，将汇款看作边，将转账时间和金额看作边的属性，则可以将交易网络中的反洗钱工作与图分析算法对应起来。关键枢纽发现对应顶点重要性衡量算法，洗钱团伙发现对应社区挖掘算法，资金流向追踪对应图搜索类算法。下面根据不同场景对图分析技术在反洗钱工作中的应用进行具体阐述。

（1）关键转账枢纽顶点发现

社交网络分析（Social Network Analysis，SNA）算法是社会学家根据图论等相关数学知识构建的分析方法，通过发掘人在社会中相互作用的模式与规则来解释社会学、经济学问题。反洗钱工作可以借鉴 SNA 算法中的部分功能，用于分析网络中各顶点信息度量。度中心性、紧密中心性、介数中心性以及特征向量中心性为 SNA 中的常见指标，如图 6.20 所示。

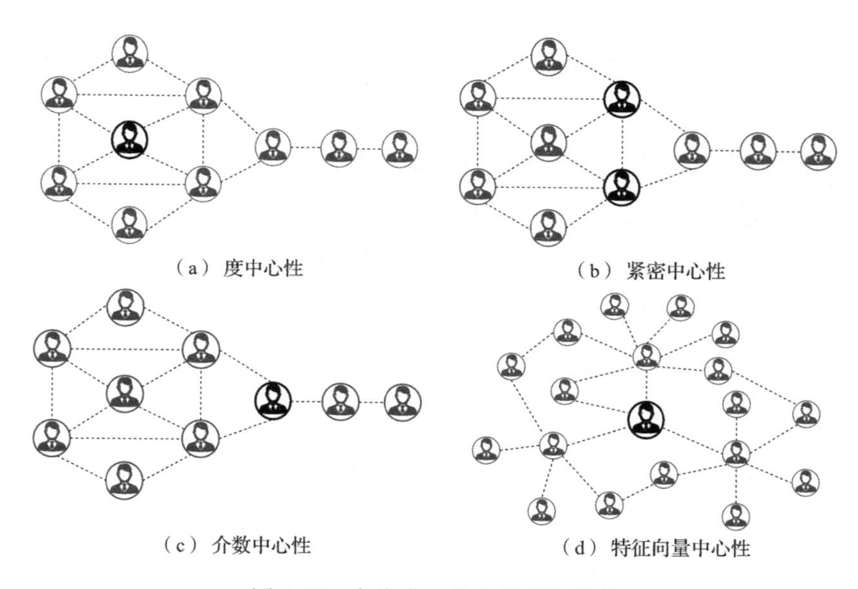

图 6.20　各类中心性分析指标示意

从图 6.20(a) 中可以看出，深色标记的顶点与网络中其他顶点的连接最多，度中心性最高，表示该顶点可能是转账交易中最活跃的顶点。6.20(b) 突出显示了具有最大的紧密中心性的两个点（深色标记），紧密中心性反映了顶点与其他顶点连接的紧密程度，最大紧密中心性顶点能最大范围地覆盖网络中其他顶点，在交易网络中很可能是交易中转站。6.20(c) 中深色标记的顶点拥有最大的介数中心性，处于左、右两部分交易网络之间，可能是各个子交易网络之间转账的桥梁。6.20(d) 突出显示了具有最高的特征向量中心性的顶点（深色标记），该顶点与度最高（转账活跃、与周围联系紧密）的几个顶点都有直接联系，说明该顶点可能主要负责与一些关键子顶点进行沟通，关键子顶点再去与下属洗钱顶点进行沟通。

针对不同关注对象，不同 SNA 指标的适用情况见表 6.3。

表 6.3　不同 SNA 指标在反洗钱中的适用范围

指标	适用范围
度中心性	检测交易活动活跃程度
介数中心性	控制交易关键顶点
紧密中心性	控制信息传递
特征向量中心性	查询幕后关键顶点

（2）洗钱团伙发现

在交易网络中，洗钱团伙往往是多个账户进行操作且账户之间交易密切（如图 6.21 所示，联系紧密成团的顶点是重点关注对象），具有明显的团伙特性。在图分析算法中，洗钱团伙就是社区（内部顶点耦合紧密的子图），发现洗钱团伙的过程即社区挖掘的过程。

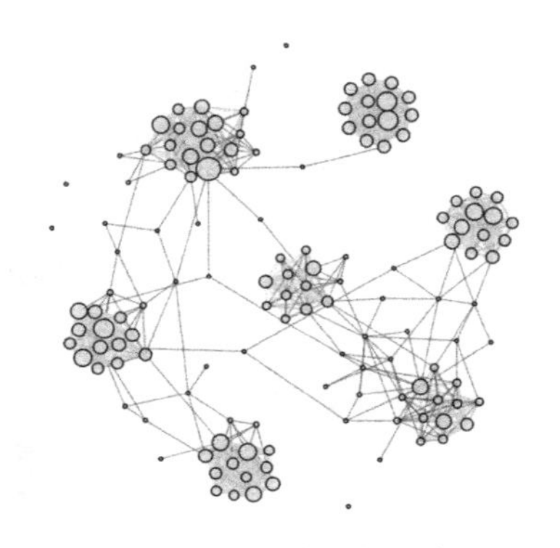

图 6.21　洗钱团伙示意

社区挖掘算法种类繁多，有基于模块度的社区挖掘算法（如 Louvain 算法）、基于标签传播的社区挖掘算法（如标签传播算法）、基于指定社区类型的社区挖掘算法（如 K-Core、K-Truss 社区挖掘）等。然而，这些算法的原始实现往往针对无向图或无权图，不考虑时序变化，不能直接应用到反洗钱中。

我们以 Louvain 算法为例介绍社区挖掘算法在反洗钱场景下的应用。首先，可以对顶点权重进行修正并以此优化边权重。原始 Louvain 算法仅考虑原始边权重，而没有考虑洗钱网络中的顶点重要性。以重要洗钱顶点 A、另一状态未知顶点 B 为例，从 B 到 A 小额转账并不能反映该边的真实权重。实际计算中，顶点 A 的特殊性应该被考虑到，只要是与 A 直接相连的边都应该具有较大的洗钱风险性。通过考虑每个顶点金额、交易次数以及出入度总数来综合计算顶点权重修正系数，以此来优化边的权重。

其次，考虑在计算中对有向图做出优化。优化算法需要考虑交易网络有向性导致的信息不对称问题。在交易网络中，如果存在一条边（x,y），其中顶点 x 出度大于入度，顶点 y 入度大于出度，那么边（y,x）应该比边（x,y）更加重要。通过图 6.22 的例子可以发现有向图优化的实际意义，图中顶点 i 与顶点 j 的度数值相同，但是顶点 j 为出度，顶点 i 为入度，那么边（i,j）更可能披露包含顶点 i 网络向包含顶点 j 网络转移资金的可能性。

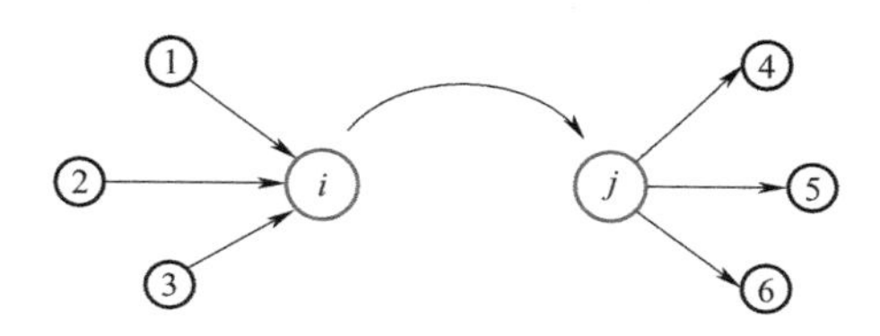

图 6.22　有向图优化必要性示意

针对传统 Louvain 算法，TD-Louvain 算法有最终模块度结果数值大（表明社区划分结果的效果更佳）、划分结果社区数相对较少的优点。

（3）资金流向追踪

反洗钱工作中的重要一环在于违法资金追缴。受害人最希望的是自己的钱能够如数回到自己手中，追踪资金流向并及时冻结、追讨违法资金是降低洗钱的社会危害的重中之重。目前洗钱团伙转移资金过程呈现复杂化、结构化、快速化（如图 6.23 所示）的特征，传统人力几乎不可能在短时间内识别洗钱行为并及时追踪违法资金，必须借助图分析技术来满足以上需求。

资金流向追踪主要用到的是搜索类算法广度优先算法、深度优先算法，以及最短路径算法 Dijkstra、MST。在定位洗钱团伙账号后，能够以团伙账号为起点利

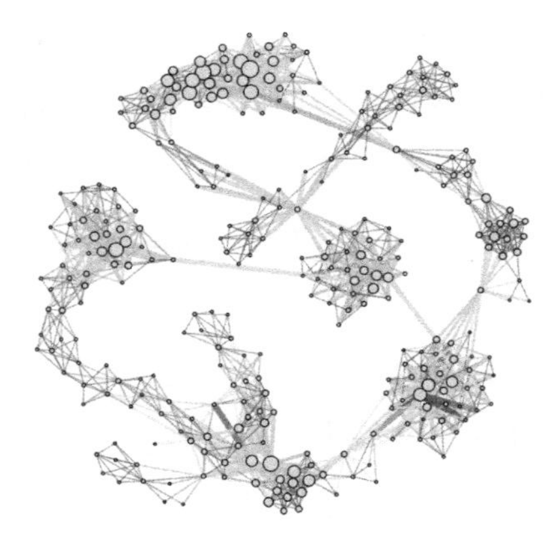

图 6.23　洗钱团伙内复杂的资金转移路线示意

用广度优先算法或深度优先算法来查询整体资金流动路线。此外，资金转移一般都会遵循成本最低和时间最短的原则，采用最小生成树等算法也能够在一定程度上计算得到核心交易路径。

6.3.4　小结

本节主要介绍了图分析算法在金融风控中的应用案例。本节首先介绍了金融行业发展现状与面对的挑战，然后按照反欺诈与身份核验、贷前审核、贷中监控、贷后催收四个步骤对借贷场景进行方案阐述，最后对每一步中图分析算法的主要作用与使用场景进行详细叙述，完整描述了金融风控案例的流程细节。

参考文献

[1] SCHWIKOWSKI B, UETZ P, FIELDS S. A network of protein-protein interactions in yeast[J]. Nature Biotechnology, 2000, 18(12): 1257-1261.

[2] WASSERMAN S, FAUST K. Social network analysis: methods and applications[M]. Cambridge: Cambridge University Press, 1994.

[3] BELL M G H, IIDA Y. Transportation network analysis[M]. San Francisco: John Wiley & Sons Ltd., 1997.

[4] DE BENEDICTIS L, TAJOLI L. The world trade network[J]. The World Economy, 2011, 34(8): 1417-1454.

[5] AVI S, SUDARSHAN S. Database system concepts [M]. 6th ed. New York: McGraw Hill, 2010.

[6] Neo4j. https://neo4j.com.

[7] SIEK J, LEE L Q, LUMSDAINE A. The boost graph library (BGL)[EB/OL]. [2022-10-11]. https://www.boost.org/doc/libs/1_80_0/libs/graph/doc/index.html.

[8] CHAN A, DEHNE F, TAYLOR R. CGMgraph/CGMlib: implementing and testing CGM graph algorithms on PC clusters and shared memory machines[J]. The International Journal of High Performance Computing Applications, 2005, 19(1): 81-97.

[9] DEHNE F, FABRI A, RAU-CHAPLIN A. Scalable parallel geometric algorithms for coarse grained multicomputers[C]//Proceedings of the 9th Annual Symposium on Computational Geometry. New York: ACM, 1993: 298-307.

[10] DEELMAN E, VAHI K, JUVE G, et al. Pegasus, a workflow management system for science automation[J]. Future Generation Computer Systems, 2015, 46: 17-35.

[11] MALEWICZ G, AUSTERN M H, BIK A J C, et al. Pregel: a system for large-scale graph processing[C]//Proceedings of the 2010 ACM SIGMOD International Conference on Management of Data. New York: ACM, 2010: 135-146.

[12] KANG U, TONG H, SUN J, et al. Gbase: a scalable and general graph management system [C]//Proceedings of the 17th ACM SIGKDD International Conference on Knowledge Discovery and Data Mining. New York: ACM, 2011: 1091-1099.

[13] TIAN Y, BALMIN A, CORSTEN S A, et al. From "think like a vertex" to "think like a graph" [J]. Proceedings of the VLDB Endowment, 2013, 7(3): 193-204.

[14] YAN D, CHENG J, LU Y, et al. Blogel: a block-centric framework for distributed computation on real-world graphs[J]. Proceedings of the VLDB Endowment, 2014, 7(14): 1981-1992.

[15] STUTZ P, BERNSTEIN A, COHEN W. Signal/Collect: graph algorithms for the (semantic) web[C]//International Semantic Web Conference. Berlin: Springer, 2010: 764-780.

[16] LOW Y, GONZALEZ J, KYROLA A, et al. Distributed graphlab: a framework for machine learning in the cloud[J]. Proceedings of the VLDB Endowment, 2012, 5(8): 716-727.

[17] GONZALEZ J E, LOW Y, GU H, et al. PowerGraph: distributed graph-parallel computation on natural graphs[C]//10th USENIX Symposium on Operating Systems Design and Implementation (OSDI 12). Berkeley: USENIX Association, 2012: 17-30.

[18] ZHU X, CHEN W, ZHENG W, et al. Gemini: a computation-centric distributed graph processing system[C]//12th USENIX Symposium on Operating Systems Design and Implementation (OSDI16). Berkeley: USENIX Association, 2016: 301-316.

[19] ROY A, MIHAILOVIC I, ZWAENEPOEL W. X-stream: edge-centric graph processing using streaming partitions[C]//Proceedings of the 24th ACM Symposium on Operating Systems Principles. New York: ACM, 2013: 472-488.

[20] GONZALEZ J E, XIN R S, DAVE A, et al. GraphX: graph processing in a distributed dataflow framework[C]//11th USENIX Symposium on Operating Systems Design and Implementation (OSDI 14). Berkeley: USENIX Association, 2014: 599-613.

[21] Apache. Welcome to Apache Giraph[EB/OL]. [2022-11-02]. https://giraph.apache.org.

[22] WANG Y, DAVIDSON A, PAN Y, et al. Gunrock: a high-performance graph processing library on the GPU[C]//Proceedings of the 21st ACM SIGPLAN Symposium on Principles and Practice of Parallel Programming. New York: ACM, 2016: 1-12.

[23] ZHONG J, HE B. Medusa: simplified graph processing on GPUs[J]. IEEE Transactions on Parallel and Distributed Systems, 2013, 25(6): 1543-1552.

[24] YANG C, BULUÇ A, OWENS J D. GraphBLAST: a high-performance linear algebra-based graph framework on the GPU[J]. ACM Transactions on Mathematical Software (TOMS), 2022, 48(1): 1-51.

[25] KYROLA A, BLELLOCH G, GUESTRIN C. GraphChi: large-scale graph computation on just a PC[C]//10th USENIX Symposium on Operating Systems Design and Implementation (OSDI 12). Berkeley: USENIX Association, 2012: 31-46.

[26] YU J, QIN W, ZHU X, et al. DFOGraph: an I/O and communication-efficient system for distributed fully-out-of-core graph processing[C]//Proceedings of the 26th ACM SIGPLAN Symposium on Principles and Practice of Parallel Programming. New York: ACM, 2021: 474-476.

[27] ZHANG M, ZHUO Y, WANG C, et al. GraphP: reducing communication for PIM-based graph processing with efficient data partition[C]//2018 IEEE International Symposium on High Performance Computer Architecture (HPCA). Piscataway: IEEE, 2018: 544-557.

[28] DONG F, ZHANG J, LUO J, et al. Enabling application-aware flexible graph partition mechanism for parallel graph processing systems[J]. Concurrency and Computation: Practice and Experience, 2017, 29(6): e3849.

[29] FAN W, HE T, LAI L, et al. GraphScope: a unified engine for big graph processing[J]. Proceedings of the VLDB Endowment, 2021, 14(12): 2879-2892.

[30] ZHUO Y, CHEN J, LUO Q, et al. SympleGraph: distributed graph processing with precise loop-carried dependency guarantee[C]//Proceedings of the 41st ACM SIGPLAN Conference on Programming Language Design and Implementation. New York: ACM, 2020: 592-607.

[31] FENG G, MA Z, LI D, et al. RisGraph: a real-time streaming system for evolving graphs to support sub-millisecond per-update analysis at millions ops/s[C]//Proceedings of the 2021 International Conference on Management of Data. New York: ACM, 2021: 513-527.

[32] GROSSMAN S, LITZ H, KOZYRAKIS C. Making pull-based graph processing performant[J]. ACM SIGPLAN Notices, 2018, 53(1): 246-260.

[33] SANDRYHAILA A, MOURA J M F. Discrete signal processing on graphs[J]. IEEE Transactions on Signal Processing, 2013, 61(7): 1644-1656.

[34] GAVILI A, ZHANG X P. On the shift operator, graph frequency, and optimal filtering in graph signal processing[J]. IEEE Transactions on Signal Processing, 2017, 65(23): 6303-6318.

[35] DONG X, THANOU D, FROSSARD P, et al. Learning Laplacian matrix in smooth graph signal representations[J]. IEEE Transactions on Signal Processing, 2016, 64(23): 6160-6173.

[36] CHENJ, ZHONG M, LI J, et al. Effective deep attributed network representation learning with topology adapted smoothing[J]. IEEE Transactions on Cybernetics, 2021.

[37] PEROZZI B, AL-RFOU R, SKIENA S. Deepwalk: online learning of social representations[C]//Proceedings of the 20th ACM SIGKDD International Conference on Knowledge Discovery and Data Mining. New York: ACM, 2014: 701-710.

[38] GROVER A, LESKOVEC J. Node2Vec: scalable feature learning for networks[C]//Proceedings of the 22nd ACM SIGKDD International Conference on Knowledge Discovery and Data Mining.

New York: ACM, 2016: 855-864.

[39] ROZEMBERCZKI B, DAVIES R, SARKAR R, et al. Gemsec: graph embedding with self clustering[C]//Proceedings of the 2019 IEEE/ACM International Conference on Advances in Social Networks Analysis and Mining. Piscataway: IEEE, 2019: 65-72.

[40] YING C, CAI T, LUO S, et al. Do transformers really perform badly for graph representation? [J]. Advances in Neural Information Processing Systems, 2021, 34: 28877-28888.

[41] WELLING M, KIPF T N. Semi-supervised classification with graph convolutional networks[C]// International Conference on Learning Representations (ICLR 2017). Ithaca: OpenReview, 2016.

[42] VELICKOVIC P, CUCURULL G, CASANOVA A, et al. Graph attention networks[C]//ICLR 2018 Conference Blind Submission. Ithaca: OpenReview, 2018.

[43] HAMILTON W, YING Z, LESKOVEC J. Inductive representation learning on large graphs[J]. Advances in Neural Information Processing Systems, 2017, 30.

[44] THORPE M, NGUYEN T M, XIA H, et al. GRAND++: graph neural diffusion with a source term[C]//The Tenth International Conference on Learning Representations(ICLR 2022). Ithaca: OpenReview, 2022.

[45] ERDÖS P, RÉNYI A. On random graphs I [M]. Debrecen: Publicationes Mathematicae. 1959.

[46] HOLLAND P W, LASKEY K B, LEINHARDT S. Stochastic blockmodels: first steps[J]. Social Networks, 1983, 5(2): 109-137.

[47] ALBERT R, BARABÁSI A L. Statistical mechanics of complex networks[J]. Reviews of Modern Physics, 2002, 74(1): 47-97.

[48] SIMONOVSKY M, KOMODAKIS N. Graphvae: towards generation of small graphs using variational autoencoders[C]//International Conference on Artificial Neural Networks. Berlin: Springer, 2018: 412-422.

[49] DE CAO N, KIPF T. MolGAN: an implicit generative model for small molecular graphs[J]. arXiv preprint arXiv: 1805. 11973, 2018.

[50] YOU J, YING R, REN X, et al. GraphRNN: generating realistic graphs with deep auto-regressive models[C]//International Conference on Machine Learning. New York: PMLR, 2018: 5708-5717.

[51] ZANG C, WANG F. MoFlow: an invertible flow model for generating molecular graphs[C]//Proceedings of the 26th ACM SIGKDD International Conference on Knowledge Discovery & Data Mining. New York: ACM, 2020: 617-626.

[52] FU T, GAO W, XIAO C, et al. Differentiable scaffolding tree for molecular optimization[C]//

International Conference on Learning Representations(ICLR 2022). Ithaca: OpenReview, 2022.

[53] ZHU Y, DU Y, WANG Y, et al. A survey on deep graph generation: methods and applications [J]. arXiv preprint arXiv: 2203. 06714, 2022.

[54] Environment Canada. Canada geographic information system[EB/OL]. [2022-11-08]. https://en. wikipedia. org/wiki/Canada_Geographic_Information_System.

[55] Graphviz. https://graphviz. org/.

[56] Open Source Geospatial Foundation. https://networkx. org/.

[57] Social Media Research Foundation. https://nodexl. com/.

[58] Gephi. https://gephi. org/.

[59] Network Repository. https://networkrepository. com/.

[60] Apache ECharts. https://echarts. apache. org/en/index. html.

[61] 蚂蚁集团. https://g6. antv. vision/.

[62] RAY S S. Graph theory with algorithms and its applications: in applied science and technology [M]. New Delhi: Springer, 2013.

[63] 维基百科. 图同构[EB/OL]. [2022-11-18]. https://zh. m. wikipedia. org/wiki/%E5%9B%BE%E5%90%8C%E6%9E%84.

[64] 维基百科. 知识图谱[EB/OL]. [2022-11-18]. https://zh. m. wikipedia. org/wiki/%E7%9F%A5%E8%AD%98%E5%9C%96%E8%AD%9C.

[65] Gartner. Graph steps onto the main stage of data and analytics[R/OL]. (2020-12-14). [2022-12-01]. https://www. gartner. com/en/documents/3994452.

[66] Metaweb Ventures. https://www. metaweb. vc/.

[67] Google. FreeBase 知识库[EB/OL]. (2010-07-16)[2022-12-13]. https://blog. freebase. com/2010/07/16/metaweb-joins-google/.

[68] Google. Google 知识图谱[EB/OL]. [2022-12-23]. https://zh. wikipedia. org/wiki/Google-%E7%9F%A5%E8%AF%86%E5%9B%BE%E8%B0%B1.

[69] Innovative medicicines initiative. http://www. openphacts. org/index. php.

[70] QU J. A review on the application of knowledge graph technology in the medical field[J]. Scientific Programming, 2022.

[71] AGRAWAL S, PATEL A. A study on graph storage database of nosql[J]. International Journal on Soft Computing, Artificial Intelligence and Applications (IJSCAI), 2016, 5(1): 33-39.

[72] ZHAO P, HAN J. On graph query optimization in large networks[J]. Proceedings of the VLDB Endowment, 2010, 3(1-2): 340-351.

[73] DBpedia association. http://dbpedia. org.

[74] Neo4j. Neo4j cypher manual[EB/OL]. [2022-12-13]. https://neo4j. com/docs/cypher-manual/current/.

[75] W3C. SPAROL 1. 1 query language[EB/OL]. [2022-12-18]. https://www. w3. org/TR/sparql11-query/.

[76] DIJKSTRA E W. A note on two problems in connexion with graphs[J]. Numerische Mathematik, 1959(1): 269-271.

[77] BEAMER S, ASANOVI K, PATTERSON D. Direction-optimizing breadth-first search[C]// International Conference on High Performance Computing. Los Alamitos: IEEE Computer Society Press, 2012.

[78] TIERNAN J C. An efficient search algorithm to find the elementary circuits of a graph[J]. Communications of the ACM, 1970, 13(12): 722-726.

[79] VETTER C. Parallel time-dependent contraction hierarchies [C]//International Symposium on Experimental Algorithms. Berlin: Springer, 2009.

[80] KUMPULA J M, KIVEL M, KASKI K, et al. Sequential algorithm for fast clique percolation [J]. American Physical Society, 2008(2).

[81] AHN Y Y, BAGROW J P, LEHMANN S. Link communities reveal multiscale complexity in networks[J]. Nature, 2010, 466(7307): 761.

[82] XIE J, SZYMANSKI B K, LIU X. SLPA: uncovering overlapping communities in social networks via a speaker-listener interaction dynamic process[C]// 2011 IEEE 11th International Conference on Data Mining Workshops. Piscataway: IEEE, 2012.

[83] LI Y, HE K, BINDEL D, et al. Uncovering the small community structure in large networks: a local spectral approach[J]. Computer Science, 2015.

[84] HEERINGA W J. Measuring dialect pronunciation differences using Levenshtein distance[D]. Groningen: University of Groningen, 2004.

[85] GALLAGHER B. Matching structure and semantics: a survey on graph-based pattern matching [C]//AAAI Fall Symposium: Capturing and Using Patterns for Evidence Detection. Menlo Park: AAAI 2006, 45.

[86] LOW Y, GONZALEZ J E, KYROLA A, et al. Graphlab: a new framework for parallel machine learning[J]. arXiv preprint arXiv: 1408. 2041, 2014.

[87] XIN R S, GONZALEZ J E, FRANKLIN M J, et al. GraphX: a resilient distributed graph system on Spark[C]//First International Workshop on Graph Data Management Experiences and Sys-

tems. New York: ACM, 2013: 1-6.

[88] XIA F, SUN K, YU S, et al. Graph learning: a survey[J]. IEEE Transactions on Artificial Intelligence, 2021, 2(2): 109-127.

[89] PUSCHEL M, MOURA J. Algebraic signal processing theory: foundation and 1-D time[J]. IEEE Transactions on Signal Processing, 2008, 56(8): 3572-3585.

[90] CHAMON L F O, RIBEIRO A. Greedy sampling of graph signals[J]. IEEE Transactions on Signal Processing: A publication of the IEEE Signal Processing Society, 2018, 66(1): 34-47.

[91] MARQUES A G, SEGARRA S, LEUS G, et al. Sampling of graph signals with successive local aggregations[J]. IEEE Transactions on Signal Processing, 2015, 64(7).

[92] NARANG S K, GADDE A, ORTEGA A. Signal processing techniques for interpolation in graph structured data [C]//Acoustics, Speech and Signal Processing (ICASSP). Piscataway: IEEE, 2013.

[93] EGILMEZ H E, PAVEZ E, ORTEGA A. Graph learning from data under laplacian and structural constraints[J]. IEEE Journal of Selected Topics in SignalProcessing, 2017, PP(6): 1-1.

[94] CHEN M, TSANG I W, TAN M, et al. A unified feature selection framework for graph embedding on high dimensional data[J]. IEEE Transactions on Knowledge and Data Engineering, 2014, 27(6): 1465-1477.

[95] YAN S, XU D, ZHANG B, et al. Graph embedding and extensions: a general framework for dimensionality reduction[J]. IEEE Transactions on Pattern Analysis & Machine Intelligence, 2007(1): 40-51.

[96] GOLUB G H, REINSCH C. Singular value decomposition and least squares solutions[J]. Numerische Mathematik, 1970, 14(5): 403-420.

[97] XIA F, LIU J, NIE H, et al. Random walks: a review of algorithms and applications[J]. IEEE Transaction on Emerging Topics in Computational Intelligence, 2020, 4(2): 95-107.

[98] XIA F, CHEN Z, WANG W, et al. MVCWalker: random walk-based most valuable collaborators recommendation exploiting academic factors[J]. Emerging Topics in Computing IEEE Transactions, 2014, 2(3): 364-375.

[99] SUN K, WANG L, XU B, et al. Network representation learning: from traditional feature learning to deep learning[J]. IEEE Access, 2021, 8: 205600-205617.

[100] RIBEIRO L, SAVERESE P, FIGUEIREDO D R. struc2vec: learning node representations from structural identity[C]//Proceedings of the 23rd ACM SIGKDD International Conference on Knowledge Discovery and Data Mining. New York: ACM, 2017.

[101] FU T Y, LEE W C, LEI Z. HIN2Vec: explore meta-paths in heterogeneous information networks for representation learning[C]//Proceedings of the 2017 ACM on Conference on Information and Knowledge Management. New York: ACM, 2017: 1797-1806.

[102] GORI M, MONFARDINI G, SCARSELLI F. A new model for learning in graph domains[C]//Proceedings of 2005 IEEE International Joint Conference on Neural Networks. Piscataway: IEEE, 2005, 2: 729-734.

[103] BRUNA J, ZAREMBA W, SZLAM A, et al. Spectral networks and locally connected networks on graphs[J]. arXiv preprint arXiv: 1312. 6203, 2013.

[104] HENAFF M, BRUNA J, LECUN Y. Deep convolutional networks on graph-structured data[J]. arXiv preprint arXiv: 1506. 05163, 2015.

[105] HOU M, WANG L, LIU J, et al. A3Graph: adversarial attributed autoencoder for graph representation[C]//Proceedings of the 36th Annual ACM Symposium on Applied Computing. New York: ACM, 2021: 1697-1704.

[106] SCHLICHTKRULL M, KIPF T N, BLOEM P, et al. Modeling relational data with graph convolutional networks [C]//In European Semantic Web Conference. Berlin: Springer, 2018: 593-607.

[107] LI Y, YU R, SHAHABI C, et al. Diffusion convolutional recurrent neural network: data-driven traffic forecasting[C]//International Conference on Learning Representations. Ithaca: OpenReview, 2017.

[108] ERDS P, A RÉNYI. On the evolution of random graphs[J]. Publication of the Mathematical Institute of the Hungarian Academy of Sciences, 1961, 5: 17-61.

[109] HAMILTON W L. Graph representation learning[J]. Synthesis Lectures on Artificial Intelligence and Machine Learning, 2020, 14(3): 1-159.

[110] Barabasi A L. Network science[M/OL]. [2022-10-15]. Cambridge: Cambridge University Press, 2012. http://www. net worksciencebook. com/.

[111] WILLIAM A, CHUNG F, LU L Y. A random graph model for power law graphs[J]. Experimental Mathematics, 2001, 10(1): 53-66.

[112] 加藤和也，黑川信重，斋藤毅. 数论 I：Fermat 的梦想和类域论[M]. 胥鸣伟，卯林生，译. 北京：高等教育出版社，2009.

[113] LESKOVEC J, CHAKRABARTI D, KLEINBERG J, et al. Kronecker graphs: an approach to modeling networks[J]. Journal of Machine Learning Research, 2010, 11(3): 985-1042.

[114] PURCHASE H C, COHEN R F, JAMES M I. Validating graph drawing aesthetics[C]//Inter-

national Symposium on Graph Drawing and Network Visualization. Berlin: Springer, 1995.

[115] REKIMOTO J, GREEN M. The information cube: using transparency in 3D information visualization[C]// Proceedings of the Third Annual Workshop on Information Technologies & Systems. Norwood: Ablex Publishing, 1993.

[116] HOLTEN D. Hierarchical edge bundles: visualization of adjacency relations in hierarchical data [J]. IEEE Transactions on Visualization and Computer Graphics, 2006, 12.

[117] EICHELBAUM S, HLAWITSCHKA M, SCHEUERMANN G. LineAO: improved three-dimensional line rendering[J]. IEEE Transactions on Visualization and Computer Graphics, 2013.

[118] INOUE Y, MINATO S. An efficient method of indexing all topological orders for a given DAG [J]. Lecture Notes in Computer Science, 2014.

[119] BLONDEL V D, GUILLAUME J L, LAMBIOTTE R, et al. Fast unfolding of communities in large networks[J]. Journal of Statistical Mechanics: Theory and Experiment, 2008, 2008(10): P10008.

[120] BATAGELJ V, ZAVERSNIK M. An O(m) algorithm for cores decomposition of networks[J]. arXiv preprint cs/0310049, 2003.

[121] WANG J, CHENG J. Truss decomposition in massive networks[J]. arXiv preprint arXiv: 1205. 6693, 2012.

[122] CORDELLA L P, FOGGIA P, SANSONE C, et al. A sub graph isomorphism algorithm for matching large graphs[J]. IEEE Transactions on Pattern Analysis and Machine Intelligence, 2004, 26(10): 1367-1372.

[123] 高随祥. 图论与网络流理论[M]. 北京: 高等教育出版社, 2009.

[124] 严蔚敏. 吴伟民. 数据结构[M]. 北京: 清华大学出版社, 1997.

[125] FLOYD R W. Algorithm 97: shortest path algorithms[J]. Communications of the ACM, 1962, 5(6): 345.

[126] JOHNSON D B. Finding all the elementary circuits of a directed graph[J]. SIAM Journal on Computing, 1975, 4(1): 77-84.

[127] KERNIGHAN B W, LIN S. An efficient heuristic procedure for partitioning graphs[J]. The Bell System Technical Journal, 1970, 49(2): 291-307.

[128] WHITE S, SMYTH P. A spectral clustering approach to finding communities in graphs[C]// Proceedings of the 2005 SIAM International Conference on Data Mining. Philadelphia: Society for Industrial and Applied Mathematics, 2005: 274-285.

[129] GUI Q, DENG R, XUE P, et al. A community discovery algorithm based on boundary nodes

and label propagation[J]. Pattern Recognition Letters, 2018, 109: 103-109.

[130] ZAMMIT V, RIZZO M, DEBATTISTA K. CSM213 computer graphics[D/OL]. Msida: University of Malta, 2001[2022-11-18]. http://staff. um. edu. mt/kurt/documents/grafx. pdf.

[131] NEWMAN M E J. Fast algorithm for detecting community structure in networks[J]. Physical Review E: Statistical, Nonlinear & SoftMatter Physics, 2004, 69(6): 066133-066133.

[132] ANTHONISSE J M. The rush in a directed graph[J]. Stichting Mathematisch Centrum Mathematische Besliskunde, 1971.

[133] BRANDES U. A faster algorithm for betweenness centrality[J]. Journal of Mathematical Sociology, 2001, 25(2): 163-177.

[134] BORASSI M, NATALE E. KADABRA is an ADaptive Algorithm for Betweenness via Random Approximation[J]. ACM Journal of Experimental Algorithmics, 2016, 24: 1-35.

[135] POHL I. Bi-directional and heuristic search in path problems[D]. Stanford: Stanford University, 1969.

[136] OFFLER M, PHILLIPS J M. Shape fitting on point sets with probability distributions[J]. Lecture Notes in Computer Science, 2008, 5757: 313-324.

[137] 李勇. 概率论[M]. 北京: 北京师范大学出版社, 2013.

[138] SEIDMAN S B. Network structure and minimum degree[J]. Social Networks, 1983, 5(3): 269-287.

[139] BARBIERI N, BONCHI F, GALIMBERTI E, et al. Efficient and effective community search [J]. Data mining and Knowledge Discovery, 2015, 29(5): 1406-1433.

[140] WEN D, QIN L, ZHANG Y, et al. I/O efficient core graph decomposition: application to degeneracy ordering[J]. IEEE Transactions on Knowledge and Data Engineering, 2018, 31(1): 75-90.

[141] HIRSCH J E. An index to quantify an individual's scientific research output[J]. Proceedings of the National Academy of Sciences, 2005, 102(46): 16569-16572.

[142] JEH G, WIDOM J. Simrank: a measure of structural-context similarity[C]//Proceedings of the 8th ACM SIGKDD International Conference on Knowledge Discovery and Data Mining. New York: ACM, 2002: 538-543.

[143] KUSUMOTO M, MAEHARA T, KAWARABAYASHI K. Scalable similarity search for SimRank [C]//Proceedings of the 2014 ACM SIGMOD International Conference on Management of Data. New York: ACM, 2014: 325-336.

[144] ULLMANN J R. An algorithm for subgraph isomorphism[J]. Journal of the ACM (JACM),

1976, 23(1): 31-42.

[145] Apache Hadoop. http://hadoop. apache. org.

[146] CHAMBERS B, ZAHARIA M. Spark: the definitive guide: big data processing made simple [M]. New York: O'Reilly Media, Inc., 2018.

[147] Apache Flink. https://flink. apache. org.

[148] ZHANG T, ZHANG J, SHU W, et al. Efficient graph computation on hybrid CPU and GPU systems[J]. The Journal of Supercomputing, 2015, 71(4): 1563-1586.

[149] YUAN P, XIE C, LIU L, et al. PathGraph: a path centric graph processing system[J]. IEEE Transactions on Parallel and Distributed Systems, 2016, 27(10): 2998-3012.

[150] STRANDMARK P, KAHL F. Parallel and distributed graph cuts by dual decomposition[C]// 2010 IEEE Computer Society Conference on Computer Vision and Pattern Recognition. Piscataway: IEEE, 2010: 2085-2092.

[151] TASCI S, DEMIRBAS M. Giraphx: Parallel yet serializable large-scale graph processing[C]// European Conference on Parallel Processing. Berlin: Springer, 2013: 458-469.

[152] BULUÇ A, MEYERHENKE H, SAFRO I, et al. Recent advances in graph partitioning[J]. Algorithm Engineering, 2016: 117-158.

[153] SCHLOEGEL K, KARYPIS G, KUMAR V. Graph partitioning for high performance scientific simulations[C]//Sourcebook of Parallel Computing. San Francisco: Morgan Kaufmann Publishers, 2000.

[154] GraphLab. https://en. wikipedia. org/wiki/GraphLab.

[155] 机客潇. 化鲲为鹏，我有话说，鲲鹏 ARM 架构的优势[EB/OL]. (2019-10-31)[2022-10-15]. https://bbs. huaweicloud. com/blogs/127625.

[156] PATTERSON D A, HENNESSY J L. Computer organization and design ARM edition: the hardware software interface[M]. San Francisco: Morgan Kaufmann Publishers, 2016.

[157] 华为技术有限公司. 机器学习 & 图分析算法加速库[EB/OL]. (2020-03-31)[2022-10-16]. https://www. hikunpeng. com/document/detail/zh/kunpengbds/twp/kunpengbds_19_0027. html.

[158] Wikipedia. Subgraph isomorphism problem[EB/OL]. (2019-10-31)[2022-10-15]. https://en. m. wikipedia. org/wiki/Subgraph_isomorphism_problem#cite_note-e99-2.

[159] ROCHA R C, Thatte B D. Distributed cycle detection in large-scale sparse graphs[J]. Computer Science, 2015.

[160] 柳昭昭. 基于 Spark 的社区发现算法并行化的研究及应用[D]. 石家庄：河北师范大学，2020.

[161] HAO L, HALAPPANAVAR M, KALYANARAMAN A. Parallel heuristics for scalable community detection[J]. Parallel Computing, 2015, 47: 19-37.

[162] CATALYUEREK U V, FEO J, GEBREMEDHIN A H, et al. Graph coloring algorithms for muti-core and massively multithreaded architectures[J]. Parallel Computing, 2012, 38: 576-594.

[163] OZAKI N, TEZUKA H, INABA M. A simple acceleration method for the Louvain algorithm [J]. International Journal of Computer and Electrical Engineering, 2016, 8(3): 207.

[164] GHOSH S, HALAPPANAVAR M, TUMEO A, et al. Distributed Louvain algorithm for graph community detection[C]//2018 IEEE International Parallel and Distributed Processing Symposium (IPDPS). Piscataway: IEEE, 2018: 885-895.

[165] TRAAG V A. Faster unfolding of communities: speeding up the Louvain algorithm[J]. Physical Review E, 2015, 92(3): 032801.

[166] Sotera Defense. Distributed graph analytics[Z/OL]. (2014-10-22)[2022-10-16]. https://github.com/Sotera/distributed-graph-analytics/blob/master/dga-graphx/src/main/scala/com/soteradefense/dga/graphx/hbse/HighBetweennessCore.scala.

[167] HAO W, YU J X, LU C, et al. Speedup graph processing by graph ordering[C]//SIGMOD'16: Proceedings of the 2016 International Conference on Management of Data. New York: ACM, 2016.

[168] Apache. Spark[Z/OL]. (2022-04-17)[2022-10-16]. https://github.com/apache/spark/blob/master/graphx/src/main/scala/org/apache/spark/graphx/lib/PageRank.scala.

[169] ZHANG Y, KIRIANSKY V, MENDIS C, et al. Making caches work for graph analytics[J]. arXiv preprint arXiv: 1608.01362, 2016.

[170] SUN Z, WANG H, WANG H, et al. Efficient subgraph matching on billion node graphs[J]. arXiv preprint arXiv: 1205.6691, 2012.

[171] LAI L, QIN L, LIN X, et al. Scalable subgraph enumeration in MapReduce[J]. Proceedings of the VLDB Endowment, 2015, 8(10).

[172] LAI L, QIN L, LIN X, et al. Scalable distributed subgraph enumeration[J]. Proceedings of the VLDB Endowment, 2016, 10(3): 217-228.

[173] LAI L, QING Z, YANG Z, et al. A survey and experimental analysis of distributed subgraph matching[J]. arXiv preprint arXiv: 1906.11518, 2019.

[174] NIKOLAKOPOULOS A N, KARYPIS G. Recwalk: nearly uncoupled random walks for top-n recommendation[C]//Proceedings of the 12th ACM International Conference on Web Search and Data Mining. New York: ACM, 2019: 150-158.

[175] GORI M, PUCCI A, ROMA V, et al. Itemrank: a random-walk based scoring algorithm for recommender engines[C]//IJCAI'07: Proceedings of the 20th International Joint Conference on Artificial Intelligence. New York: ACM, 2007, 7: 2766-2771.

[176] YANG J H, CHEN C M, WANG C J, et al. HOP-rec: high-order proximity for implicit recommendation[C]// RecSys' 18: Proceedings of the 12th ACM Conference on Recommender Systems. New York: ACM, 2018.

[177] CHEN C M, WANG C J, TSAI M F, et al. Collaborative similarity embedding for recommender systems[C]//The World Wide Web Conference. New York: ACM, 2019: 2637-2643.

[178] BERG R, KIPF T N, WELLING M. Graph convolutional matrix completion[J]. arXiv preprint arXiv: 1706. 02263, 2017.

[179] ZHANG J, SHI X, ZHAO S, et al. STAR-GCN: stacked and reconstructed graph convolutional networks for recommender systems[J]. arXiv preprint arXiv: 1905. 13129, 2019.

[180] JAMALI M, ESTER M. Trustwalker: a random walk model for combining trust-based and item-based recommendation[C]//Proceedings of the 15th ACM SIGKDD International Conference on Knowledge Discovery and Data Mining. New York: ACM, 2009: 397-406.

[181] DENG S, HUANG L, XU G. Social network-based service recommendation with trust enhancement[J]. Expert Systems with Applications, 2014, 41(18): 8075-8084.

[182] PAUDEL B, BERNSTEIN A. Random walks with erasure: diversifying personalized recommendations on social and information networks[C]//Proceedings of the Web Conference 2021. New York: ACM, 2021: 2046-2057.

[183] WEN Y, GUO L, CHEN Z, et al. Network embedding based recommendation method in social networks[C]//Companion Proceedings of the Web Conference 2018. Geneva: International World Wide Web Conference Steering Committee, 2018: 11-12.

[184] FAN W, YAO M, LI Q, et al. Graph neural networks for social recommendation[C]//www' 19: The World Wide Web Conference. New York: ACM, 2019.

[185] SONG C, WANG B, JIANG Q, et al. Social recommendation with implicit social influence [C]// SIGIR' 21: The 44th International ACM SIGIR Conference on Research and Development in Information Retrieval. New York: ACM, 2021.

[186] PALUMBO E, RIZZO G, RAPHAËL T. Entity2rec: learning user-item relatedness from knowledge graphs for top-N item recommendation[C]//The 11th ACM Conference. New York: ACM, 2017.

[187] SHI C, HU B, ZHAO X, et al. Heterogeneous information network embedding for recommenda-

tion[C]//IEEE Transactions on Knowledge and Data Engineering. Piscataway: IEEE, 2019: 357-370.

[188] WANG H, ZHAO M, XIE X, et al. Knowledge graph convolutional networks for recommender systems[C]//The World Wide Web Conference. New York: ACM, 2019: 3307-3313.

[189] WANG X, HE X, CAO Y, et al. KGAT: knowledge graph attention network for recommendation[C]//Proceedings of the 25th ACM SIGKDD International Conference on Knowledge Discovery & Data Mining. New York: ACM, 2019: 950-958.

[190] 中国人民银行金融稳定局. 中国金融报告 2021. [EB/OL]. (2021-9-3). http://www.pbc.gov.cn/jinrongwendingju/146766/146772/4332768/index.html.

[191] KE G, MENG Q, FINLEY T, et al. LightGBM: a highly efficient gradient boosting decision tree[J]. Advances in Neural Information Processing Systems, 2017, 30.

[192] CHEN T, HE T, BENESTY M, et al. XGBoost: extreme gradient boosting[J]. R Package Version 0.4-2, 2015, 1(4): 1-4.

[193] ARIK S Ö, PFISTER T. TabNet: attentive interpretable tabular learning[C]//Proceedings of the AAAI Conference on Artificial Intelligence. Menlo Park: AAAI, 2021, 35(8): 6679-6687.

[194] JOSEPH M. PyTorch tabular: a framework for deep learning with tabular data[J]. arXiv preprint arXiv: 2104. 13638, 2021.

[195] TARJAN R. Enumeration of the elementary circuits of a directed graph[J]. SIAM Journal on Computing, 1973, 2(3): 211-216.

[196] HE H H, SINGH A K. Query language and access methods for graph databases[M]//AGGARWAL C C, WANG H X. Managing and mining graph data. Boston: Springer, 2010: 125-160.

[197] YAN X, YU P S, HAN J. Graph indexing: a frequent structure-based approach[C]//Proceedings of the 2004 ACM SIGMOD International Conference on Management of Data. New York: ACM, 2004: 335-346.

[198] CHENG J, KE Y, NG W, et al. FGIndex: towards verification-free query processing on graph databases[C]//Proceedings of the 2007 ACM SIGMOD International Conference on Management of Data. New York: ACM, 2007: 857-872.

[199] ZOU L, CHEN L, YU J X, et al. A novel spectral coding in a large graph database[C]//Proceedings of the 11th International Conference on Extending Database Technology: Advances in Database Technology. New York: ACM, 2008: 181-192.